普通高等教育机电类系列教材

制造技术基础

主　编　周桂莲　付　平　杨化林
参　编　王　蕾　薄建全　陈昌金　王　冬
　　　　徐爱民　李升起　杨　芳　孙　静
主　审　高　进　李镇江

机 械 工 业 出 版 社

本书是根据教育部机械基础课程教学指导分委员会有关“工程材料及机械制造基础课程教学改革指南”的精神，并结合国外教材内容、结构特点及作者多年来的理论教学和实践教学经验编写而成的。

本书共分七章，主要内容有：机械制造理论基础知识，金属切削加工方法与设备，机械加工工艺规程设计，机床夹具，精密、超精密加工与特种加工，先进制造技术与制造模式，机械制造业的环境保护。

本书十分注重对学生获取知识、分析问题、解决工程技术问题能力的培养，特别注重对学生工程素质与创新能力的培养。为此在内容上，精选保留了目前仍在广泛应用的常规制造工艺方法，淘汰了过时的内容，增加了技术上较为成熟、应用范围较宽或发展前景看好的新材料、新技术、新工艺内容。本书取材新颖、结构紧凑、文字简练、图文并茂、概念清楚、重点突出，关键词句采用中英文对照。每章后面配有思考与练习题和综合实训练习，以拓宽学生思路，理论联系实际。

本书既可作为高等院校不同专业、不同学时的机械类、近机类各专业的教材，也可以作为高职院校师生、机械制造工程技术人员的参考书。

图书在版编目（CIP）数据

制造技术基础/周桂莲，付平，杨化林主编. —北京：机械工业出版社，2013.11（2022.1 重印）
普通高等教育机电类系列教材
ISBN 978-7-111-44467-1

Ⅰ.①制… Ⅱ.①周… ②付… ③杨… Ⅲ.①机械制造工艺—高等学校—教材 Ⅳ.①TH16

中国版本图书馆 CIP 数据核字（2013）第 248048 号

机械工业出版社（北京市百万庄大街 22 号　邮政编码 100037）
策划编辑：刘小慧　责任编辑：刘小慧　王勇哲　张丹丹　冯　铁
版式设计：霍永明　责任校对：刘秀芝
封面设计：张　静　责任印制：单爱军
北京虎彩文化传播有限公司印刷（北京虎彩文化传播有限公司装订）
2022 年 1 月第 1 版第 4 次印刷
184mm×260mm · 13.25 印张 · 326 千字
标准书号：ISBN 978-7-111-44467-1
定价：29.80 元

电话服务　　网络服务
客服电话：010-88361066　　机　工　官　网：www.cmpbook.com
010-88379833　　机　工　官　博：weibo.com/cmp1952
010-68326294　　金　书　网：www.golden-book.com
封底无防伪标均为盗版　　机工教育服务网：www.cmpedu.com

前言
PREFACE

《制造技术基础》一书是根据教育部机械基础课程教学指导分委员会有关“工程材料及机械制造基础课程教学改革指南”的精神，结合大工程背景下机械制造学科的发展趋势以及高等教育教学改革的需要，由青岛科技大学、山东轻工业学院、山东科技大学、山东建筑大学、佳木斯大学、青岛农业大学、青岛恒星职业技术学院、青岛港湾职业技术学院等高校长期从事工程材料及机械制造基础课程体系教学和指导工程实践训练教学的、具有丰富理论及实践教学经验的教师，以科学性、先进性、系统性、实用性为目标进行编写的，注重对学生获取知识、分析问题、解决工程技术问题的实践能力、综合素质与创新能力的培养。

本书是一部建立在原有金属工艺学基础上，力图把传统与先进制造工艺技术联系在一起，宽口径、涉及不同学科的教材。本书吸收了大量不同学科的新工艺、新技术知识，内容涉及机械制造基础知识、金属切削加工方法与设备、典型表面加工方法的分析、机械加工工艺过程的基础知识、先进制造技术、制造业的环境保护等多方面知识，具备了基础性、实践性、趣味性和跨学科的知识结构。同时在内容的编写上，精选保留了目前仍在广泛应用的常规制造技术，淘汰了过时的内容，增加了技术上较为成熟、应用范围较广或发展前景看好的“三新”（即新材料、新技术、新工艺）内容，既体现了常规制造技术与现代制造技术和现代信息技术的密切交叉与融合，也体现了制造技术的历史传承和未来发展趋势，为学生的进一步学习及今后从事机械产品设计和加工制造方面的工作奠定基础。

全书由周桂莲教授、付平副教授、杨化林副教授担任主编；王蕾、薄建全、陈昌金、王冬、徐爱民、李升起、杨芳、孙静参加编写。全书由周桂莲、付平统稿。

本书是山东省精品课程的配套教材，在经过多年教学实践的基础上，在向各校同仁及企业学习探讨的同时，不断改进完善，在编写过程中力求做到取材新颖、联系实际、结构紧凑、文字简练、直观形象、图文并茂。书中关键词句采用中英文对照。

本书有一定的灵活性，在保证教学基本要求的前提下，各院校可根据教学情况来决定选讲章节。

本书承高进教授、李镇江教授主审，在此表示衷心的感谢！

本书既可作为高等院校不同专业、不同学时的机械类、近机类各专业的授课教材，也可以作为高职院校师生用书，机械制造工程技术人员的参考书。

由于编者水平所限，书中难免有不当之处，诚请广大读者提出宝贵意见。

编　者

目录 CATALOGUE

第1章 机械制造理论基础知识

(Basic Knowledge of Mechanical Manufacturing Theory)

金属切削加工是指在金属切削机床上用金属切削刀具从工件表面上去除多余的金属材料，使被加工零件的尺寸、形状精度和表面质量符合预定技术要求的过程。金属切削理论就是通过对金属切削加工过程的研究，寻求其内在的本质与规律，并合理利用这些规律控制切削加工过程，以提高生产率和加工质量，降低加工成本。

要实现对金属的切削加工必须具备三个条件：刀具与工件之间要有相对运动，刀具应具有适当的几何参数，刀具材料应具有一定的切削性能。本章主要介绍切削运动、刀具角度、刀具材料和切削过程中的基本规律等知识。

1.1 金属切削基本概念 (Basic Concepts of Metal Cutting)

1.1.1 切削运动与切削要素 (Cutting Motion and Cutting Factors)

1. 零件表面的形成

零件表面的形状虽然多种多样，但都是由基本表面和成形面组成的。基本表面包括外圆面、内圆面（孔）、平面，成形面包括螺纹、齿轮的齿形和沟槽等。

外圆面和内圆面是以某一直线为母线，以圆为导线作旋转运动所形成的表面。

平面是以某一直线为母线，以另一直线为导线作平移运动所形成的表面。

成形面是以曲线为母线，以圆或直线为导线作旋转或平移运动所形成的表面。

外圆面、内圆面（孔）、平面、成形面可分别用图1-1所示的加工方法来获得。

2. 切削运动

切削运动又称表面成形运动，依据其作用不同，可分为主运动和进给运动，如图1-1所示。

（1）主运动　切下切屑所需的最基本的运动称为主运动。在切削过程中，主运动的速度最高，消耗的功率最大，且主运动只有一个。主运动可以是回转运动，如车削、钻削、铣削、磨削；也可以是直线运动，如拉削、刨削、插削等。

（2）进给运动　使切削能持续进行，以形成工件所需表面的运动称为进给运动。一般情况下，进给运动的速度较低，消耗的功率较小。进给运动的数量可以是一个或者几个，如车削外圆或端面时，只有一个进给运动；而磨削外圆时，有轴向、周向和径向三个进给运动。进给运动可以连续进行，如车外圆、钻孔和铣平面等；也可以间歇进行，如刨平面、插键槽等。

切削运动的大小和方向可以用切削运动的速度矢量来表示。图1-2所示为车削外圆时各

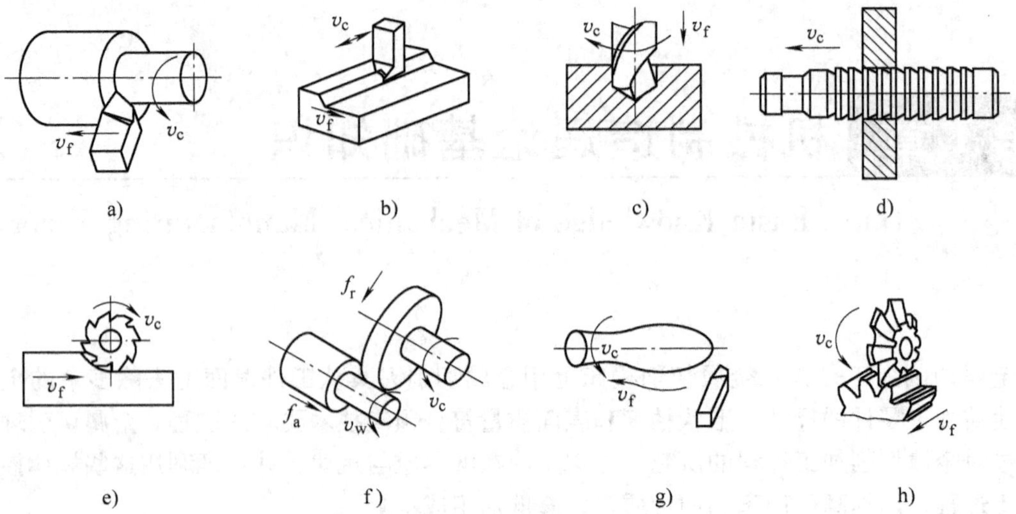

图 1-1　典型零件表面的形成方法

a）车外圆面　b）刨平面　c）钻孔　d）拉圆孔

e）铣平面　f）磨外圆　g）车成形面　h）铣齿形

速度矢量之间的关系，主运动的速度矢量为 $\boldsymbol{v}_c$，进给运动的速度矢量为 $\boldsymbol{v}_f$；将主运动与进给运动合成，得到合成切削运动，其合成切削速度矢量为 $\boldsymbol{v}_e$。三个运动的速度矢量关系为

$$\boldsymbol{v}_c + \boldsymbol{v}_f = \boldsymbol{v}_e \tag{1-1}$$

$\boldsymbol{v}_e$ 与 $\boldsymbol{v}_c$ 之间夹角为 η，称为合成切削速度角

$$\tan\eta = \frac{v_f}{v_c} \tag{1-2}$$

车削外圆时，数值上有 $v_f \ll v_c$，可近似认为 $v_c = v_e$。

3. 切削加工中的工件表面

切削过程中，切削层金属在刀具的作用下转变为切屑，从而在工件上加工出所需要的表面。在新表面的形成过程中，工件上有三个不断变化的表面，如图 1-2 所示。

（1）待加工表面　待加工表面是指工件上即将被切除的表面。

（2）过渡表面（又称加工表面）　过渡表面是指刀具切削刃正在切削的工件表面。

（3）已加工表面　已加工表面是指去除工件上多余的金属材料后，形成符合要求的工件新表面。

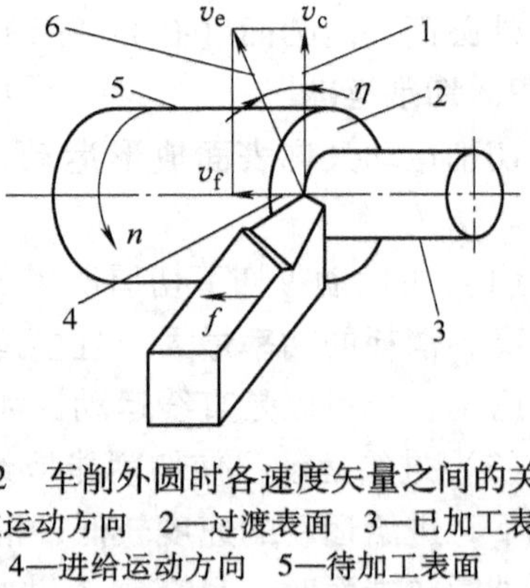

图 1-2　车削外圆时各速度矢量之间的关系

1—主运动方向　2—过渡表面　3—已加工表面

4—进给运动方向　5—待加工表面

6—合成运动方向

4. 切削用量

切削用量包括切削速度 v_c、进给量 f（或进给速度 v_f、每齿进给量 f_z）和背吃刀量 a_p，这三个量的大小不仅对切削过程有着重要的影响，而且也是计算生产率、设计相关工艺装备的依据，故称为切削用量三要素。

（1）切削速度 v_c　单位时间内，工件与刀具沿主运动方向的相对位移称为切削速度，单位为 m/min 或 m/s。

若主运动为回转运动（如车、铣、内外圆磨削、钻、镗），则切削速度 v_c 为工件或刀具最大直径处的线速度，计算公式为

$$v_c = \frac{\pi dn}{1000} \tag{1-3}$$

式中 d——刀具切削刃处的最大直径或工件待加工表面处的直径（mm）；

n——刀具或工件的转速（r/min）。

若主运动为往复直线运动（如刨削、插削），切削速度 v_c 的平均值为

$$v_c = \frac{2Ln_r}{1000} \tag{1-4}$$

式中 L——往复运动的行程长度（mm）；

n_r——每分钟主运动的往复次数（str/min）。

（2）进给量 f　进给量即每转进给量，指主运动每转一转（即刀具或工件每转一转）时，刀具与工件间沿进给运动方向上的相对位移，单位为 mm/r。进给量还可以用进给速度 v_f 或每齿进给量 f_z 来表示。进给速度 v_f 是指单位时间内刀具与工件沿进给运动方向上的相对位移，单位为 mm/min 或 mm/s。对于多齿刀具而言（如麻花钻、铰刀、铣刀等），当刀具转过一个刀齿时，刀具与工件沿进给运动方向上的相对位移称为每齿进给量 f_z，单位为 mm/z。

上述三者的关系为

$$v_f = nf = nf_z z \tag{1-5}$$

式中 n——主运动转速（r/min）；

z——刀具的圆周齿数。

（3）背吃刀量 a_p　背吃刀量是指已加工表面与待加工表面之间的垂直距离（周铣法除外），单位为 mm。

对于外圆车削

$$a_p = \frac{d_w - d_m}{2} \tag{1-6}$$

式中 d_w——工件待加工表面处直径（mm）；

d_m——工件已加工表面处直径（mm）。

对于钻孔

$$a_p = \frac{d_o}{2} \tag{1-7}$$

式中 d_o——麻花钻直径（mm）。

1.1.2 刀具角度（Cutter Angle）

刀具种类繁多，尽管外形与结构不同，但切削部分具有共性。外圆车刀结构简单、应用广泛，具有代表性。下面以外圆车刀为例，说明刀具几何角度的相关定义。

1. 刀具切削部分的结构要素

图 1-3 所示为外圆车刀，它由刀头和刀杆两部分组成。刀杆是刀具的夹持部分，安装在机床的刀架上，下表面为车刀的安装基准面，水平放置。刀头是刀具的切削部分，担负切削工作。外圆车刀切削部分的结构要素如下：

（1）前刀面 A_γ　前刀面是切屑流经的刀面。

（2）主后刀面 A_α　主后刀面是与工件的过渡表面相对的刀面，简称后刀面。

（3）副后刀面 A_α　副后刀面是与工件的已加工表面相对的刀面。

（4）主切削刃 S　主切削刃是前刀面与主后刀面的交线，它担负主要的切削工作。

（5）副切削刃 S'　副切削刃是前刀面与副后刀面的交线，它配合主切削刃工作并最终形成已加工表面。

（6）刀尖　主切削刃与副切削刃的交接部分称为刀尖，可分为尖点刀尖、圆弧刀尖和倒角刀尖，如图1-4所示。

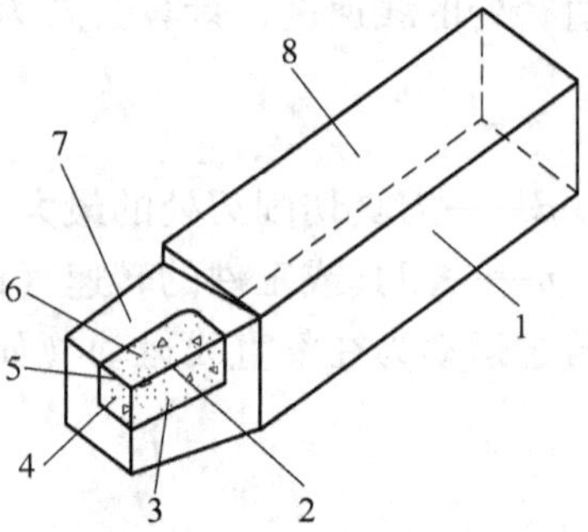

图1-3　外圆车刀切削部分的结构
1—刀具安装基准面　2—主切削刃
3—主后刀面　4—副后刀面
5—副切削刃　6—前刀面
7—刀头　8—刀杆

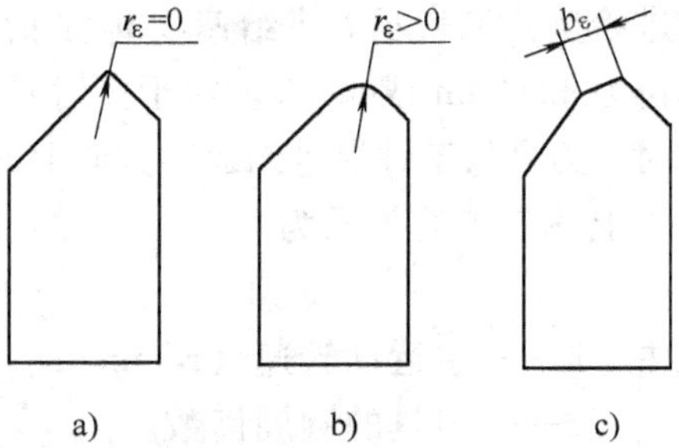

图1-4　刀尖的形状
a）尖点刀尖　b）圆弧刀尖　c）倒角刀尖

2. 刀具角度参考系

为了定义刀具的角度，引入若干假想的参考平面，由这些参考平面组成刀具角度参考系。刀具角度参考系可分为标注参考系和工作参考系。

（1）刀具标注参考系　刀具标注参考系又称为刀具静态参考系，是在两个假定条件下建立的：①假定运动条件。不考虑进给运动的大小，即假设进给速度等于零。这样，可以用主运动的方向近似代替合成切削运动方向。②假定安装条件。假定切削刃选定点与工件的中心线等高，并假定刀杆的中心对称线与进给运动方向垂直。

由于刀具切削刃上各点的运动情况可能不同，因此，在建立刀具角度参考系时，以切削刃上的某一指定点作为研究对象，这一点称为切削刃选定点。

刀具标注参考系由以下几个参考平面组成，如图1-5所示。

1）基平面 p_r。通过主切削刃选定点，与该点主运动方向垂直的平面为基平面，简称基面。它与车刀的安装基准面平行。

2）切削平面 p_s。通过主切削刃选定点，与切削刃 S 相切，并与基面 p_r 垂直的平面称为切削平面，即主运动方向与切削刃在选定点处的切线所构成的平面。因此切削平面 p_s 必垂直于基面 p_r。

3）正交平面 p_o。通过主切削刃选定点，同时垂直于基面 p_r 和切削平面 p_s 的平面称为正交平面。正交平面 p_o 必垂直于主切削刃 S 在基面 p_r 上的投影。同样，刀具副切削刃 S' 上的正交平面也如此定义，记为“p_o'”。

p_r、p_s 及 p_o 组成正交平面参考系，三者相互垂直，如图1-5a所示。

4）法平面 p_n。通过主切削刃选定点，垂直于主切削刃 S 的平面称为法平面。

p_r、p_s 及 p_n 组成法平面参考系，如图1-5b所示。

5）假定工作平面 p_f。通过主切削刃选定点，与基面 p_r 垂直且与进给运动方向平行的平面称为假定工作平面，也就是主运动方向与进给运动方向所构成的平面。

6）背平面 p_p。通过主切削刃选定点，同时垂直于基面 p_r 和假定工作平面 p_f 的平面称为背平面。

p_r、p_s 和 p_f（p_p）组成假定工作平面（背平面）参考系，如图 1-5c 所示。

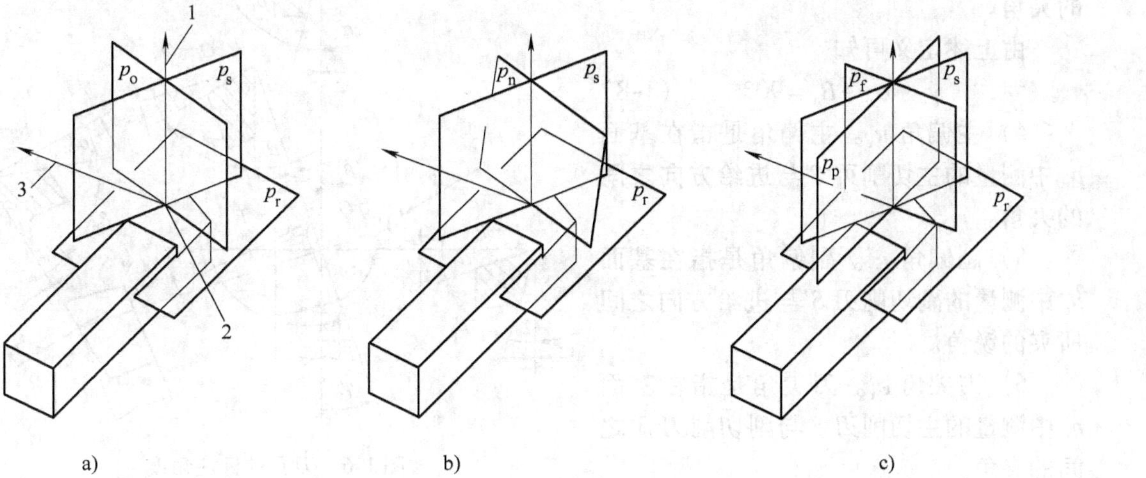

图 1-5　正交平面与法平面参考系

a）正交平面参考系　b）法平面参考系　c）假定工作平面（背平面）参考系

1—主运动方向　2—切削刃选定点　3—进给运动方向

需要说明的是，由于假定了运动和安装条件，在标注角度参考系中确定的刀具角度，往往不能确切地反映切削加工的真实情况。为此，还需建立刀具工作参考系。

（2）刀具工作参考系　刀具工作参考系又称刀具动态参考系，是考虑了刀具与工件之间的实际运动情况和实际安装条件建立的参考系。刀具工作参考系中的参考平面前要加“工作”两字，其符号要加注下标“e”，如工作基面用“p_{re}”表示，工作切削平面用“P_{se}”表示，以区别于刀具标注参考系。

刀具工作参考系的建立方法与刀具标注参考系相同，唯一的区别在于前者以合成运动方向为依据，而后者以主运动方向为依据。

1）工作基面 p_{re}。通过切削刃选定点，垂直于合成运动方向的平面称为工作基面。

2）工作切削平面 p_{se}。通过切削刃选定点，与切削刃相切，并垂直于工作基面 p_{re} 的平面称为工作切削平面，该平面包含合成运动方向。

其他参考平面，如 p_{oe}、p_{fe}、p_{pe} 和 p_{ne} 的定义与刀具标注参考系下的相应参考平面相似。

3. 车刀角度

刀具的切削刃或刀面在空间的方位角度称为刀具角度，可分为标注角度和工作角度。

（1）刀具的标注角度　在刀具标注参考系中确定的刀具角度，称为刀具的标注角度，也称刀具的静态角度。刀具的标注角度是在设计、制造和刃磨刀具时使用的角度。

在正交平面参考系（p_r—p_s—p_o）内标注的角度如下：

1）前角 γ_o。前角是指在正交平面 p_o 中测量的前刀面 A_γ 与基面 p_r 之间的夹角。

2）后角 α_o。后角是指在正交平面 p_o 中测量的后刀面 A_α 与切削平面 p_s 之间的夹角。

刀具的前角和后角是有正负之分的，如图 1-6 所示。若基面 p_r 位于刀具实体之外，前角为正值；若基面 p_r 位于刀具实体之内，前角为负值；若基面 p_r 与前刀面 A_γ 重合，则前角为零。后角 α_o 的正负判别方法与前角相同。

3）楔角 β_o。楔角是指在正交平面 p_o 中测量的前刀面 A_γ 与后刀面 A_α 之间的夹角。

由上述定义可知

$$\gamma_o + \alpha_o + \beta_o = 90° \qquad (1\text{-}8)$$

4）主偏角 κ_r。主偏角是指在基面 p_r 中测量的主切削刃 S 与进给方向之间的夹角。

5）副偏角 κ_r'。副偏角是指在基面 p_r 中测量的副切削刃 S' 与进给方向之间所夹的锐角。

6）刀尖角 ε_r。刀尖角是指在基面 p_r 中测量的主切削刃 S 与副切削刃 S' 之间的夹角。

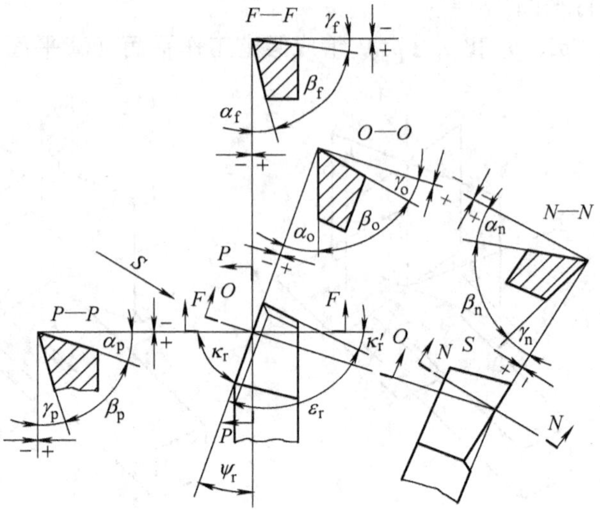

图 1-6　刀具的标注角度

由图 1-6 可以看出

$$\kappa_r + \kappa_r' + \varepsilon_r = 180° \qquad (1\text{-}9)$$

7）余偏角 ψ_r。余偏角是指在基面 p_r 中测量的主切削刃 S 与背平面 p_p 之间的夹角。

$$\kappa_r + \psi_r = 90° \qquad (1\text{-}10)$$

8）刃倾角 λ_s。刃倾角是指在切削平面 p_s 中测量的主切削刃 S 与基面 p_r 之间的夹角。

刃倾角也有正负之分，如图 1-7 所示。判断方法是：将刀具水平放置，若刀尖位于切削刃最高点，则刃倾角为正值；若刀尖位于切削刃最低点，则刃倾角为负值。

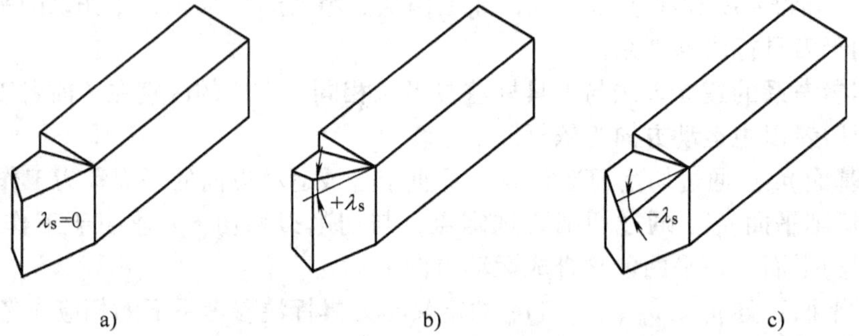

图 1-7　刃倾角的正负

（2）刀具的工作角度　在切削过程中，由于受合成切削运动和刀具安装的影响，真正起作用的不是刀具的标注角度，而是由工作参考系下确定的刀具角度，这个角度称为刀具的工作角度。

下面从进给运动和刀具安装情况两方面来叙述对刀具工作角度的影响。

1）进给运动的影响。

① 横向进给运动对工作角度的影响。以切断刀为例，横向进给时，刀具的进给方向与工件的轴线垂直，如图 1-8 所示。

当不考虑进给运动时，切削刃选定点相对于工件的运动轨迹为一圆周，此时基面 p_r 与刀具的安装基面（刀杆底平面）平行，切削平面 p_s 与刀具的安装基面垂直，此时的前角 γ_o 和后角 α_o 为刀具的标注角度。当考虑进给运动后，切削刃选定点相对于工件的运动轨迹为一螺旋线，合成切削速度 v_e 方向为切削刃选定点所对应螺旋线处的切线方向，工作基面 p_{re} 应与该切线方向垂直，而工作切削平面 p_{se} 与工作基面 p_{re} 垂直。于是，p_{re}、p_{se} 均相对于 p_r、p_s 逆时针转动了一个 η 角。可见，刀具的实际工作前角 γ_{oe} 增大，实际工作后角 α_{oe} 减小。刀具的实际工作前角和后角与标注角度的关系为

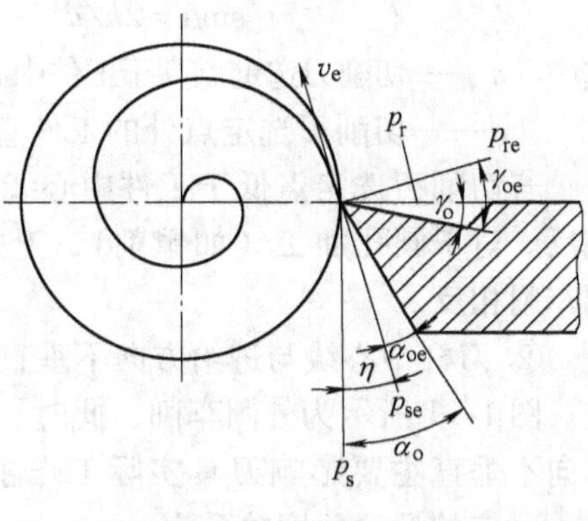

图 1-8　横向进给运动对工作角度的影响

$$\gamma_{oe} = \gamma_o + \eta \qquad \alpha_{oe} = \alpha_o - \eta \tag{1-11}$$

$$\tan\eta = v_f / v_c = \frac{f}{\pi d} \tag{1-12}$$

式中　η——合成切削速度角（°）；

d——切削刃选定点处工件直径（mm）。

由式（1-12）可知，η 随着 d 的减小而增大，当切断刀切至靠近工件轴线时，刀具的工作后角 α_{oe} 是较小的负数，此时，工件不是被刀具切断，而是被刀具的后刀面挤断。

② 纵向进给运动对工作角度的影响。以外圆车削为例，纵向进给时，刀具的进给方向与工件的轴线平行，如图 1-9 所示。

同上述分析，当不考虑进给运动时，基面 p_r 与刀杆底平面平行，切削平面 p_s 与刀杆底平面垂直，此时侧前角 γ_f 和侧后角 α_f 为刀具的标注角度。当考虑进给运动后，工作基面 p_{re} 应与合成切削速度 v_e 方向垂直，而工作切削平面 p_{se} 与工作基面 p_{re} 垂直。在假定工作平面 p_f 中，p_{re}、p_{se} 均相对于 p_r、p_s 逆时针转动了一个 η_f 角。可以看出，刀具的实际工作前角 γ_{fe} 增大，实际工作后角 α_{fe} 减小，和标注角度的关系为

$$\gamma_{fe} = \gamma_f + \eta_f \qquad \alpha_{fe} = \alpha_f - \eta_f \tag{1-13}$$

$$\tan\eta_f = \frac{f}{\pi d} \tag{1-14}$$

式中　η_f——假定工作平面中测量的合成切削速度角（°）；

d——切削刃选定点处工件直径（mm）。

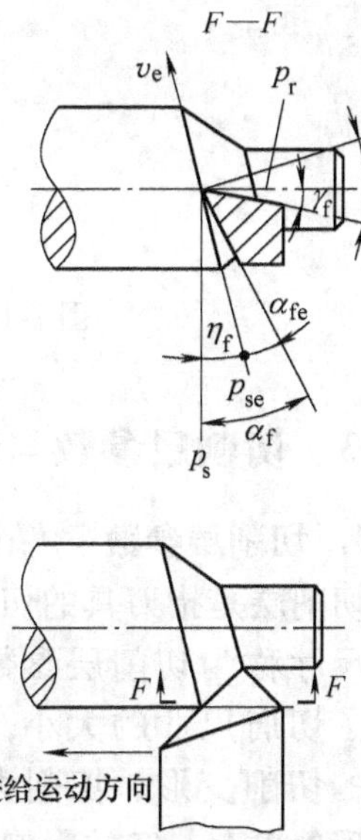

图 1-9　纵向进给运动对工作角度的影响

2）刀具安装的影响。

① 切削刃选定点安装高低的影响。如图 1-10 所示，以切断刀为例，若切削刃选定点高于工件中心线，工作基面 p_{re} 应与切削刃选定点处的主运动方向垂直（不考虑进给运动），而工作切削平面 p_{se} 与该点主运动方向平行，工作参考系相对于标注参考系转动了一个 μ 角。可见，刀具的实际工作前角 γ_{oe} 增大，实际工作后角 α_{oe} 减小。刀具的实际工作前角和后角与标注角度的关系为

$$\gamma_{oe}=\gamma_o+\mu \qquad \alpha_{oe}=\alpha_o-\mu \tag{1-15}$$

$$\sin\mu=2h/d \tag{1-16}$$

式中 h——切削刃选定点高于工件中心线的距离（mm）；

d——切削刃选定点处的工件直径（mm）。

若切削刃选定点低于工件中心线，上式中 μ 的符号相反。对于圆孔加工（如镗削），上式中 μ 的符号与外圆车削相反。

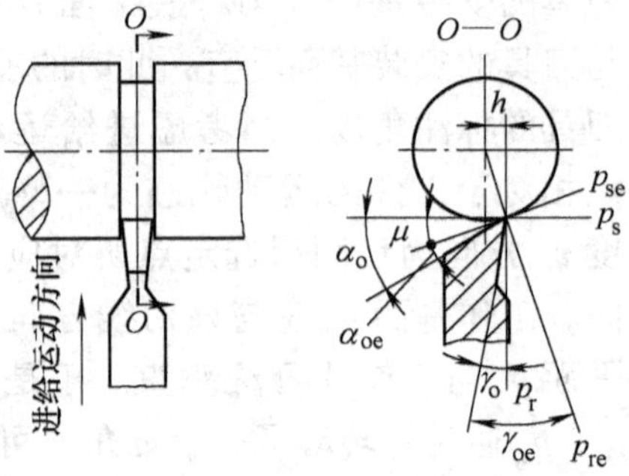

图 1-10 切削刃选定点安装高低对工作角度的影响

② 刀杆中心线与进给方向不垂直时对工作角度的影响。图 1-11 所示为外圆车削，此时，刀杆中心线与进给方向不垂直主要影响刀具实际工作主偏角 κ_{re} 和副偏角 κ_{re}'，对应的标注角度关系为

$$\kappa_{re}=\kappa_r\pm G \qquad \kappa_{re}'=\kappa_r'\mp G \tag{1-17}$$

式中 G——刀杆中心对称线与进给运动方向垂线间的夹角（°）。

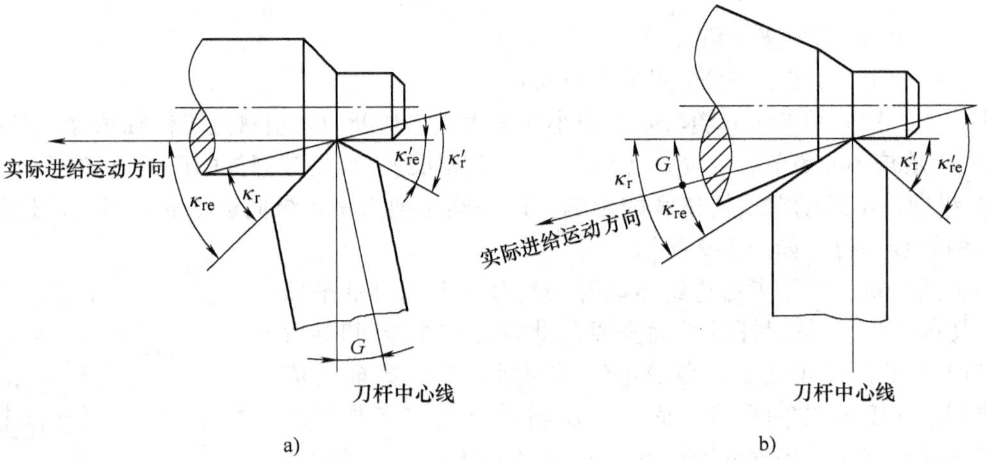

图 1-11 刀杆中心线与进给方向不垂直时对工作角度的影响

1.1.3 切削层参数与切削方式（Parameter of Cutting Layer and Cutting Mode）

1. 切削层参数

切削层是指刀具的切削刃在一次进给的过程中从工件表面上切下的一层金属。切削层的截面尺寸称为切削层参数。切削层参数不仅决定了切屑尺寸的大小，而且对切削过程中产生的切削变形、切削力、切削热和刀具磨损等现象也有一定的影响。

以车削外圆为例，如图 1-12 所示。当工件旋转一转时，刀具沿进给方向向前移动一个进给量，即从位置Ⅰ移动到位置Ⅱ，此时切下的一层金属为切削层。过切削刃的某一选定点，在基面内测量切削层的截面尺寸，

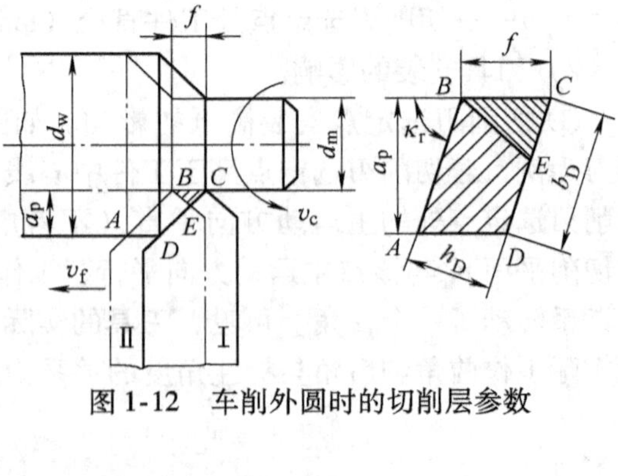

图 1-12 车削外圆时的切削层参数

即为切削层参数。

（1）切削层公称厚度 h_D　切削层公称厚度是指在基面内垂直于主切削刃方向测量的切削层尺寸，单位为 mm。

$$h_D = f\sin\kappa_r \tag{1-18}$$

（2）切削层公称宽度 b_D　切削层公称宽度是指在基面内沿着主切削刃方向测量的切削层尺寸，单位为 mm。

$$b_D = a_p/\sin\kappa_r \tag{1-19}$$

（3）切削层公称面积 A_D　切削层公称面积是指在基面内测量的切削层横截面积，单位为 mm^2。

由图 1-12 可以看出，切削层横截面并非平行四边形 $ABCD$，而是近似平行四边形 $ABED$，两者相差一个 $\triangle BCE$。在切削过程中，切削刃没有切下 $\triangle BCE$ 区域的金属，而是残留在工件的已加工表面上，这一区域面积称为残留面积 $\triangle A_D$。残留面积的存在使工件已加工表面变得粗糙。因此当残留面积 $\triangle A_D$ 较小时，切削层公称面积 A_D 可近似按下式计算，即

$$A_D \approx h_D b_D = fa_p \tag{1-20}$$

若刀具的切削刃为曲线时，则切削层的截面形状如图 1-13 所示。这时，切削刃各点所对应的切削厚度互不相等。

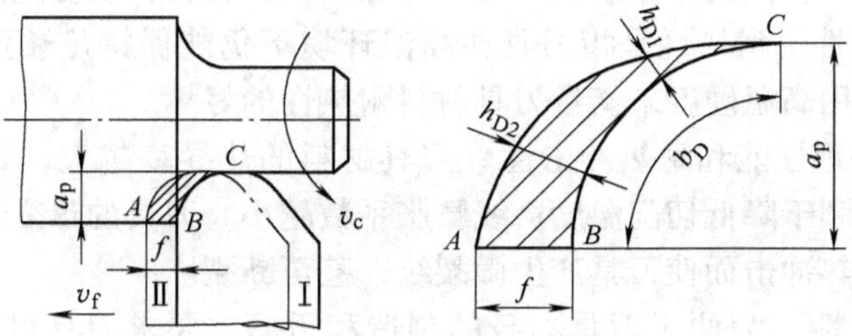

图 1-13　曲线刃切削时切削层的截面形状

2. 切削方式

（1）自由切削与非自由切削　只有一条直线型切削刃参加工作的切削称为自由切削，而有曲线型切削刃或两条及两条以上直线型切削刃参加工作的切削称为非自由切削。非自由切削时，切屑流出受到干扰，切屑产生较为复杂的三维变形。为了分析问题方便，本章以自由切削为对象加以研究。

（2）直角切削与斜角切削　切削刃垂直于合成切削运动方向的切削方式称为直角切削，即 $\lambda_s=0$，如图 1-14a 所示。切削刃不垂直于合成切削运动方向的切削方式称为斜角切削，即 $\lambda_s \neq 0$，如图 1-14b 所示。

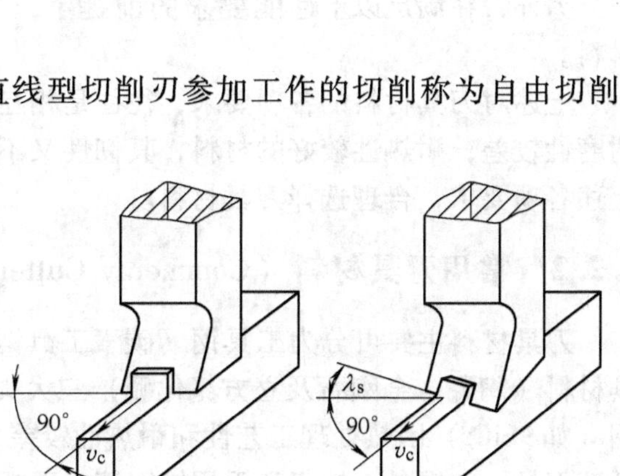

图 1-14　直角切削与斜角切削

1.2 刀具材料（Cutter Material）

对金属的切削加工，除了要求刀具有合理的几何角度外，尚需刀具材料具有良好的切削性能。刀具材料的切削性能直接影响着生产率、工件的加工质量和刀具的制造成本等。正确选择刀具材料是设计和选用刀具的重要内容之一，特别是对某些难加工材料的切削，刀具材料的选用显得尤为重要。

1.2.1 刀具材料应具备的性能（Required Property of Cutter Material）

刀具材料是指刀具切削部分的材料。由于刀具切削部分是在高温、高压及强烈挤压与摩擦的恶劣条件下工作的，对刀具材料的性能有较高的要求。

（1）足够的强度和韧性　刀具的切削部分在切削时要承受很大的切削力、冲击力和切削振动，为防止刀具脆性断裂和崩刃现象的发生，刀具材料的抗弯强度和冲击韧度必须足够。

（2）较高的硬度和耐磨性　硬度是指刀具材料抵抗其他物体压入其表面的能力。刀具材料的硬度必须更高于被加工材料的硬度，一般要求刀具材料的常温硬度在62HRC以上。

耐磨性是指刀具材料抵抗摩擦磨损的能力。通常，刀具材料硬度越高，耐磨性也越好。

（3）较好的耐热性　耐热性是指刀具在高温环境下仍能保持足够强度、韧性、硬度和耐磨性的能力。通常用高温硬度来衡量刀具材料耐热性的好坏。

（4）良好的热物理性能和耐热冲击性　刀具材料的热导率越大，导热性越好，切削热越容易向外传散，有利于降低切削温度；线膨胀系数越小，刀具的热变形越小，耐热冲击性越好，不会因较大的热冲击而使刀具产生微裂纹，甚至断裂。

（5）良好的工艺性　为便于刀具本身的制造和刃磨，要求刀具材料有良好的工艺性。工艺性包括冷加工工艺性（切削性能和磨削性能）和热加工工艺性（焊接性能、热塑性能和热处理性能等）。

另外，在满足以上性能要求的前提下，尽量采用资源丰富、价格低廉等比较经济的材料。

上述对刀具材料的各项要求，往往是相互矛盾的。如强度高、韧性好的材料，其硬度和耐磨性较差；耐热性较好的材料，其韧性又不足够。所以应根据具体的切削条件，综合考虑上述各项要求，合理选择刀具材料。

1.2.2 常用刀具材料（Commonly Cutter Material）

刀具材料主要可分为工具钢（碳素工具钢、合金工具钢和高速钢）、硬质合金和超硬刀具材料（陶瓷、金刚石及立方氮化硼）三大类。其中，碳素工具钢（如T10A）和合金工具钢（如9SiCr）因热处理工艺性和耐热性较差，一般常用于制造手工工具和形状比较简单的低速刀具，如锯条、锉刀和手用铰刀等。而超硬刀具材料强度低、脆性大，且成本较高，仅适用于某些有限的场合。在实际生产中，应用最为广泛的刀具材料还是高速钢和硬质合金。

1. 高速钢

高速钢是加入了较多W、Cr、Mo、V等合金元素的高合金工具钢。和其他工具钢相比较，其综合力学性能有所提高，特别是耐热性显著提高，当切削温度达到600℃时，仍能正常切削，切削速度可提高2～4倍。高速钢的抗弯强度甚至可达到4GPa，是硬质合金的2～3倍，是陶瓷的5～6倍。由于高速钢刀具材料综合力学性能较好，故广泛应用于形状复杂、尺寸较大的刀具制造中，如麻花钻、铰刀、铣刀、拉刀、各种齿轮加工刀具及其他各种成形刀具。表1-1所列为几种常用高速钢的牌号、性能及主要用途。

表1-1　几种常用高速钢的牌号、性能及主要用途

牌号	常温硬度 HRC	高温硬度(600℃)HRC	抗弯强度/GPa	冲击韧度/(MJ/m²)	主要特性	主要用途
W18Cr4V	63～66	48.5	2.94～3.33	0.17～0.31	可磨削性好	复杂刀具、成形刀具及精加工刀具
W6Mo5Cr4V2(M2)	64～66	47～48	3.43～3.92	0.39～0.44	高温塑性好，可磨削性较差，热处理工艺性较差	复杂刀具、成形刀具及热轧刀具
W3Mo3Cr4V2	66～68	51	3～3.40	0.17～0.22	磨削性能及耐热性好，冲击韧度较低，热处理工艺性差	用于切削不锈钢、耐热合金等材料的刀具
W2Mo9Cr4V2	67～69	54～56	2.84～3.82	0.22～0.29	耐热性、耐磨性好，可塑性较差	用于切削难加工材料的刀具

2. 硬质合金

硬质合金是由硬度高、难熔金属碳化物（WC、TiC、TaC和NbC等）和金属粘结剂（Co、Ni）通过粉末冶金的方法制成的。这些金属碳化物的种类和含量决定了刀具材料的硬度，称为硬质相。而金属粘结剂的含量决定了刀具材料的强度和韧性，称为粘结相。硬质合金刀具材料的硬度、耐磨性和耐热性均优于高速钢，常温硬度可达89～94HRA，在800～1000℃仍能进行切削，切削速度是高速钢的2～5倍，加工效率很高，应用非常广泛。但是硬质合金的强度和韧性较低，制造工艺性较差。表1-2所列为几种金属碳化物的性能。

表1-2　几种金属碳化物的性能

种类	硬度 HV	熔点/℃	弹性模量/GPa	热导率/[W/(m·℃)]	密度/(g/cm³)
WC	1780	2900	720	29.3	15.6
TiC	3000～3200	3200～3250	321	24.3	4.93
TaC	1599	3730～4030	291	22.2	14.3

（1）硬质合金的分类　硬质合金刀具材料以碳化钨基（WC）应用较为广泛，国际上将碳化钨基硬质合金分为三类：K类、P类和M类，其常用牌号、成分及性能见表1-3。

1）K类硬质合金（WC-Co）。K类硬质合金相当于旧牌号YG类硬质合金。和其他硬质合金相比较，强度高、韧性好，可制出比较锋利且抗冲击性好的切削刃，适用于加工短切屑的黑色金属（脆性材料，如铸铁）、有色金属和非金属材料，但硬度和耐磨性较差。常用牌号有K01、K10、K20、K30、K40（旧牌号有YG3、YG6X、YG6、YG8等），牌号中的数字越大，含Co量越多，刀具材料的强度和韧性就越好，硬度和耐磨性越差。因此，K01适用于精加工，K10、K20适用于半精加工，K30、K40适用于粗加工。

2）P类硬质合金（WC-TiC-Co）。P类硬质合金相当于旧牌号YT类硬质合金。与含Co量相同的K类硬质合金相比，P类硬质合金的硬度和耐磨性较好，强度和韧性较差，特别是具有较高的耐热性、较好的抗粘结和抗氧化能力。适合于加工长切屑的黑色金属，如钢料等弹塑性材料。常用牌号有P01、P10、P20、P30、P40等（旧牌号有YT5、YT14、YT15和YT30等），牌号中的数字越大，Co的含量越多，TiC的含量越少，刀具材料的硬度和耐磨性越差，强度和韧性越好。因此，P01适用于精加工，P10、P20适用于半精加工，P30、P40适用于粗加工。

3）M类硬质合金［WC-TiC-TaC(NbC)-Co］。M类硬质合金相当于旧牌号YW类硬质合金。在P类硬质合金中加入TaC(NbC)，可提高其抗弯强度和冲击韧度，并提高硬质合金的高温强度和高温硬度，提高抗氧化能力。这类合金既可加工短切屑的黑色金属、有色金属，也可加工长切屑的黑色金属，因此又称为通用硬质合金。常用牌号有M10、M20、M30等（旧牌号有YW1、YW2等），牌号中的数字越大，Co的含量越多，韧性越高，而耐磨性越低，适用于粗加工；反之则适用于精加工。

表1-3 常用WC基硬质合金的牌号、化学成分及物理性能

类别	旧牌号	化学成分（%）				物理性能					新牌号
		WC	TiC	TaC（NbC）	Co	硬度 HRA	硬度 HRC	抗弯强度/GPa	冲击韧度/(kJ/m^2)	热导率/[W/(m·℃)]	
K类	YG3	97	—	—	3	91	78	1.10	—	87.9	K01
	YG6X	94	—	—	6	91	78	1.35	—	79.6	K05
	YG6	94	—	—	6	89.5	75	1.40	26.0	79.6	K10
	YG8	92	—	—	8	89	74	1.50	—	75.4	K20
P类	YT30	66	30	—	4	92.5	80.5	0.90	3.00	20.9	P01
	YT15	79	15	—	6	91	78	1.15	—	33.5	P10
	YT14	78	14	—	8	90.5	77	1.20	7.00	33.5	P20
	YT5	85	5	—	10	89.5	75	1.30	—	62.8	P30
M类	YW1	84	6	4	6	92	80	1.25	—	—	M10
	YW2	82	6	4	8	91	78	1.50	—	—	M20

（2）硬质合金的选用　正确选用硬质合金的牌号对刀具的切削性能有重要的影响。如上所述，K类硬质合金适于加工铸铁、有色金属和非金属材料；P类硬质合金适于加工钢料等弹塑性材料；M类硬质合金既可加工铸铁、有色金属，也可加工钢料。

选用硬质合金刀具材料时还应考虑以下几点：

1）粗加工时，切削力较大并伴随着切削振动，刀具易崩刃，应选用强度高、韧性好的刀具材料。

2）精加工时，切削速度往往较高，工件与刀具摩擦严重，应选用硬度高、耐磨性好的刀具材料。

3）断续切削时，对刀具的冲击大，应选用强度高、韧性好的刀具材料。

4）在切削淬硬钢、高强度钢、奥氏体钢和高温合金时，切削力集中在切削刃附近，易造成崩刃，不宜选用P类硬质合金，而应用强度高、韧性好的K类硬质合金。

5）在切削钛合金（如 1Cr18Ni9Ti）时，若采用 P 类硬质合金，由于硬质合金中的钛元素与工件中的钛元素之间的亲和力会使刀具产生冷焊现象，会使切削温度升高，加剧刀具磨损，这时应选用不含钛且导热性好的 K 类硬质合金刀具加工。

6）由于硬质合金制造工艺性较差，强度和韧性较低（与合金工具钢相比），不适于制造形状复杂、尺寸大的刀具。

常用硬质合金的牌号及用途见表 1-4。

表 1-4　常用硬质合金的牌号及用途

类别	牌号		用途
K类	K01	强度和韧性↓ 硬度和耐磨性↑	适于铸铁、冷硬铸铁、短切屑可锻铸铁的高速精加工
	K10		适于硬度高于 220HBW 的铸铁、短切屑可锻铸铁的精加工和半精加工
	K20		适于硬度低于 220HBW 的灰铸铁、短切屑可锻铸铁在中等切速和轻载荷条件下的粗加工和半精加工
	K30		适于铸铁、短切屑可锻铸铁在不利条件下采用大切削角的低速粗加工
	K40		适于铸铁、短切屑可锻铸铁在不利条件下采用低速、大进给量的粗加工
P类	P01	强度和韧性↓ 硬度和耐磨性↑	适于钢、铸钢的高速、小切削面积、无振动条件下的精加工
	P10		适于钢、铸钢的高速、中小切削面积条件下的车削、仿形车削、车螺纹和铣削的半精加工
	P20		适于钢、铸钢、长切屑可锻铸铁的中等切速、中等切削面积条件下的车削、仿形车削、铣削、小切削面积刨削的半精加工
	P30		适于钢、铸钢、长切屑可锻铸铁在中等切速下的半精加工和精加工
	P40		适于钢、含砂眼和气孔的铸钢件在低速下、大切削角条件下的中、低速粗加工
M类	M10	强度和韧性↓ 硬度和耐磨性↑	适于不锈钢、铸钢、铸铁和合金铸铁、可锻铸铁在中、高速条件下的车削加工
	M20		适于锰钢、铸钢、不锈钢、合金钢、合金铸铁、可锻铸铁在中速、中等切削面积条件下的车削、铣削加工
	M30		适于锰钢、铸钢、不锈钢、合金钢、合金铸铁、可锻铸铁在中速、大切削面积条件下的车削、铣削加工

3. 其他刀具材料

（1）陶瓷　常用的陶瓷材料有 Al_2O_3 基陶瓷和 Si_3N_4 基陶瓷两类。

1）Al_2O_3 基陶瓷。Al_2O_3 基陶瓷又可分为纯氧化铝基陶瓷和复合氧化铝基陶瓷，其中复合氧化铝基陶瓷较为常用。

复合氧化铝基陶瓷是在 Al_2O_3 中加入高硬度、难熔碳化物（如 WC、TiC）及金属添加剂（如 Ni、Mo）经热压而成的，其抗弯强度可达 0.80GPa，硬度达到 93 ~ 94HRA。和硬质合金刀具材料相比，有以下特点：切削速度是硬质合金的 2 ~ 5 倍；耐热性很好，在 1200℃时，硬质合金已丧失切削能力，而陶瓷此时的硬度可达 80HRA，仍能进行切削；有很高的化学稳定性，抗冷焊、扩散磨损的能力强；与金属材料的摩擦因数小，加工表面粗糙度值较小；但强度和韧性相对较弱，抗冲击能力差。主要用于淬硬钢、冷硬铸铁等材料的半精加工和精加工。

2）Si_3N_4 基陶瓷。Si_3N_4 基陶瓷是在 Si_3N_4 中加入 TiC 及 Co 等进行热压而成的，其强度和韧性可达到 1GPa 以上，抗冲击性较好。同时，热导率、线膨胀系数及耐热冲击性均优于

Al_2O_3 基陶瓷。

（2）人造金刚石　人造金刚石是在高温高压条件下，借助催化剂由石墨转化而成的。它是目前已知的最硬的刀具材料，其硬度可达10000HV，是硬质合金的6～8倍。可制成非常锋利的切削刃，且切削时不易产生积屑瘤，已加工表面粗糙度值小。它既可以加工硬质合金、陶瓷、玻璃等高硬耐磨材料，也可加工有色金属及其合金，但也存在以下一些缺点：

1）耐热性较差。当切削温度超过700～800℃时，刀具会因碳原子转化为石墨结构而丧失原有的硬度。

2）不适于加工铁族材料。由于金刚石刀具材料中的碳元素与工件材料中的铁元素有很强的化学亲和性，在高温下碳元素极易产生扩散现象，使金刚石刀具表面石墨化，因此不适于加工铁族材料。

（3）立方氮化硼　立方氮化硼是由较软的六方氮化硼在高温高压下加入催化剂转化而成的，其硬度仅次于金刚石，但热稳定性和化学稳定性均优于金刚石，可耐1500℃高温，可以用较高的切削速度实现对淬硬钢、冷硬铸铁、高温合金等材料的半精加工和精加工。

1.3　金属切削过程中的物理现象（Physical Phenomenon in Metal Cutting）

在切削加工的过程中，伴随着切削变形、切削力、切削热、刀具磨损等物理现象的发生。在掌握切削刀具基本知识的基础上，研究分析这些物理现象，对于保证零件的加工质量、降低加工成本和提高生产率具有十分重要的意义。下面以切削弹塑性材料为例，来说明金属切削的变形过程。

1.3.1　金属切削的变形过程（Deformation Process of Metal Cutting）

刀具对工件的切削加工，实际上是切削层金属材料受到刀具的切削刃和前刀面强烈推挤作用，发生强烈的塑性变形，从工件母体上脱离下来，变成切屑。对切屑形成过程的研究是金属切削过程中的根本问题，是研究切削过程中其他各物理现象的基础。

1. 积屑瘤

（1）积屑瘤现象　切削钢、铝合金等弹塑性材料时，在切削速度不高而又能形成带状切屑的情况下，有一些来自切屑底层的金属冷焊并层积在刀具前刀面上，形成硬度很高的三角形楔块（是工件硬度的2～3倍），它能够代替切削刃和前刀面进行切削，这一楔块称为积屑瘤，如图1-15所示。

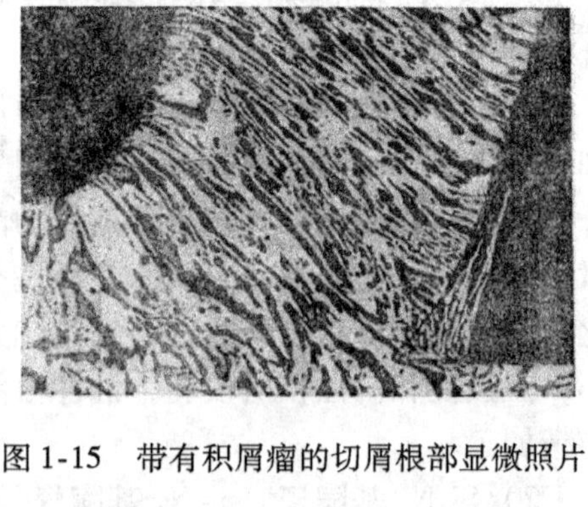

图1-15　带有积屑瘤的切屑根部显微照片

图1-16所示为积屑瘤示意图。可见，积屑瘤粘结在刀具前刀面上并包络切削刃，其向前伸出的尺寸称为积屑瘤的高度 H_b，向下伸出的尺寸称为过切量 Δh_D。

（2）积屑瘤的成因　由于刀—屑间的挤压和摩擦，使一部分切屑底层的金属冷焊在刀具前刀面上，形成滞留层，这是积屑瘤形成的基础。当切屑流经滞留层时（产生的摩擦相当于“内摩擦”），受滞留层的阻碍而粘结在滞留层上，切屑底层金属在滞留层上逐渐层积，最后形成积屑瘤。

除刀—屑摩擦外，积屑瘤的形成还与工件材料及温度有关。若工件材料的加工硬化倾向大，经塑性变形的滞留层因加工硬化而使其强度、硬度增加，耐磨性增加，能够抵抗切屑的挤压和摩擦而在前刀面停留，产生积屑瘤。若温度过低，刀—屑之间不易发生冷焊，不能形成滞留层，不会产生积屑瘤；若温度过高，切屑底层的金属弱化，同样也不会产生积屑瘤。因此，积屑瘤只有在适当的温度下才会产生。

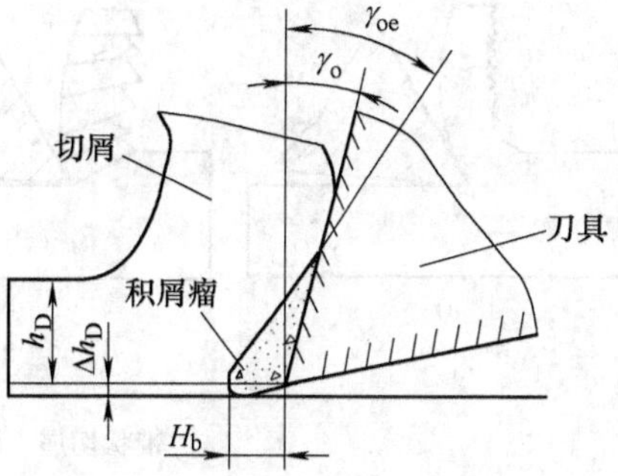

图 1-16 积屑瘤示意图

一般来说，切削速度越高，切削温度也越高。因此，可利用切削速度代替切削温度来分析对积屑瘤的影响。

（3）积屑瘤对切削过程的影响

1）对刀具寿命的影响。积屑瘤粘结在刀具前刀面上，在相对稳定时，可代替切削刃和前刀面进行切削，起到保护刀具的作用。若不稳定时，积屑瘤破裂从前刀面脱落，可能会带走刀具表面的金属颗粒，使刀具磨损加剧。

2）增大刀具的实际工作前角。产生积屑瘤后，实际起作用的前刀面是积屑瘤表面，刀具实际工作前角 γ_{oe} 增大，可降低切削力，这对切削过程是有利的。

3）增大切削厚度。由于有过切量 Δh_D 的存在，使实际切削厚度增大。

4）增大已加工表面粗糙度值。积屑瘤在切削刃各点的过切量不同，在已加工表面上切出深浅和宽窄不同的“犁沟”，使表面粗糙度值增大；积屑瘤的产生、成长与脱落是一个动态变化的过程，易引起切削振动，同样使表面粗糙度值增大。因此，精加工时应设法避免或减小积屑瘤。

可见，积屑瘤的存在对切削过程的影响有利有弊。对于粗加工，积屑瘤的存在是有利的，对于精加工，则是不利的。

2. 切削变形的影响因素

（1）工件材料　工件材料的强度和硬度越高，切削力集中，平均正应力增大，变形系数减小，变形程度减轻。

（2）刀具前角　刀具前角增大，使剪切角增大，变形程度减轻。

（3）切削速度　切削弹塑性材料时，在无积屑瘤的速度区域，切削速度增大，使变形系数减小。在有积屑瘤的速度区域，切削速度增大，刀具的实际工作前角增大，变形系数减小。

切削脆性材料时，切削速度对切削变形的影响不显著。

（4）切削厚度　切削厚度增大，前刀面所受法向力增大，摩擦因数减小，剪切角增大，变形系数减小。

3. 切屑的种类

加工条件不同，切削变形程度也不同。变形程度对切屑的形状会有一定的影响。在生产实际中，切屑形状多种多样，如带状屑、C形屑、螺卷屑、长紧卷屑、发条状卷屑、宝塔状卷屑、崩碎屑等。归纳起来可分为四种类型：带状切屑、节状切屑、粒状切屑和崩碎切屑，如图1-17所示。

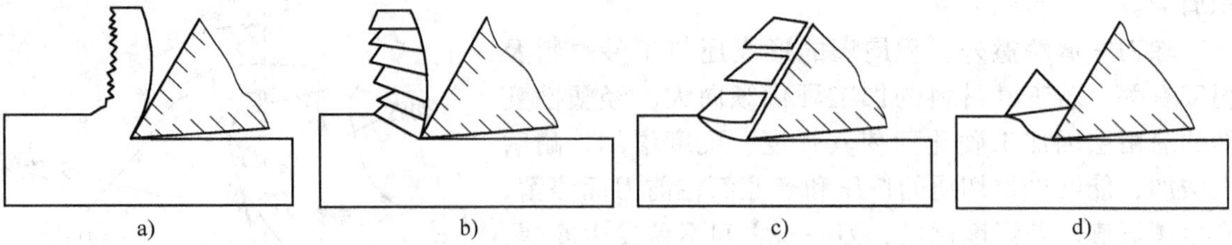

图1-17 切屑的种类
a）带状切屑 b）节状切屑 c）粒状切屑 d）崩碎切屑

（1）带状切屑 带状切屑的外表面呈毛绒状，内表面是光滑的。利用显微镜观察，在切屑的侧面可看到剪切面的条纹，但肉眼看来大体是平整的。一般情况下在加工弹塑性金属材料时，切削速度较高，刀具前角较大，切削厚度较小，可形成带状切屑。其切削过程比较平稳，切削力波动较小，已加工表面粗糙度值较小。

（2）节状切屑 节状切屑又称挤裂切屑，其外表面呈锯齿形，内表面有时有裂纹。在形成带状切屑的条件下，适当降低切削速度，增大切削厚度，减小刀具前角，可形成此类切屑。

（3）粒状切屑 在形成节状切屑的条件下，进一步降低切削速度，增大切削厚度，减小刀具前角，切屑沿着剪切面方向分离，形成一个个独立的梯形单元，这时节状切屑就变成粒状切屑（又称单元切屑）。

上述三种切屑都是在切削弹塑性材料时形成的，当改变切削速度、切削厚度或刀具前角等切削条件时，这三种切屑形态往往可以相互转化。

（4）崩碎切屑 切削脆性材料时，由于材料的塑性较小、抗拉强度低，在刀具的作用下，工件材料在未发生明显塑性变形时就已脆断，形成不规则的碎块状切屑，同时使工件的已加工表面凸凹不平。

1.3.2 切削力（Cutting Force）

切削力不仅对切削热的产生、刀具磨损、加工质量等方面有重要的影响，而且也是计算切削功率，制订切削用量，设计和使用机床、刀具和夹具等工艺装备的主要依据。因此，研究切削力的规律，对生产实际有重要的意义。

1. 切削力的来源及切削力的合成与分解

（1）切削力的来源 刀具在切削工件时，前刀面对切屑、后刀面对已加工表面有强烈的挤压与摩擦，使工件及切屑产生严重的弹塑性变形。若以刀具作为受力对象，则工件、切屑的弹塑性变形抗力及摩擦又反作用于刀具，如图1-18所示。因此，切削力的来源有工件、切屑对刀具的弹塑性变形抗力和工件、切屑对刀具的摩擦阻力两个方面。

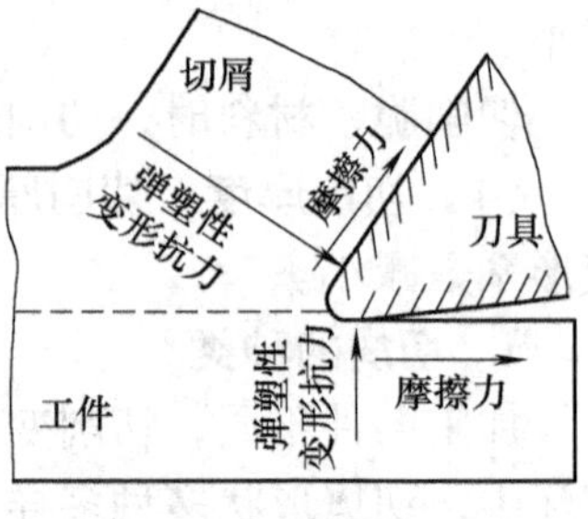

图1-18 切削力的来源

（2）切削分力 以外圆车削为例，在直角切削时，若不考虑副切削刃的切削作用，上述各力对刀具的作用合力 F 应

在刀具的正交平面 p_o 内。为了便于测量和应用，可将合力 F 分解为三个相互垂直的分力，如图1-19所示。

1）切削力 F_c。切削力与基面垂直，即平行于切削速度方向。在切削过程中，切削力所消耗的功率约占总量的99%，所以 F_c 是计算切削功率的主要依据，同时又是设计机床、刀具、夹具的主要数据，故又称为主切削力。

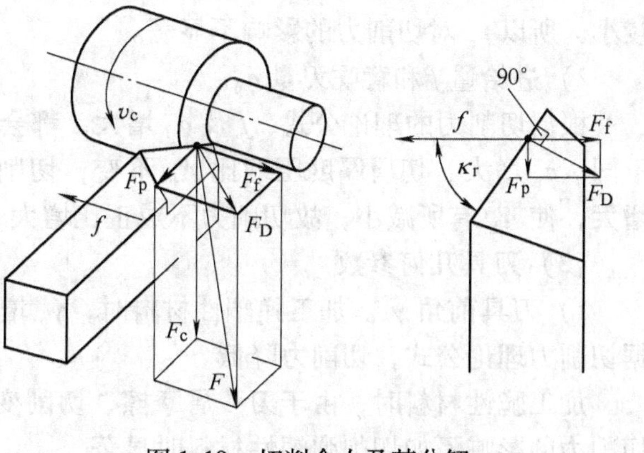

图1-19　切削合力及其分解

2）进给力 F_f。进给力在基面内，与进给运动方向平行，即与工件的轴线平行。进给力是计算进给运动所消耗的功率、设计校核进给机构强度的主要依据。

3）背向力 F_p。背向力在基面内，与进给运动方向垂直，即与工件的轴线垂直。外圆车削时，因背向力方向上的运动速度等于零，所以 F_p 不消耗切削功率。但是由于 F_p 作用在工艺系统刚度最弱的方向上，易使工件变形和产生振动，影响加工质量，尤其是加工细长轴时更为显著。背向力 F_p 是选用机床主轴轴承和校验机床刚度的依据。

（3）切削功率　切削功率是各切削分力所消耗功率之和。外圆车削时，背向力 F_p 不消耗功率，进给力 F_f 消耗的功率很小，仅为总功率的1%～2%，可忽略不计。所以切削功率 P_c 主要是切削力 F_c 消耗的功率，可按下式计算，即

$$P_c \approx \frac{F_c v_c}{1000} = \frac{F_c \pi d_w n}{6 \times 10^7} \tag{1-21}$$

式中　P_c——切削功率（kW）；
F_c——切削力（N）；
v_c——切削速度（m/s）；
n——工件转速（r/min）；
d_w——工件待加工表面直径（mm）。

计算机床电动机功率时，还要考虑机床的传动效率。即

$$P_E \geqslant \frac{P_c}{\eta} \tag{1-22}$$

式中　P_E——机床电动机功率（kW）；
P_c——切削功率（kW）；
η——机床传动效率，一般取0.75～0.85。

2. 切削力的影响因素

（1）工件材料　切削弹塑性材料时，工件材料的强度、硬度越高，切削力越大；强度、硬度相近的工件材料，若加工硬化倾向越大，切削力越大。切削脆性材料时，被切材料的弹塑性变形小，切削力相对较小。

（2）切削用量

1）切削速度 v_c

切削弹塑性材料时，在无积屑瘤的速度区域，随着 v_c 的增大，切削温度升高，工件材料的强度和硬度因产生弱化现象而降低，切削力减小。切削脆性材料时，由于变形和摩擦都较小，所以 v_c 对切削力的影响不显著。

2）进给量 f 和背吃刀量 a_p。

根据切削力的理论公式，f 及 a_p 增大，都会使切削力增大，但两者对切削力的影响程度不同。a_p 增大，切屑厚度压缩比 Λ_h 不变，切削力随 a_p 成正比增大；f 增大，切削厚度 h_D 增大，使 Λ_h 有所减小，故切削力不成正比增大，影响程度相对较弱。

（3）刀具几何参数

1）刀具前角 γ_o。加工弹塑性材料时，γ_o 增大，使切屑厚度压缩比 Λ_h 和 C 值减小，根据切削力理论公式，切削力降低。

加工脆性材料时，由于刀—屑摩擦、切削变形及加工硬化现象不明显，故 γ_o 的变化对切削力的影响不如切削弹塑性材料时显著。

2）负倒棱。在刀具的前刀面上，沿切削刃方向磨出前角为负值（或前角为零，或很小的正前角）的窄棱面，以增加刃区的强度，这一窄棱面称为负倒棱，通常用负倒棱前角 γ_{o1} 及其棱面宽度 $b_{\gamma1}$ 来衡量，如图 1-20a 所示。

显而易见，负倒棱的存在会使切削力增大，其影响程度与切削时负倒棱面所起的作用有关。若刀—屑接触长度远大于负倒棱宽度 $b_{\gamma1}$，切屑流出时，刀具前刀面起主要作用，实际工作前角是 γ_o，负倒棱的存在使切削力增大，但影响程度不显著，如图 1-20b 所示；若刀—屑接触长度小于或等于负倒棱宽度 $b_{\gamma1}$，切屑流出时，实际起作用的是负倒棱面，实际工作前角为 γ_{o1}，这时负倒棱的存在使切削力增大，且影响显著，如图 1-20c 所示。

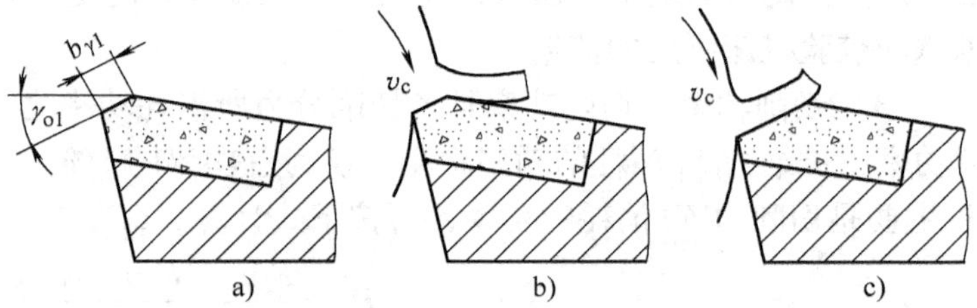

图 1-20 带有负倒棱的刀具前刀面与切屑的接触情况

（4）刀具的磨损　刀具发生磨损，特别是后刀面磨损后，在刀具的后刀面沿切削刃的方向上，磨出后角为零的棱面，使刀具后刀面与工件的摩擦加剧，切削力增大。

（5）切削液　采用润滑效果好的切削液，能减小前刀面与切屑、后刀面与工件表面的摩擦，显著地降低切削力。

1.3.3 切削热与切削温度（Cutting Heat and Temperature）

切削热和切削温度是切削过程中极为重要的物理现象，不仅与其他物理现象相互影响，而且也影响工件的加工质量和刀具寿命。

1. 切削热的产生与传出

（1）切削热的产生　生产中，切削时所消耗的能量只有 1%～2% 用以形成新表面和以晶格扭曲等形式形成潜藏能，绝大部分消耗的能量都转化为热能。工件切削过程中存在着强烈的弹塑性变形和摩擦，这是导致切削热产生的主要原因，如图 1-21 所示。切削热的产生来自使工件及切屑发生弹塑性变形消耗的能量而转化的热和切屑与前刀面、已加工表面与后刀面的摩擦而产生的热两个方面。

（2）切削热的传出　如图 1-21 所示，在切削区产生的热量要向刀具、工件、切屑和周围的介质（空气或切削液）传散。加工方式不同，从刀具、工件、切屑和周围的介质传热的比例也不同，见表 1-5。

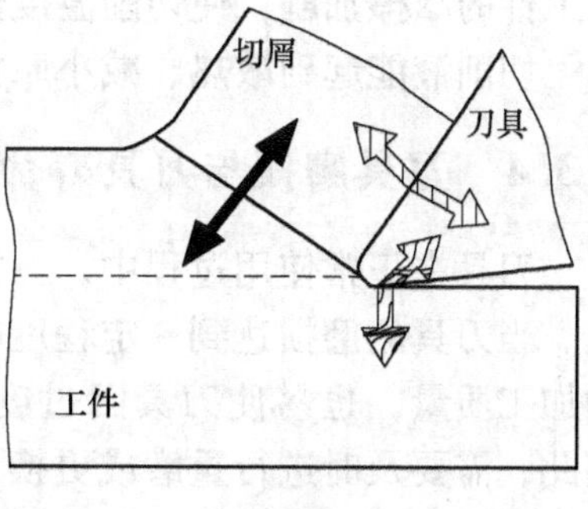

图 1-21　切削热的产生与传出

切削热的产生与传出直接影响切削区温度的高低。如工件材料的热导率高，由工件和切屑传散的热量多，工件的温度较高，但切削区的温度较低，这有利于降低刀具的磨损，提高刀具寿命；若刀具材料的热导率高，从刀具传散的热量多，切削区的温度也会降低。若在切削时采用冷却效果较好的切削液，可大大降低切削区的温度。

表 1-5　车削、钻削时切削热的传散

	从工件传出的热	从刀具传出的热	从切屑传出的热	从介质传出的热
车削	3% ~9%	10% ~40%	50% ~86%	1%
钻削	52.5%	12.5%	28%左右	5%左右

2. 切削温度的影响因素

（1）工件材料　工件材料的强度、硬度越高，产生的切削力越大，消耗的切削功率多，产生的切削热多，切削温度升高；工件材料的导热性好，从切屑和工件传出的热量多，使切削区的温度降低；切削脆性材料时，由于切削变形和摩擦都比较小，所以切削温度一般低于钢料等弹塑性材料。

（2）切削用量

1）切削速度 v_c。当 v_c 升高时，尽管切削力 F_c 有所减小（若不考虑积屑瘤的影响），但消耗的切削功率还是增大的，产生的切削热增多。

2）进给量 f。进给量 f 增大，使切削温度升高。

3）背吃刀量 a_p。当背吃刀量 a_p 增大时，尽管产生的热量成正比地增多，但参加工作的切削刃长度也成正比地增加，明显改善了散热条件。因此，a_p 变化对切削温度的影响不明显。

切削温度是影响刀具寿命最为主要的因素，所以，在机床允许的情况下，为有效地控制切削温度、提高刀具寿命，选用大的背吃刀量和进给量，比选用大的切削速度有利。

（3）刀具几何参数

1）刀具前角 γ_o。刀具前角 γ_o 增大，使切削力 F_c 明显减小，产生的热量减少，切削温度 θ 降低。但 γ_o 若减小得过多，由于楔角 β_o 也减小，使刀具的容热体积减小，传出的热量也少，θ 不会进一步降低，反而可能会升高，如图 1-22 所示。

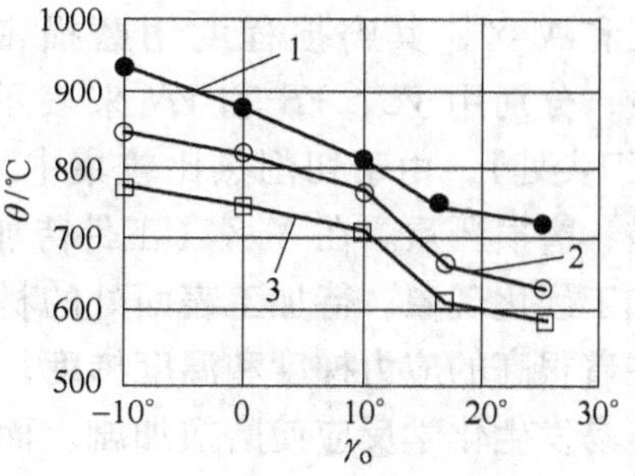

图 1-22　前角与切削温度的关系

1—v_c = 135m/min　2—v_c = 105m/min

3—v_c = 81m/min

a_p = 3mm，f = 0.1mm/r

2）主偏角 κ_r。主偏角 κ_r 对切削力 F_c 的影响不大。

(4) 刀具的磨损和切削液　当刀具磨损时，在后刀面上磨出一个后角为零的窄棱面，与工件的摩擦加剧，使切削温度升高。

切削液能起到散热、减小摩擦的作用，因此，合理使用切削液可有效降低切削温度。

1.3.4 刀具磨损与刀具寿命（Cutter Wear and Life）

刀具在正常使用过程中，一方面起切下切屑的作用，另一方面刀具本身也会逐渐产生磨损。当刀具的磨损达到一定程度时，会使切削力增大，切削温度急剧升高，这时既影响工件的加工质量，也易使刀具因过度磨损或发生破损（如烧刀、塑性变形、崩刃等）而废弃。因此，需要及时进行重磨或更换刀片，防止刀具过度磨损。本节主要讲述刀具的磨损，包括磨损形态、磨损原因、磨损过程及刀具寿命等内容。

1. 刀具磨损形态

在切削过程中，切屑与前刀面、工件与后刀面的接触区内，存在强烈的挤压与摩擦，并伴随着较高的温度，使前、后刀面逐渐磨损，如图 1-23 所示。

(1) 前刀面磨损　当切削弹塑性材料时，如果切削速度较高、切削厚度较大，在前刀面靠近切削刃的位置因切削温度最高而磨出一个小凹坑（称为月牙洼），形成前刀面磨损。随着切削的继续，前刀面磨损加剧，月牙洼的深度和宽度逐渐扩展，使月牙洼与切削刃间的棱边变窄，切削刃强度大为削弱，极易导致崩刃而造成刀具的破损。前刀面磨损程度一般以月牙洼最大深度 KT 表示。

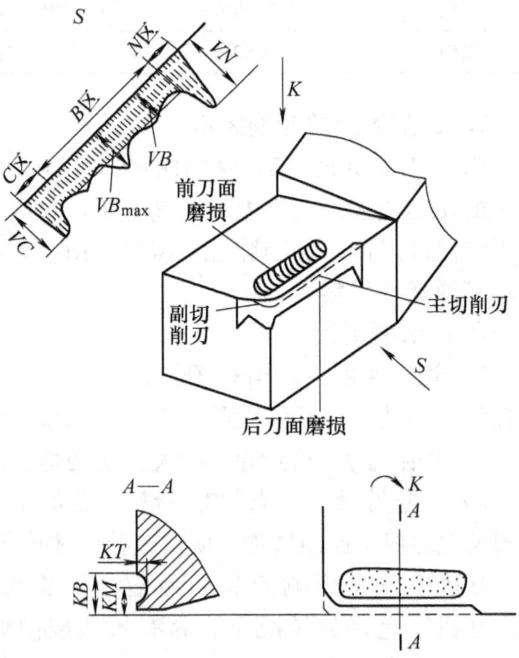

图 1-23　刀具的磨损形态示意图

(2) 后刀面磨损　无论是切削弹塑性材料还是脆性材料，由于刀具的后刀面与工件表面挤压与摩擦，在后刀面沿切削刃方向上磨出后角为零的窄棱面，从而造成后刀面磨损。切削刃各点处的磨损是不均匀的，因此可将后刀面磨损带分为三个区域：C 区、B 区和 N 区，其磨损程度用磨损带宽度来衡量，分别用 VC、VB 和 VN 来表示。在 C 区（刀尖处），由于切削热比较集中，散热条件差，磨损严重。在 N 区（工件待加工表面处的后刀面磨损带），由于工件表面有硬皮或产生加工硬化现象，待加工表面处的材料硬度较大，导致 N 区磨损比较严重；同时，在 N 区存在着很高的应力梯度和温度梯度，引起很大的切应力，使磨损严重，此区域刀具材料在高温下易发生化学反应使磨损加剧。而在 B 区（后刀面磨损带的中间部位），磨损带长度较大，磨损程度相对较轻。刀具副后刀面的磨损与后刀面的情况类似，由于切削负荷小，磨损程度相对较弱。

(3) 前、后刀面同时磨损　这是一种兼有上述两种情况的磨损形式。在切削弹塑性材料时，经常会发生这种磨损。

2. 刀具磨损原因

与普通零件不同，刀具的工作环境有以下特点：刀具与工件间的接触压力大，有时超过工件材料的屈服极限；刀具与切屑、工件的新形成表面接触，易发生化学反应；刀具的工作环境温度高，有时甚至达到 1000℃以上。因此，刀具发生磨损是机械作用、热作用和化学作用综合影响的结果。

（1）硬质点磨损　虽然工件的硬度低于刀具的硬度，但在工件中经常掺杂一些硬度高、熔点高的硬质点，如碳化物（Fe_3C、TiC）、氮化物（TiN、Si_3N_4）和氧化物（SiO_2、Al_2O_3）等，能在刀具表面划出一道道沟痕，造成刀具磨损。

由于这些硬质点的高温硬度也很高，因此硬质点磨损在各种切削速度（切削温度）下都存在。但在低速切削时，其他磨损原因尚不显著，硬质点磨损成为刀具磨损的主要原因。高速钢刀具在中低速下工作，且其耐磨性较硬质合金差，故高速钢刀具发生硬质点磨损的比重较大。

（2）冷焊磨损　在适当的温度和压力下，刀具与工件、切屑之间因挤压摩擦而产生冷焊现象。在切削运动的作用下，冷焊结点受剪而破裂。一般来说，冷焊结点的破裂往往发生在强度较低的工件或切屑上，但由于交变应力、接触疲劳、热应力以及刀具表层结构缺陷等原因，冷焊结点也可能在刀具表面破裂，这样刀具表面的颗粒被工件或切屑带走，造成刀具的磨损。

冷焊现象一般在中低速下产生，而高速钢刀具就在这个速度区域内工作，因此高速钢刀具易发生冷焊磨损；硬质合金刀具通过提高切削速度后，可减轻冷焊磨损的程度。

（3）扩散磨损　在切削过程中，相互接触的切屑底层金属、工件新表面及刀具表面都是新鲜表面，当切削温度较高时，工件与刀具的化学元素活性增强，会发生扩散现象，即元素从浓度高的一侧向浓度低的一侧扩散，从而改变刀具表面的化学成分，使刀具表面变得脆弱，丧失原有的切削性能，造成刀具的磨损。

实验表明，刀具与工件间的元素浓度差值越大、切削温度越高，扩散现象越明显，刀具发生扩散磨损的程度越严重。高速钢刀具的工作温度较低，发生扩散磨损的程度要远小于硬质合金刀具。

（4）化学磨损　切削温度在 700～800℃以上时，刀具材料与某些介质（如空气中的氧或切削液中的硫、氯等）发生化学反应，在刀具表面形成一层硬度较低的化合物，从而丧失刀具材料原有的切削性能，造成刀具磨损。但是空气和切削液不易进入刀—屑接触区，化学磨损主要发生在主、副切削刃的工作边界处。

综上所述，切削温度（或切削速度）是影响刀具磨损最主要的因素。图 1-24 所示为切削温度对刀具磨损的影响。可见，在高温时，刀具发生扩散和化学磨损的强度较高；在中低温时，冷焊磨损占主导地位；而磨料磨损强度基本上不随温度变化。

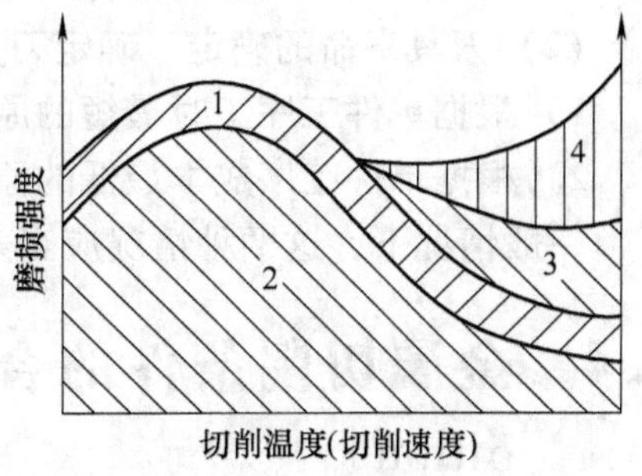

图 1-24　切削温度对刀具磨损的影响
1—磨料磨损　2—冷焊磨损
3—扩散磨损　4—化学磨损

3. 刀具磨损过程

刀具的磨损不仅影响工件的尺寸精度和表面质量，而且也影响刀具材料的消耗和加工成本。因此，当刀具磨损到一定程度时，就不能继续使用了。那么，刀具磨损到什么程度不能使用呢？这需要制订一个磨钝的标准。为此，先研究刀具的磨损过程。

根据切削实验，可得图 1-25 所示的车刀的典型磨损曲线。可以看出，磨损曲线近似由三段直线组成，根据直线的斜率不同，可将刀具的磨损分为三个阶段。

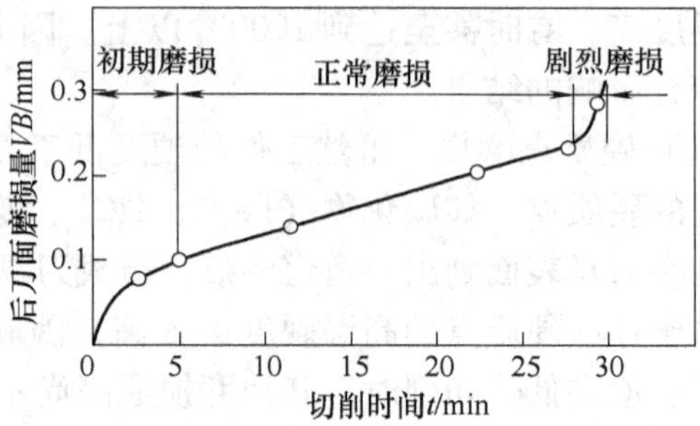

图 1-25 车刀的典型磨损曲线

刀具：P10（TiC 涂层）外圆车刀 工件：60Si2Mn（40HRC）

刀具几何参数：$\gamma_o=4°$，$\kappa_\gamma=45°$，$\lambda_s=-4°$，$r_\varepsilon=0.5mm$

切削用量：$v_c=115m/min$，$f=0.2mm/r$，$a_p=1mm$

1）初期磨损阶段。初期磨损阶段磨损曲线的斜率较大，即刀具磨损严重。分析原因，一方面是新刃磨的刀具表面粗糙不平，存在显微裂纹、刃磨裂纹等缺陷，造成刀具磨损；另一方面，新刃磨的刀具切削刃比较锋利，后刀面与加工表面间接触面积小，压应力较大，使这一阶段刀具磨损较快。

2）正常磨损阶段。正常磨损阶段磨损曲线的斜率与初期相比减小，即刀具磨损相对平缓。经初期磨损后，刀具粗糙的表面已被磨平，且在后刀面沿切削刃方向磨出一条窄棱面，刀具与工件间接触压强减小，磨损强度降低。

3）剧烈磨损阶段。剧烈磨损阶段磨损曲线的斜率很大，即刀具磨损剧烈。这一阶段的刀具切削刃变钝，切削力增大，同时刀具后刀面的磨损带宽度 *VB* 较大，与工件摩擦强烈，造成刀具磨损加剧。在此磨损阶段到来之前，应及时更换或重新刃磨刀具。

4. 刀具寿命

（1）刀具寿命的概念　一把新刃磨的刀具，从开始切削直到磨损量达到磨钝标准为止的纯切削时间（不包括装卸工件、刀具位置的调整等辅助时间），称为刀具寿命，以 T 表示。T 是确定换刀时间的重要依据。

刀具总寿命与刀具寿命不同。刀具总寿命表示一把新刀用到报废为止总的切削时间，其中包括多次重磨。因此，刀具总寿命等于刀具寿命乘以重磨次数。

刀具寿命也可用达到磨钝标准前的切削路程（单位为 km）或加工零件数 N 表示。

（2）刀具寿命的确定　确定刀具寿命的合理数值通常有两种方法：

1）根据单件工序工时最短的原则来确定刀具寿命，即最大生产率寿命，用 T_p 表示。

2）根据单件工序成本最低的原则来确定刀具寿命，即经济寿命，用 T_c 表示。

一般情况下，这两种情况应当兼顾。

1.4 金属切削条件的合理选择（Selection of Metal Cutting Condition）

切削条件包括工件材料、刀具参数、切削用量和切削液等。以工件材料为主要依据，合理选择其他切削条件，对加工质量、生产率、加工成本有重要影响。

1.4.1 工件材料的切削加工性（Cutting Machinability of Workpiece Material）

切削加工性是指工件材料被切削加工的难易程度。它是一个相对性的概念，一种材料切削加工性的好坏，是相对另一种材料而言的。在不同的情况下，材料切削加工性的衡量指标可以不同。

1. 以相对加工性来衡量

所谓相对加工性，是以切削正火状态下45钢（$R_m=0.637\text{GPa}$）的v_{60}作为基准，记作$(v_{60})_j$，切削其他工件材料的v_{60}与之相比的数值，用K_r表示，则

$$K_r=\frac{v_{60}}{(v_{60})_j} \tag{1-23}$$

式中 v_{60}——当刀具寿命为$T=60\text{min}$时，切削某种材料所允许的切削速度（m/min）；

$(v_{60})_j$——当刀具寿命为$T=60\text{min}$时，切削正火状态下45钢所允许的切削速度（m/min）。

相对加工性K_r是最常用的加工性指标，在不同的加工条件下都适用。通常分为8个等级，见表1-6。凡K_r大于1的材料，其加工性比45钢好，K_r小于1的材料，加工性比45钢差。

2. 以已加工表面质量来衡量

精加工时，常以已加工表面作为衡量工件材料切削加工性的指标。容易获得较好的已加工表面质量的材料，其切削加工性好，反之较差。

3. 以切削力或切削温度来衡量

在粗加工或机床刚度、功率不足时，用此项指标来衡量切削加工性。在相同的切削条件下，产生的切削力小、切削温度低的工件材料，其切削加工性好，反之较差。

4. 以切屑控制的难易程度来衡量

在自动机床或自动生产线上，常以此项指标来衡量工件材料的切削加工性。若切屑容易控制，切削加工性好，否则较差。

表1-6 材料切削加工性等级

加工性等级	名称和种类		相对加工性	代表性材料
1	很容易切削的材料	一般有色金属	>3.0	5-5-5铜铅合金，9-4铝铜合金，铝镁合金
2	容易切削的材料	易切削钢	2.5~3.0	退火15Cr，自动机钢
3		较易切削钢	1.6~2.5	正火30钢
4	普通材料	一般钢和铸铁	1.0~1.6	正火45钢，灰铸铁
5		稍难切削的材料	0.65~1.0	2Cr13调质钢，85钢
6	难切削材料	较难切削的材料	0.5~0.65	45Cr调质钢，65Mn调质钢
7		难切削材料	0.15~0.65	50CrV调质，某些钛合金
8		很难切削材料	<0.15	某些钛合金，铸造镍基高温合金

1.4.2 刀具几何参数的选择（Selection of Cutter Geometric Parameter）

1. 前角γ_o的功用及合理选择

（1）前角的功用

1）影响切削力及切削功率。刀具前角增大，可减小切削变形程度，减小切屑与前刀面的挤压与摩擦，使切削力减小，切削功率降低。

2）影响刀具强度和散热条件。刀具前角增大，会使刀具的楔角减小，刀具强度降低，刀具散热的体积减小，散热条件变差。

3）影响已加工表面粗糙度。减小刀具前角，易产生积屑瘤，并引起切削振动，增大表面粗糙度值。

4）影响切屑形态和断屑效果。减小刀具前角，切屑的变形程度增大，切屑因加工硬化而变得脆硬，容易折断。

可见，前角的大小对切削过程有利有弊，应根据具体的加工条件合理选择。

（2）前角的合理选择（Reasonable Selection of Anterior Horn） 所谓刀具的合理前角，是指在满足加工要求的前提下，使刀具寿命为最大时所对应的刀具前角，记为 γ_{opt}。由于刀具材料、工件材料及加工质量等条件不同，刀具的合理前角也不同。图 1-26 所示为刀具材料及工件材料不同时刀具的合理前角。因此，应综合考虑各个加工条件，合理选择。

1）当工件材料的强度、硬度较低时，可选择较大的前角；当工件材料的强度、硬度高，应取较小的前角，甚至选用负前角；加工冷作硬化倾向大的材料，应选用较大的前角；加工脆性材料，宜选较小的前角。

2）刀具材料的强度高、韧性好时，应选用较大的前角，否则选取较小的前角。

3）粗加工、断续切削或带有硬皮的铸锻件加工时，为保证刀具有足够的强度，应选用较小的前角。

4）对于成形刀具，为保证刃形与工件廓形尽可能相同，应选用较小的正前角。

5）机床功率不足或工艺系统刚度较差时，为降低切削力及切削功率，应选用较大的前角。

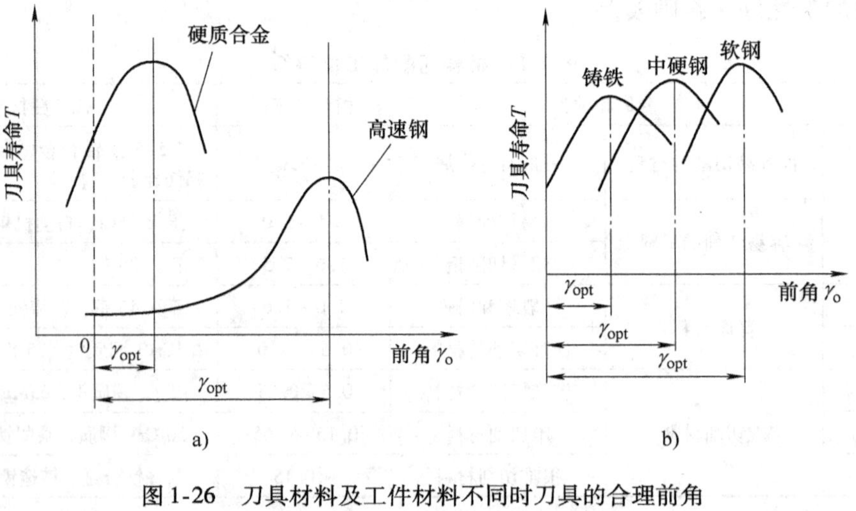

图 1-26 刀具材料及工件材料不同时刀具的合理前角
a）刀具材料不同时 b）工件材料不同时

2. 后角 α_o 的功用及合理选择

（1）后角的功用

1）影响后刀面与工件加工表面间的摩擦。增大刀具后角，可减小摩擦。从这个作用上来看，后角的增大可提高已加工表面质量，延长刀具寿命。

2）影响刀具强度和散热条件。增大刀具后角，使楔角减小，将削弱切削刃和刀头的强度，刀具容热体积减小，散热条件变差。

3）增大后角，可减小切削刃钝圆半径 r_n，使切削刃锋利。

4）当磨钝标准 VB 相同时，后角大的刀具到达磨钝标准所磨去的金属体积较大，可延长刀具寿命。但若以刀具的径向磨损量 NB 作为磨钝标准，则情况相反，如图1-27所示。

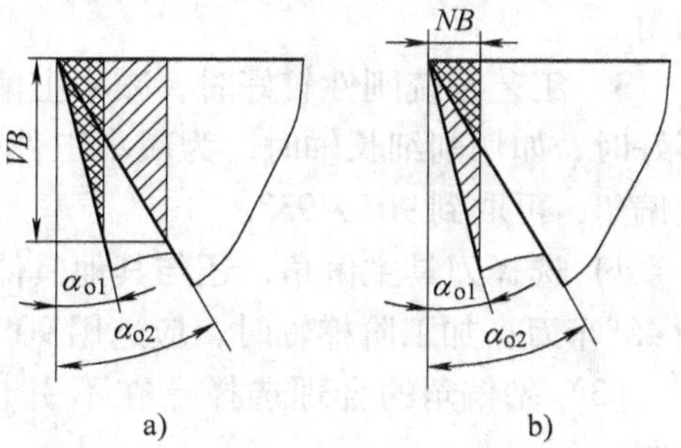

图1-27　后角与刀具磨损体积的关系
a）磨钝标准为 VB　b）磨钝标准为 NB

（2）后角的合理选择　所谓刀具的合理后角，是指在满足加工要求的前提下，使刀具寿命为最大时所对应的刀具后角，记为 α_{opt}。合理后角的选择与刀具材料、工件材料、切削厚度以及其他加工条件等因素有关，应针对具体情况具体分析。

1）其他加工条件相同时，高速钢刀具材料的合理后角要小于硬质合金的。原因是：相同条件下，高速钢刀具的合理前角大于硬质合金刀具的前角，为保证高速钢刀具有足够的强度，其后角应小一些。

2）工件材料的强度、硬度较高或脆性较大时，为保证刀具有足够的强度，宜取较小的后角。工件材料的塑性大、易发生加工硬化时，为减小刀具的磨损及提高已加工表面质量，应选较大的后角。

3）当切削厚度增大时，对刀具的作用力增大，为提高刀具强度，应选较小的后角。

4）粗加工、强力切削及承受冲击载荷的刀具，要求刀具有足够的强度，应取较小的后角；而精加工时，为减小后刀面的摩擦、提高已加工表面质量，应取较大的后角。

5）当工艺系统刚度较差时，应适当减小后角，以减小或消除易产生的切削振动。通常，在刀具后刀面沿切削刃方向磨出后角为零的窄棱面（即刃带）或后角为负值的窄棱面（即消振棱），这样既可以起到消振作用，又对已加工表面起到熨压作用，可提高已加工表面质量。但需要指出的是，应合理控制上述窄棱面的宽度。

6）对于定尺寸刀具，如铰刀、圆孔拉刀等，后角值应取小一些，以增加刀具的重磨次数，提高刀具的寿命。

3. 主偏角 κ_r、副偏角 κ_r' 的功用及合理选择

（1）主偏角、副偏角的功用

1）影响切削层参数的大小。当进给量 f 和背吃刀量 a_p 不变时，主偏角增大，则切削厚度 h_D 增大，切削宽度 b_D 减小，即切屑变得窄而厚。此时切屑变形增大，容易折断。

2）影响残留面积的高度。减小主偏角、副偏角，可降低残留面积的高度，使已加工表面粗糙度值减小。

3）影响切削刃、刀尖的强度和散热条件。减小主偏角、副偏角，可使刀尖角 ε_γ 增大，提高刀尖强度，改善散热条件；同时减小主偏角，参加工作的主切削刃长度增大，单位长度切削刃上所受到的切削力减小，间接提高了切削刃的强度。

4）影响切削分力的大小。增大主偏角，使进给力 F_f 增大，背向力 F_p 减小。

（2）主偏角的合理选择

1）当工艺系统刚度较好时，主偏角通常取较小的数值；但工艺系统刚度不足时易产生振动，对刀具的冲击较大。因此对于脆性相对较大的硬质合金刀具，在粗加工和半精加工时，主偏角取60°~75°。

2）加工高硬的材料，如冷硬铸铁、淬硬钢等，为提高切削刃的强度，宜取较小的主偏角。

3）工艺系统刚性较好时，减小主偏角可降低切削温度，提高刀具寿命；工艺系统刚性不好时，如切削细长轴时，为减小工件变形、避免产生振动，应尽量减小背向力 F_p，增大主偏角，可取到90°~93°。

4）选择刀具主偏角，还与其他具体加工条件有关。如单件小批生产，应选择通用性好的45°车刀；加工阶梯轴时，应选用90°车刀等。

（3）副偏角的合理选择　在不引起切削振动的情况下，副偏角的数值应尽量取得小一些。

加工高硬材料及断续切削时，为提高刀具强度，应取较小的副偏角，通常取 $\kappa_r'=4°\sim6°$。车刀、刨刀、硬质合金面铣刀等一般刀具，副偏角可取5°~10°；切断刀、锯片铣刀及沟槽铣刀等，为保证刀具强度，副偏角很小，一般为 $\kappa_r'=1°\sim2°$；精加工刀具，为提高表面质量，可磨出 $\kappa_r'=0$ 的一段副切削刃（即修光刃），但其长度应选取适当，否则将引起切削振动。

4. 刃倾角 λ_s 的功用及合理选择

（1）刃倾角的功用

1）影响切屑流出方向。当 $\lambda_s=0$ 时，切屑流向过渡表面；当 $\lambda_s<0$ 时，切屑流向待加工表面；当 $\lambda_s>0$ 时，切屑流向已加工表面，如图1-28所示。

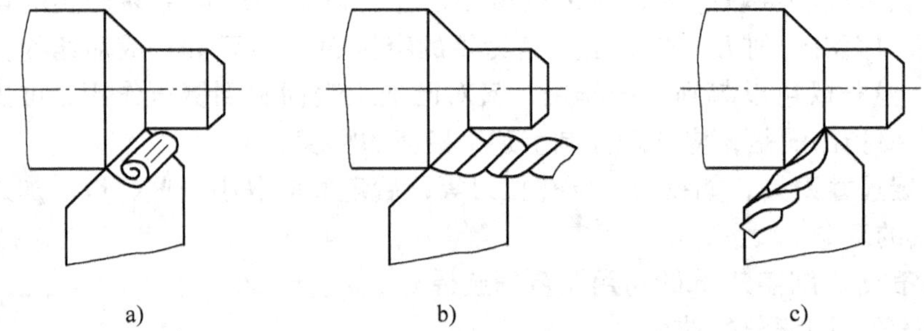

图1-28　刃倾角对切屑流出方向的影响

a）$\lambda=0$　b）$\lambda<0$　c）$\lambda>0$

2）影响刀具强度和容热条件。减小刃倾角，刀具强度增大，散热条件得以改善，有利于提高刀具的寿命；同时在背吃刀量不变的情况下增大 $|\lambda_s|$，则参加工作的主切削刃长度增大，单位长度切削刃所承受的负荷减小，这样就间接增大了切削刃强度。

3）影响切削刃的锋利程度。与直角切削（$\lambda_s=0$ 时）相比较，斜角切削（$\lambda_s\neq0$ 时）使实际起作用的切削刃钝圆半径减小，切削刃变得锋利。

4）影响切削分力的大小。如前所述，增大刃倾角，使进给力增大，背向力减小。

（2）刃倾角的合理选择　加工一般钢料和灰铸铁，粗车时取 $\lambda_s=-5°\sim0$，精车时取 $\lambda_s=0\sim5°$，有冲击载荷时取 $\lambda_s=-15°\sim-5°$，冲击特别大时可取 $\lambda_s=-45°\sim-30°$；车削淬硬钢时，$\lambda_s=-12°\sim-5°$；强力刨削时，取 $\lambda_s=-20°\sim-10°$；微量精车时，为提高刀具的锋利程度，可取 $\lambda_s=45°\sim75°$；工艺系统刚度不足时，为尽量减小背向力，可适当增大刃倾角；为提高刀具强度，金刚石和立方氮化硼车刀的刃倾角可取负值。

1.4.3 切削用量的选择（Selection of Cutting Parameter）

在工艺系统已确定的前提下，切削用量就是切削加工过程中最为“活跃”的要素。切削用量选择得合理与否，对于提高生产率、保证加工质量和延长刀具寿命均有重要影响。所谓合理的切削用量，是指能够获得较高的生产率、较长刀具寿命和较好的加工质量所对应的切削用量。

1. 切削用量的作用

（1）对切削加工生产率的影响　生产率可用材料切除率 Q_Z 来表示。所谓材料切除率，即单位时间内切除金属材料的体积。显而易见，材料切除率 Q_Z 与切削用量三要素之间的关系为

$$Q_Z=v_c f a_p\times10^3 \tag{1-24}$$

式中　Q_Z——材料切除率（mm^3/s）；

v_c——切削速度（m/s）；

f——进给量（mm/r）；

a_p——背吃刀量（mm）。

可见，切削用量中三个要素与生产率均呈线性关系，增大每一要素都可提高生产率成正比增大。

（2）对加工质量的影响　当增大背吃刀量或进给量时，都可使切削力增大，易因产生切削振动而降低零件的加工精度和表面质量，并且进给量增大还会使已加工表面的残留面积高度增大，严重影响表面粗糙度；当采用高速切削时，可降低切削力，并能减小或避免积屑瘤和鳞刺的产生，有利于提高加工质量。

（3）对刀具寿命的影响　如1.3.4节中所述，切削速度对刀具寿命影响最大，进给量次之，背吃刀量影响最小。

所以在优选切削用量以提高生产率时，首选大的背吃刀量，然后选大的进给量，最后选大的切削速度。

2. 切削用量的选择原则

（1）背吃刀量的选择　粗加工时，加工余量尽量一次进给切除。例如，在中等功率的卧式车床上加工时，背吃刀量可达8～10mm。但对于以下情况，可分几次进给：

1）工艺系统刚度不足或加工余量不均匀时，易产生较大的切削振动。

2）加工余量太大，易导致机床功率或刀具强度不足。

3）断续切削时，刀具受到较大冲击而易造成损坏。

半精加工时，若单边余量 $\Delta>2$mm，应分两次进给切除：第一次切除（2/3～3/4）Δ，第二次切除（1/4～1/3）Δ；若单边余量 $\Delta\leqslant2$mm，可一次进给切除。

精加工时，应一次进给切除所有精加工工序余量，一般为0.1~0.4mm。

（2）进给量的选择　粗加工时，在工艺系统强度、刚度及机床功率允许的情况下，选用尽可能大的进给量；半精加工或精加工时，在能够满足加工精度和表面质量的前提下，选用较大的进给量。

（3）切削速度的选择

1）粗加工时，由于背吃刀量和进给量均较大，为降低切削温度，保证刀具寿命，应选取较低的切削速度；相反，精加工时，为提高加工质量，应尽量避开形成积屑瘤和鳞刺的速度区域，采用高速切削。

2）工件材料的强度、硬度较高时，应选较低的切削速度；反之则选较高的切削速度。

3）和高速钢刀具相比较，硬质合金刀具的切削性能较好，允许的切削速度较高。

4）断续切削时，为减小冲击，应适当降低切削速度。

1.4.4　切削液的选择（Selection of Cutting Compound）

合理选用切削液可以改善切屑、工件与刀具间的摩擦情况，可以散热降温，对于提高刀具寿命、提高加工精度和改善已加工表面质量均有重要影响。

1. 切削液的种类

切削加工中最常用的切削液，有水溶性和非水溶性两大类。

（1）水溶性切削液　水溶性切削液主要有水溶液和乳化液。

1）水溶液。在水中加入防锈剂、清洗剂、油性添加剂即成水溶液。其冷却、清洗作用较好，并且具有一定的润滑作用。

2）乳化液。乳化液是指在水中加乳化油搅拌而成的乳白色液体。乳化油是由矿物油与表面活性乳化剂配制成的一种油膏，按乳化油的含量不同可配制不同浓度的乳化液。低浓度乳化液主要起冷却作用，适用于粗加工；高浓度乳化液主要起润滑作用，适用于精加工和复杂工序加工。乳化油中也常添加防锈剂、极压添加剂，来提高乳化液的防锈、润滑性能。

（2）非水溶性切削液　非水溶性切削液主要是切削油，其中包括矿物油、动植物油和加入油性、极压添加剂配制的混合油。主要起到润滑作用。

2. 切削液的作用机理

（1）冷却作用　切削液浇注到切削区域后，可以带走大量切削热，降低切削温度，从而提高刀具寿命和加工质量。特别是在刀具材料的耐热性和导热性较差、工件材料的热膨胀系数较大、导热性较差的情况下，切削液的冷却作用显得尤为重要。

（2）润滑作用　当切屑、工件与刀具界面间存在切削液油膜，形成流体润滑摩擦时，能得到比较好的效果。但在很多情况下，刀面与工件及切屑之间由于载荷作用和温度的影响，油膜厚度变薄，使金属表面凸起的锋点相接触，但由于润滑液的渗透和吸附作用，仍存在着润滑液的吸附膜，也能起到减小摩擦的作用，这种状态称为边界润滑摩擦。此时摩擦因数值大于流体润滑，但小于干切削时的干摩擦。在金属切削加工中，大多属于边界润滑。一般的切削润滑油在200℃左右即失去流体润滑能力，此时形成低温低压边界润滑摩擦；而在某些切削条件下，切屑、刀具界面间可达600~1000℃高温和1.47~1.96GPa的高压，形成了高温高压边界润滑，或称极压润滑。在切削液中加入极压添加剂可形成极压化学吸附膜。

（3）清洗作用　在切削过程中所产生的一些碎屑，易划伤加工表面和机床导轨面，因此要求切削液具有良好的清洗作用，清洗性能的好坏与切削液的渗透性、流动性以及使用的压力有关。加入大剂量的活化剂和少量矿物油，可提高其清洗作用。

（4）防锈作用　为了减小工件、机床、刀具等受周围介质（空气、水分等）的腐蚀，要求切削液具有一定的防锈作用。其作用的好坏取决于切削液本身的性能和加入的防锈添加剂的作用。在气候潮湿地区，对防锈作用的要求显得更为突出。

3. 切削液的选用

应当根据工件材料、刀具材料、加工方法和加工要求来选择不同的切削液。

1）粗加工时，对于高速钢刀具，为降低切削温度，应选冷却效果好的切削液；对于硬质合金刀具，因其耐热性相对较好，可不用切削液，也可使用低浓度的乳化液和水溶液连续浇注。

2）精加工时，为改善已加工表面质量并提高刀具寿命，对于高速钢刀具，应选用润滑性好的极压切削油或高浓度的极压乳化液；硬质合金刀具在粗加工时，应选用具有良好润滑性能的切削液。

3）对于难加工材料，如高强度钢、高温合金等，要求切削液的冷却、润滑作用较好，此时应尽可能选用极压切削油或极压乳化液。

思考与练习题（Question and Excercise）

1-1　何谓刀具的基本角度？试标注切断刀、端面车刀的基本角度。

1-2　刀具的标注角度与工作角度有何区别？如何判断刀具角度的正负？

1-3　影响刀具工作角度的因素有哪些？它们是如何影响的？

1-4　图 1-29 所示为外圆车削，已知：$d_w=100\text{mm}$，$d_m=90\text{mm}$，$n_w=400\text{r/min}$，$v_f=200\text{mm/min}$，$\kappa_r=60°$。试计算切削用量 v_c、f、a_p 及切削层参数 h_D、b_D、A_D 的数值。

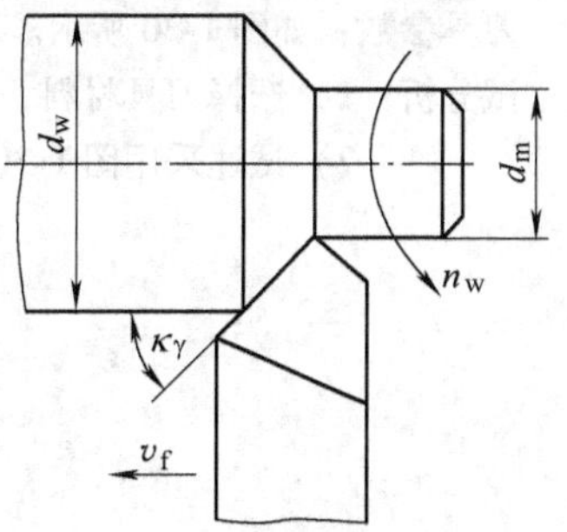

图 1-29　题 1-4 图

1-5　刀具材料应具备哪些性能？

1-6　常用的刀具材料有哪些？试比较高速钢和硬质合金刀具材料的力学性能与应用范围。

1-7　根据下列切削条件，连接合适的刀具材料。

切削条件	刀具材料
1）高速精镗铝合金缸套	W18Cr4V
2）加工麻花钻螺旋槽用成形铣刀	K01
3）45 钢锻件粗车	K30
4）高速精车合金钢工件端面	P30
5）粗铣铸铁箱体平面	P05

1-8　金属切削变形区是怎样划分的？各有何变形特点？

1-9　衡量切削变形程度的方法有哪几种？它们之间有何联系？

1-10　剪切角的计算公式有哪两种？它们之间有何区别？

1-11　何谓积屑瘤现象？它对切削过程有何影响？如何对其进行控制？

1-12　为什么说前刀面上的刀—屑摩擦不服从古典滑动摩擦法则？

1-13　切屑的形态有哪几种？如何控制切屑的形态？

1-14　试分析各因素对切削变形的影响。

1-15　切削合力可分为哪几个分力？各分力有何作用？
1-16　根据切削力的理论公式，你能发现哪些规律？
1-17　切削用量三要素和刀具几何参数是如何影响切削力的？
1-18　切削热是怎样产生和传出的？
1-19　影响切削温度的因素有哪些？它们是怎样影响的？
1-20　试述刀具磨损的形态、原因、磨损过程及其特点。
1-21　何谓刀具的磨钝标准？试述制定磨钝标准的原则。
1-22　何谓刀具寿命？试推导刀具寿命与切削用量三要素之间的关系。
1-23　什么是工件材料的切削加工性？什么是相对加工性？怎样衡量工件材料的切削加工性？
1-24　影响工件材料切削加工性的因素有哪些？如何改善工件材料的切削加工性？
1-25　切削加工中常用的切削液有哪几类？它的主要作用是什么？
1-26　前角的作用有哪些？生产实际中如何选择？
1-27　后角的作用有哪些？生产实际中如何选择？
1-28　为什么精加工刀具都选择较大的后角，而对于铰刀、拉刀等刀具却相反？
1-29　主偏角和副偏角的作用有哪些？生产实际中如何选择？
1-30　刃倾角的作用有哪些？生产实际中如何选择？

综合实训（Comprehensive Training）

1-1　已知加工条件如下：

加工对象：45 钢细长轴（直径为 $\phi25$mm，长度 1000mm）；

加工工序：精车；

切削用量：$a_p=0.1\sim0.15$mm，$f=0.17\sim0.23$mm/r，$v_c=100$m/min；

刀具参数：如图 1-30 所示。

试分析：1）选择刀具材料，并说明原因。

2）试述采用图 1-30 所示刀具参数的理由。

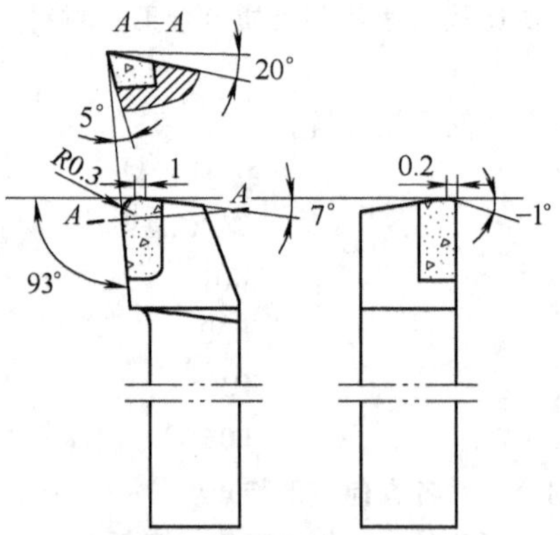

图 1-30　实训 1-1 图

第2章 金属切削加工方法与设备

(Metal Cutting Method and Equipment)

2.1 金属切削机床的基本知识（Basic Knowledge of Metal Cutting Machine）

2.1.1 金属切削机床的分类（Classification of Metal Cutting Machine）

机床的品种规格繁多，为便于设计、制造、使用和管理，需要加以分类。生产用机床常按如下方法划分为各种类型。

按加工性质、所用刀具和用途不同，机床可分为12大类，即车床（C）、钻床（Z）、镗床（T）、磨床（M）、齿轮加工机床（Y）、螺纹加工机床（S）、铣床（X）、刨插床（B）、拉床（L）、特种加工机床（D）、锯床（G）和其他机床（Q）。

按机床的通用性程度不同，可分为通用机床、专门化机床和专用机床。通用机床的工艺范围宽，通用性好，能加工一定尺寸范围的多种类型零件，如卧式车床、卧式升降台铣床和万能外圆磨床等。通用机床的结构比较复杂，生产率低，适用于单件小批量生产。专门化机床只能加工一定尺寸范围的某一类或几类零件，完成其中的某些特定工序，如曲轴车床、凸轮轴车床、花键铣床等。专用机床的工艺范围窄，通常只能完成某一特定零件的特定工序，如车床主轴箱的专用镗床、车床导轨的专用磨床等，组合机床也属于专用机床。

按照加工零件的大小和机床质量不同，可分为仪表机床、中小型机床、大型机床(10～30t)、重型机床（30～100t）和超重型机床（100t以上）。

按照机床的工作精度不同，可分为普通机床（P级）、精密机床（M级）和高精度机床（G级）。

按照自动化程度不同，可分为手动机床、半自动机床和自动机床。

按照机床的自动控制方式不同，可分为仿形机床、数控机床和加工中心等。

2.1.2 金属切削机床的型号（Model and Technology Parameter of Metal Cutting Machine）

机床的型号是机床产品的代号，用以表明机床的类型、通用和结构特性、主要技术参数等。目前我国还是依据GB/T 15375—2008《金属切削机床型号编制方法》规定，由汉语拼音字母和阿拉伯数字按一定规律组合成机床型号，如图2-1所示。

1. 机床的类别代号

我国的机床分为12大类，如大类中某类有分类，则分类代号以类代号前加数字表示，如2M。机床的类别代号和读音见表2-1。

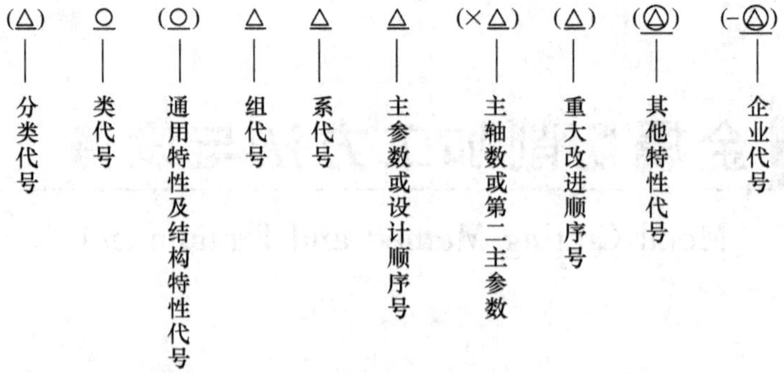

图 2-1　金属切削机床的型号

注：1. 有“（）”符号者，当无内容时，其代号或数字不表示，若有内容，则表示，但不带括号；

2. 有“○”符号者，为大写的汉语拼音字母；

3. 有“△”符号者，为阿拉伯数字；

4. 有“△”符号者，为大写的汉语拼音字母或阿拉伯数字或两者兼有。

表 2-1　机床类别代号和读音

类别	车床	钻床	镗床	磨床	齿轮加工机床	螺纹加工机床	铣床	刨插床	拉床	特种加工机床	锯床	其他机床
代号	C	Z	T	M 2M 3M	Y	S	X	B	L	D	G	Q
读音	车	钻	镗	一磨 二磨 三磨	牙	丝	铣	刨	拉	电	割	其

2. 机床的通用特性代号

当某类型机床除有普通形式外，还具有表 2-2 所列的通用特性时，则通用特性代号以类代号之后加大写的汉语拼音字母表示。

表 2-2　机床通用特性代号

通用特性	代　　号	通用特性	代　　号
高精度	G	轻型	Q
精密	M	加重型	C
自动	Z	简式或经济型	J
半自动	B	数显	X
数控	K	柔性加工单元	R
加工中心（自动换刀）	H	高速	S
仿形	F		

3. 结构特性代号

结构特性代号是为了区别主参数相同而结构不同的机床的代号，在型号中用汉语拼音字母区分。例如，CA6140 型卧式车床型号中的“A”，可理解为 CA6140 型卧式车床在结构上区别于 C6140 型卧式车床。

4. 机床的组别、系别代号

每类机床按其作用、性能、结构等不同分为若干组，每组又可以分为若干系。在机床型号中用两位阿拉伯数字表示，前者表示组，后者表示系。在同一类机床中，凡主要布局或使用范围基本相同的机床，即为同一组。凡在同一组机床中，主参数、主要结构及布局形式相同的机床，即为同一系。

5. 机床的主参数、设计顺序号和第二主参数

型号中机床主参数代表机床规格的大小。在机床型号中，用数字给出主参数的折算数值（1/10 或 1/100），位于机床的组别、系别代号之后。

设计顺序号是指当无法用一个主参数表示时，则在型号中用设计顺序号表示。

第二主参数在主参数后面，一般是主轴数、最大跨距、最大工作长度、工作台工作面长度等，也用折算值表示。

6. 机床的重大改进顺序号

当机床性能和结构布局有重大改进和提高时，在原机床型号尾部，按其设计改进的次序，分别加重大改进顺序号 A，B，C…。

7. 其他特性代号

其他特性代号用汉语拼音字母或阿拉伯数字或两者的组合来表示，主要用以反映各类机床的特性，如对数控机床，可反映不同的数控系统；对于一般机床，可反映同一型号机床的变型等。

8. 企业代号

生产单位为机床厂时，由机床厂所在城市名称的大写汉语拼音字母及该厂在该城市建立的先后顺序号，或机床厂名称的大写汉语拼音字母表示。

下面以 CA6140 为例介绍金属切削机床的型号：

C—类别代号（车床类）；

A—结构特性代号；

6—组别代号（落地及卧式车床组）；

1—系别代号（卧式车床系）；

40—主参数代号（最大工件回转直径 400mm）。

2.2 车削加工（Turning）

车削加工是指在车床上利用工件的旋转和刀具的移动，从工件表面切除多余材料，使其成为符合一定形状、尺寸和表面质量要求的零件的一种切削加工方法。其中工件的旋转为主运动，刀具的移动为进给运动。

车削比其他的加工方法应用普遍，一般在机械加工车间中，车床的数量往往占总机床数的 20% ~50% 甚至更多。车床主要用来加工各种回转表面（内外圆柱面、圆锥面及成形回转表面）和回转体的端面，有些车床可以加工螺纹面。图 2-2 所示为适宜在车床上加工的零件举例。

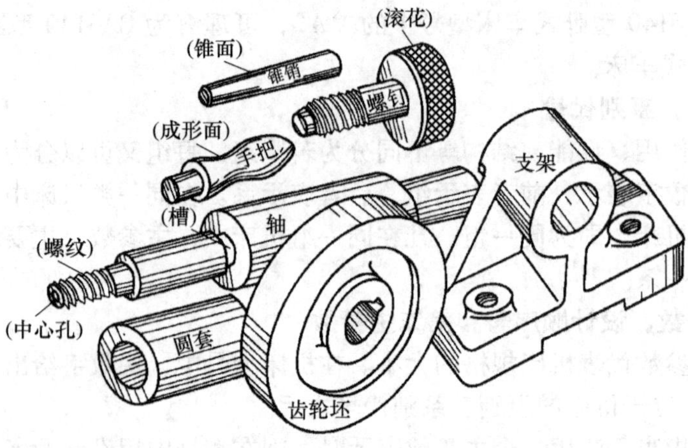

图 2-2　车床加工零件举例

2.2.1　车刀（Turning Tool）

车刀是最简单的金属切削刀具。车削加工的内容不同，采用的车刀种类也不同。车刀的种类很多，按其结构不同可分为焊接式、整体式、机夹可转位式等；按形式不同可分为直头、弯头、尖头、圆弧、右偏刀和左偏刀；根据用途不同可分为外圆、端面、螺纹、镗孔、切断和成形车刀等。

生产中常用的车刀种类和用途如图 2-3 所示。

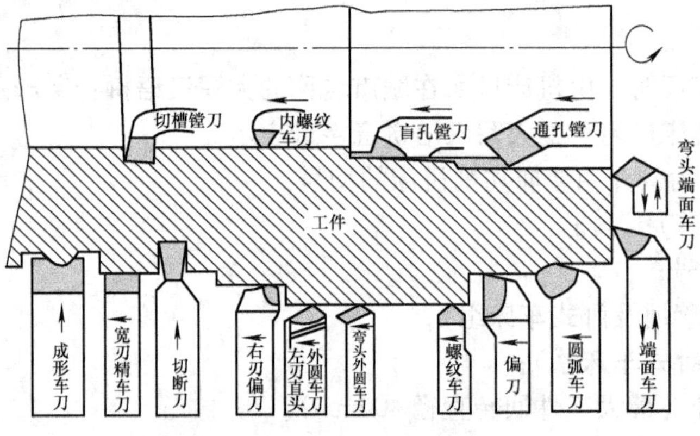

图 2-3　车刀的种类和用途

2.2.2　车床及其附件（Turning Lathe and Accessory）

车床种类繁多，按其用途和结构的不同主要分为卧式车床、立式车床、转塔车床、仪表车床、单轴自动和半自动车床、多轴自动和半自动车床及专门化车床等。

1. 卧式车床

卧式车床型号很多，下面以 C6132 卧式车床为例，介绍它的组成部分及传动系统。

（1）C6132 卧式车床的组成　图 2-4 所示为 C6132 卧式车床，床身上最大工件回转直径为 320mm。C6132 车床主轴箱内只有一级变速，其主轴变速机构安放在远离主轴箱单独的变速箱中，以减小变速箱传动件的振动和热量对主轴的影响。

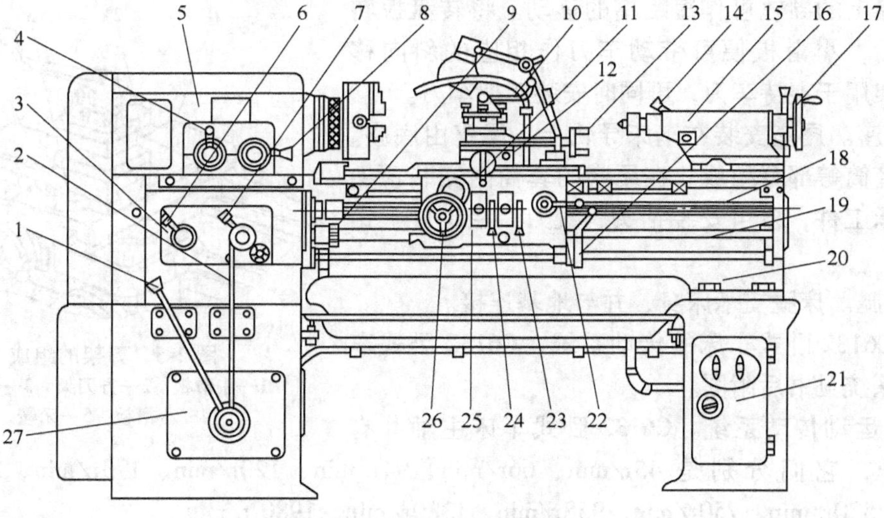

图2-4　C6132卧式车床

1—主轴变速短手柄　2—主轴变速长手柄　3—进给箱　4—换向手柄　5—主轴箱　6、7—进给量调整手柄　8—主轴变速手柄　9—离合手柄　10—方刀架锁紧手柄　11—手动横向手柄　12—刀架　13—小滑板手柄　14—尾座套筒锁紧手柄　15—尾座　16—主轴启闭和变向手柄　17—尾座手轮　18—丝杠　19—光杠　20—床身　21—床腿　22—对开螺母手柄　23—横向自动手柄　24—纵向自动手柄　25—溜板箱　26—纵向手动手轮　27—变速箱

C6132卧式车床由床身、主轴箱、进给箱、光杠、丝杠、溜板箱、刀架、尾座和床腿等组成。

1）床身。床身是车床的基础零件，用来支承和连接各主要部件并保证各部件之间有严格、正确的相对位置。床身上的导轨用来引导刀架和尾座相对于主轴箱进行正确移动。床身的左右两端分别支承在左右床腿上，床腿固定在地基上。左右床腿分别装有变速箱和电气箱。

2）主轴箱。主轴箱内安装主轴和主轴变速机构。电动机的运动经V带传动传给主轴箱，通过变速机构使主轴得到不同的转速，从而带动工件旋转。主轴又通过传动齿轮带动交换齿轮旋转，将运动传给进给箱。主轴为空心结构，前部外锥面用于安装夹持工件的附件（如卡盘等），前部内锥面用来安装顶尖，细长的通孔可穿入长棒料。

3）进给箱。进给箱内安装进给运动的变速机构，可按所需要的进给量或螺距调整其变速机构，改变进给速度。

4）光杠、丝杠。光杠、丝杠将进给箱的运动传给溜板箱。光杠用于自动进给加工外圆面、端面等，丝杠用于车削螺纹。丝杠的传动精度比光杠高，光杠和丝杠不得同时使用。

5）溜板箱。溜板箱与床鞍连在一起，是车床进给运动的操纵箱。它用于安装变向机构，可将光杠传来的旋转运动通过齿轮—齿条机构（或丝杠—螺母机构）变为车刀需要的纵向或横向的直线运动，也可操纵对开螺母由丝杠带动刀架车削螺纹。

6）刀架。刀架用来夹持车刀，使其作纵向、横向或斜向进给运动，由床鞍（又称大刀架）、中滑板（又称中刀架、横刀架）、转盘、小滑板（又称小刀架）和方刀架组成，如图2-5所示。床鞍与溜板箱带动车刀沿床身导轨作纵向移动。中滑板沿床鞍上面的导轨作横向移动。转盘用螺栓与中滑板紧固在一起，松开螺母，可使其在水平面内扳转任意角度。小滑板沿转盘上的导轨可作短距离的移动。将转盘扳转某一角度后，小滑板便可带动车刀作相应的斜向移动。方刀架用于夹持车刀，可同时安装四把车刀。

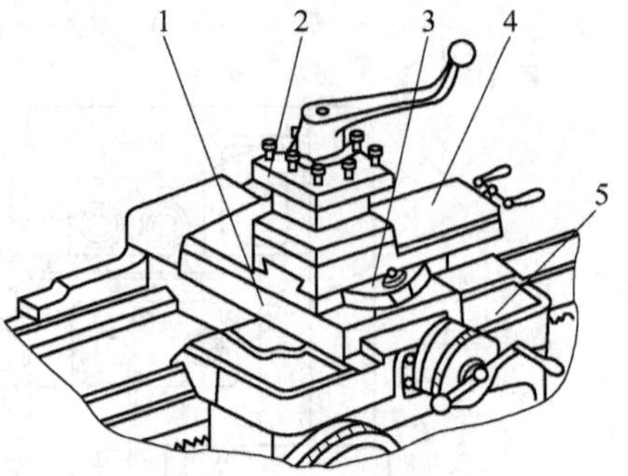

图 2-5 刀架的组成
1—中滑板 2—方刀架 3—转盘
4—小滑板 5—床鞍

7）尾座。尾座安装在车床导轨上。尾座由底座、尾座体、套筒等部分组成。在尾座的套筒内安装顶尖可用来支承工件，也可安装钻头、铰刀，在工件上钻孔和铰孔。

8）床腿。床腿支承床身，并与地基连接。

（2）C6132 卧式车床的传动系统　C6132 卧式车床的传动系统见书后附图。

1）主运动传动系统。C6132 卧式车床主轴共有 12 种转速，它们分别是 45r/min、66r/min、94r/min、120r/min、173r/min、248r/min、360r/min、530r/min、750r/min、958r/min、1380r/min、1980 r/min。

2）进给运动传动系统。车床作一般进给时，刀架由光杠经过溜板箱中的传动机构来带动。对于每一组交换齿轮，C6132 卧式车床的进给箱可变化 20 种不同的进给量，其进给量的范围是

纵向进给量：$f_{纵}=0.06\sim3.34\text{mm/r}$

横向进给量：$f_{横}=0.04\sim2.45\text{mm/min}$

加工螺纹时，车刀的纵向进给运动由丝杠带动溜板箱上的对开螺母拖动刀架来实现。

2. 立式车床（分单柱式和双柱式）

立式车床如图 2-6 所示，一般用于加工直径大、长度短且质量较大的工件。立式工作台的台面是水平面，主轴的轴线垂直于台面，工件的校正、装夹比较方便，工件和工作台的质量均匀地作用在工作台下面的圆导轨上。

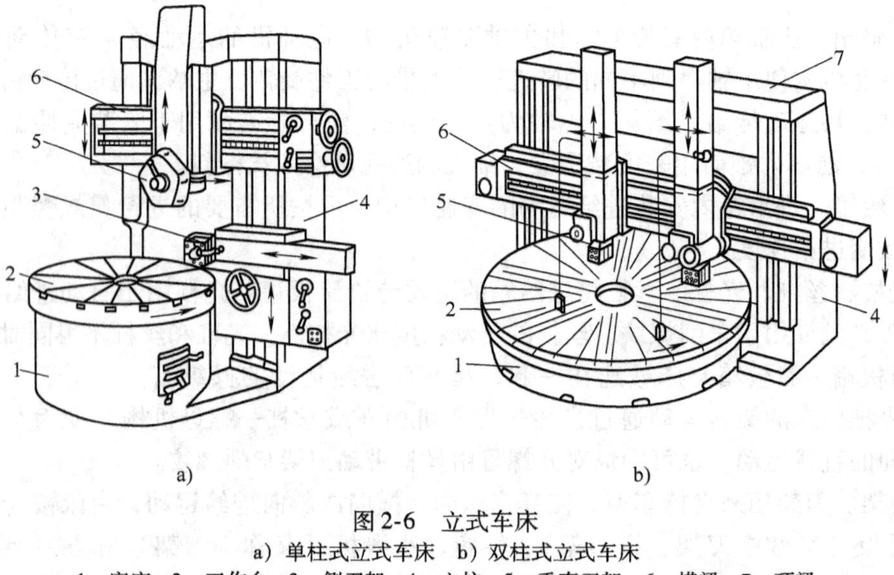

图 2-6 立式车床
a）单柱式立式车床 b）双柱式立式车床
1—底座 2—工作台 3—侧刀架 4—立柱 5—垂直刀架 6—横梁 7—顶梁

3. 转塔车床

转塔车床（图 2-7）结构与卧式车床相似，除了有四方刀架外，尾座由可转动的六角转塔刀架代替，但没有丝杠。

转塔刀架（图 2-8）有六个装刀位置，可以同时装夹六把（组）刀具，如钻头、铰刀、板牙以及装在特殊刀夹中的各种车刀，既能加工孔，又能加工外圆和螺纹，这些刀具按零件加工顺序装夹。转塔刀架可以沿床身导轨作纵向进给，每一个刀位加工完毕后，转塔刀架快速返回，转动 60°，更换到下一个刀位进行加工。

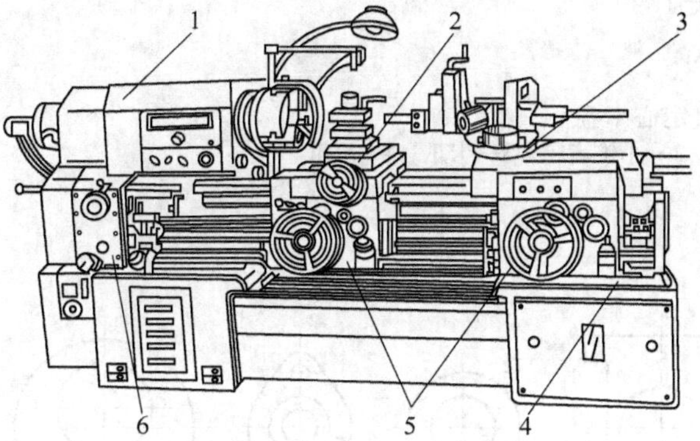

图 2-7 转塔车床
1—主轴箱 2—前刀架 3—转塔刀架
4—床身 5—溜板箱 6—进给箱

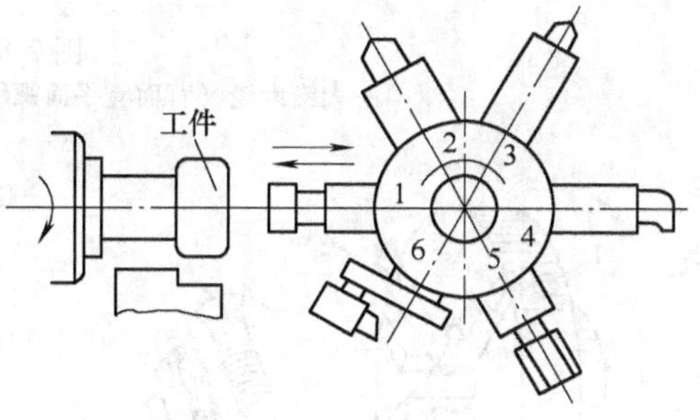

图 2-8 转塔刀架

单件小批生产中，各种轴类和盘套类的中小型零件多在卧式车床上加工；生产率要求高、变更频繁的中小型零件，可选用数控车床加工；大型圆盘类零件（如火车轮、大型齿轮的轮坯等）多用立式车床加工。

成批或大批生产中，小型轴、套类零件，则广泛使用转塔车床、多刀半自动车床及自动车床进行加工。

4. 车床附件

车床主要用于加工回转表面。安装工件时，应使被加工表面的回转中心与车床主轴的轴线重合，同时要保证有足够的夹紧力。车床上常用装夹工件的附件有自定心卡盘、单动卡盘、顶尖、心轴、中心架、跟刀架、花盘和弯板等。

（1）自定心卡盘　自定心卡盘是车床上最常用的附件，其结构如图 2-9 所示。当转动小锥齿轮时，可使与其相啮合的大锥齿轮随之转动，大锥齿轮背面的平面螺纹使三个卡爪同时向中心收拢或张开，以夹紧不同直径的工件。由于三个卡爪同时移动，因此能自行对中（其对中精度为 0.05 ~0.15 mm），装夹方便，但夹紧力小。自定心卡盘适宜快速夹持截面为圆形、正三角形、正六边形的工件。自定心卡盘还附带三个“反爪”，换到卡盘体上即可用来夹持直径较大的工件（图 2-9c）。

（2）单动卡盘　单动卡盘的结构如图 2-10 所示。它的四个卡爪通过四个调整螺杆独立移动，因此用途广泛。单动卡盘不但可以安装截面是圆形的工件，还可以安装截面为方形、长方形、椭圆或其他形状不规则的工件，如图 2-11 所示。在圆盘上车偏心孔也常用单动卡盘安装。此外，单动卡盘的夹紧力比自定心卡盘大，所以也用来安装较重的圆形截面工件。

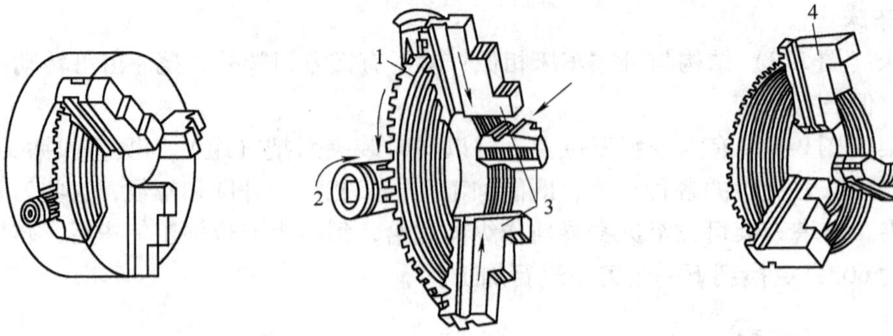

a) b) c)

图 2-9 自定心卡盘

1—大锥齿轮（背面有平面螺纹） 2—小锥齿轮 3—卡爪 4—反爪

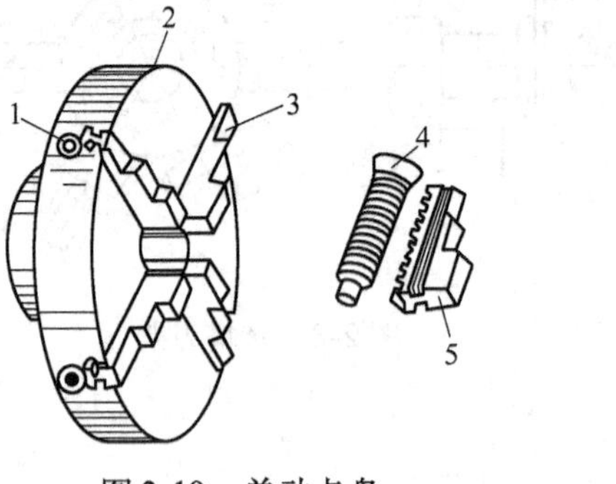

图 2-10 单动卡盘

1—调整螺杆 2—卡盘体 3、5—卡爪 4—调整螺杆

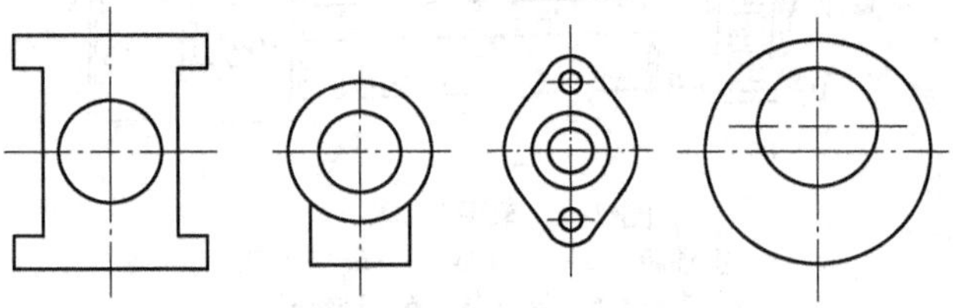

图 2-11 单动卡盘安装零件举例

由于单动卡盘的四个卡爪是独立移动的，所以可加工偏心工件（图 2-12a）。单动卡盘在安装工件时必须进行仔细的找正工作。一般用划针盘按工件外圆表面或内孔表面找正，也常按预先在工件上已划好的线找正（图 2-12b）。如零件的安装精度要求很高，自定心卡盘不能满足要求，也往往在单动卡盘上安装，此时需用百分表找正（图 2-12c），安装精度可达 0.01mm。

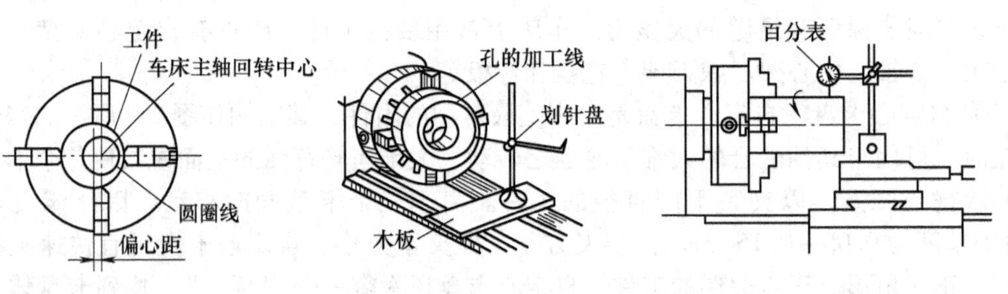

a) b) c)

图 2-12 用单动卡盘安装工件时的找正

a）单动卡盘装夹工件 b）用划针盘找正 c）用百分表找正

（3）顶尖 在车床上加工长度较长或工序较多的轴类零件时，往往用双顶尖安装工件，如图 2-13 所示。把轴架在前后两个顶尖上，前顶尖装在主轴锥孔内，并和主轴一起旋转，后顶尖装在尾座套筒内，前后顶尖就确定了轴的位置。将卡箍紧固在轴的一端，卡箍的尾部

插入拨盘的槽内，拨盘安装在主轴上（安装方式与自定心卡盘相同）并随主轴一起转动，通过拨盘带动卡箍即可使轴转动。

常用的顶尖有固定顶尖和活顶尖两种，其形状如图 2-14 所示。前顶尖装在主轴锥孔内，随主轴与工件一起旋转，与工件无相对运动，不发生摩擦，常采用固定顶尖。后顶尖装在尾座套筒内，一般也用固定顶尖，但在高速切削时，为了防止后顶尖与中心孔因摩擦过热而损坏或烧坏，常采用活顶尖。由于活顶尖的准确度不如固定顶尖高，故一般用于轴的粗加工和半精加工。当轴的精度要求比较高时，后顶尖也应使用固定顶尖，但要合理选择切削速度。

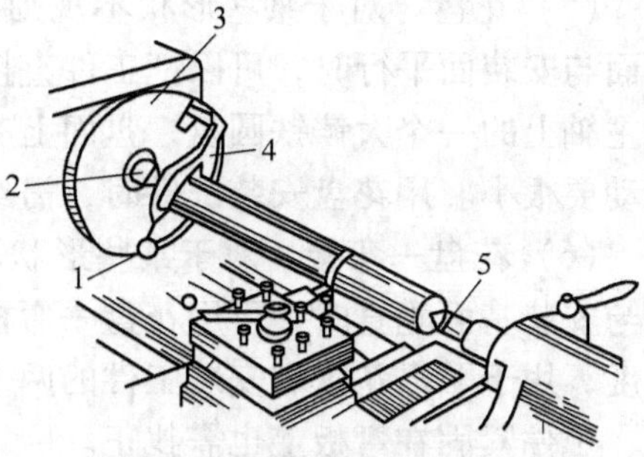

图 2-13　用双顶尖安装工件
1—夹紧螺钉　2—前顶尖　3—拨盘
4—卡箍　5—后顶尖

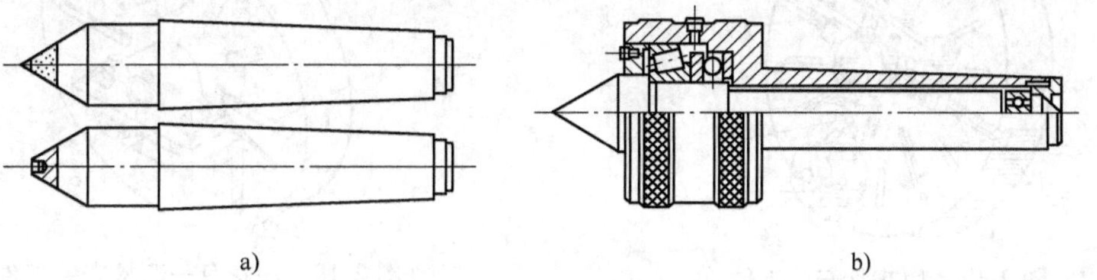

图 2-14　顶尖
a）固定顶尖　b）活顶尖

（4）心轴　盘套类零件的外圆、孔和两个端面常有同轴度或垂直度的要求，但利用卡盘安装加工时无法在一次安装中加工完成有位置精度要求的所有表面。如果把零件调头安装再加工，又无法保证零件的外圆对孔的径向圆跳动和端面对孔的轴向圆跳动要求。因此，需要利用心轴用已精加工过的孔定位，保证有关圆跳动要求。

心轴的种类很多，常用的有锥度心轴和圆柱体心轴。锥度心轴如图 2-15 所示，其锥度一般为 1/2000 ~ 1/5000，工件压入心轴后靠摩擦力紧固。这种心轴装卸方便，对中准确，但不能承受较大的切削力，多用于盘套类零件的精加工。

圆柱体心轴如图 2-16 所示，工件装入心轴后加上垫圈，再用螺母锁紧。它要求工件的两个端面与孔的轴线垂直，以免螺母拧紧时心轴产生弯曲变形。这种心轴夹紧力较大，但对中准确度较差，多用于盘套类零件的粗加工、半精加工。

盘套类零件上用于安装心轴的孔，应有较高的精度，一般为 IT9 ~ IT7。否则，零件在心

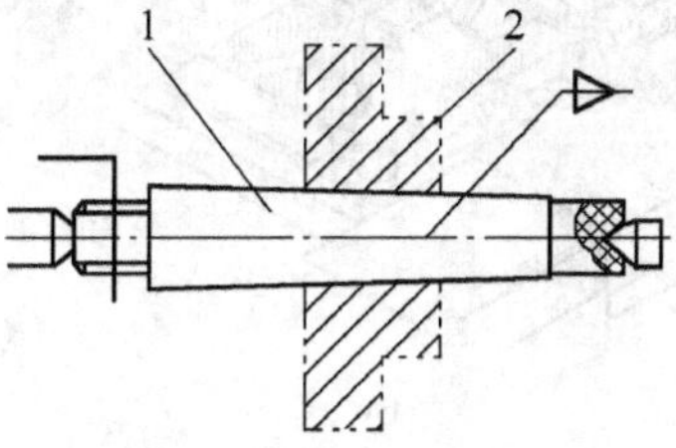

图 2-15　锥度心轴
1—心轴　2—工件

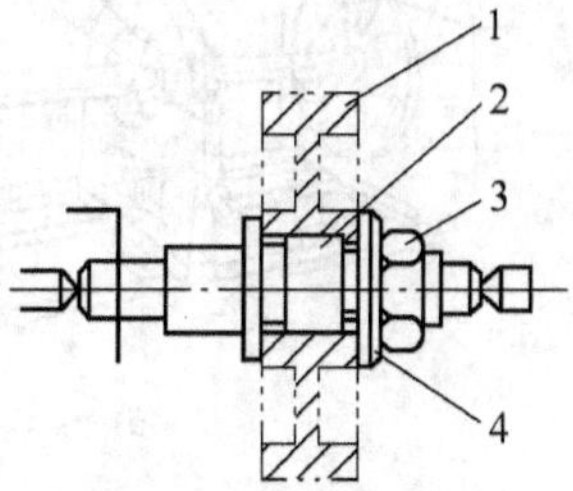

图 2-16　圆柱体心轴
1—工件　2—心轴　3—螺母　4—垫圈

轴上无法准确定位。

（5）花盘　对于某些形状不规则的零件，当要求外圆、孔的轴线与安装基面垂直，或端面与安装面平行时，可以把工件直接压在花盘上加工，如图 2-17 所示。花盘是安装在车床主轴上的一个大铸铁圆盘，盘面上有许多用于穿放螺栓的槽。花盘的端面必须平整，且圆跳动要很小。用花盘安装工件时，需经过仔细找正。

（6）花盘—弯板　对于某些形状不规则的零件，当要求孔的轴线与安装面平行，或端面与安装基面垂直时，可用花盘—弯板安装工件，如图 2-18 所示。弯板要有一定的刚度和强度，用于贴靠花盘和安装工件的两个平面应有较高的垂直度。弯板安装在花盘上要仔细找正，工件紧固在弯板上也需找正。

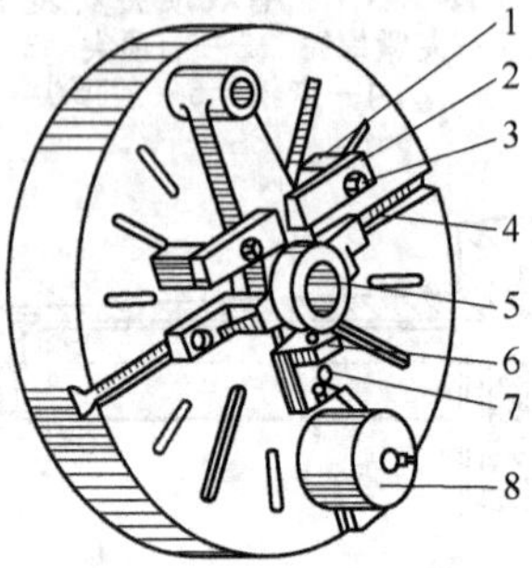

图 2-17　用花盘安装工件
1—垫铁　2—压板　3—螺栓　4—螺栓槽
5—工件　6—角铁　7—顶丝　8—平衡铁

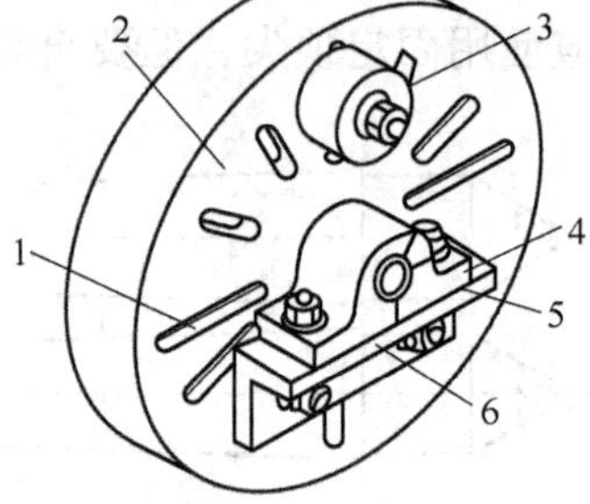

图 2-18　用花盘—弯板安装工件
1—螺栓孔槽　2—花盘　3—平衡铁
4—工件　5—安装基面　6—弯板

用花盘或花盘—弯板安装工件时，由于重心往往偏向一边，需要在另一边加平衡铁，以减少旋转时的振动。

（7）中心架和跟刀架　加工长径比大于 20 的细长轴时，为防止轴受切削力的作用而产生弯曲变形，往往需要加用中心架或跟刀架。

1）中心架。中心架固定在床身上。支承工件前，先在工件上车出一小段光滑圆柱面，然后调整中心架的三个支承爪与其均匀接触，再分段进行车削。图 2-19a 为利用中心架车外圆，在工件右端加工完毕后，调头再加工另一端。图 2-19b 为利用中心架加工长轴的端面，

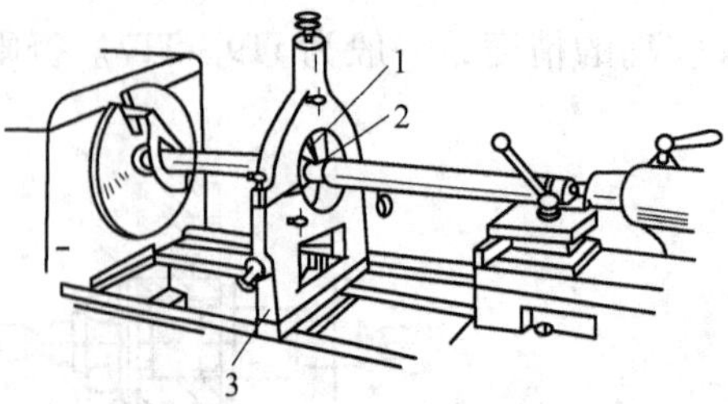

a)

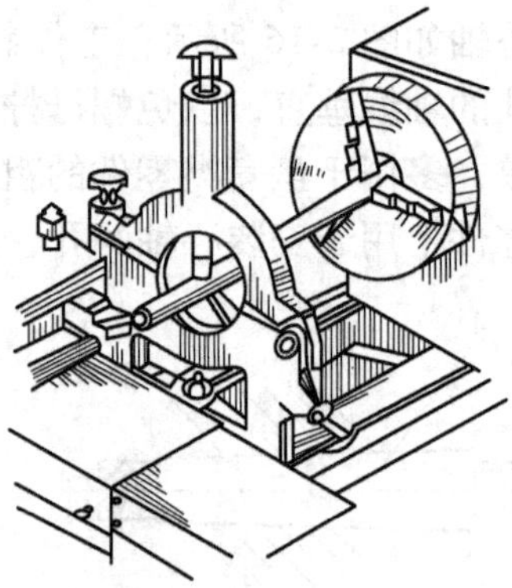

b)

图 2-19　中心架的应用
a）用中心架车外圆　b）用中心架车端面
1—可调节支承爪　2—预先车出的外圆面　3—中心架

加工时卡盘夹持长轴的一端，中心架支承另一端，这种方法也可以加工端面上的孔。

2）跟刀架。跟刀架与中心架不同，它固定在床鞍上，并随床鞍一起纵向移动。使用跟刀架需先在工件上靠后顶尖的一端车出一小段外圆，用它来支承跟刀架的支承爪，然后再车出工件的全长，如图 2-20 所示。跟刀架多用于加工光滑轴，如光杠和丝杠等。应用跟刀架和中心架时，工件被支承的部分应是加工过的外圆表面，并要加润滑油润滑。工件的转速不能过高，以免工件与支承之间摩擦过热而烧坏或使支承爪磨损。

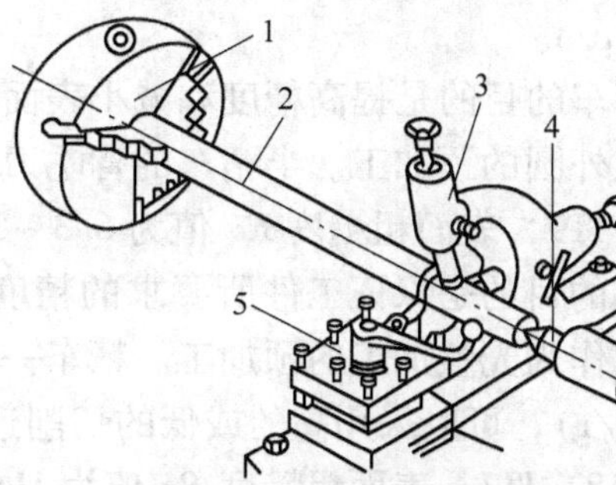

图 2-20　跟刀架的应用
1—自定心卡盘　2—工件
3—跟刀架　4—尾顶尖　5—刀架

2.2.3　车削基本工艺（Basic Process of Turning）

车削加工适用于加工各种轴类、套筒类和盘类零件上的回转表面，如内圆柱面、圆锥面、环槽、成形回转表面、端面和各种常用螺纹等。在车床上还可以进行钻孔、扩孔、铰孔和滚花等工艺，如图 2-21 所示。

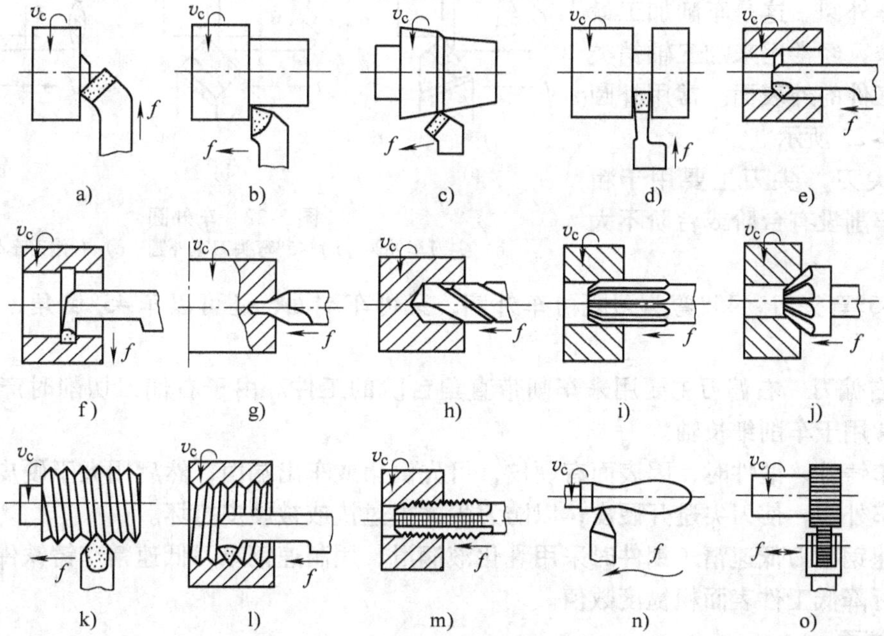

图 2-21　卧式车床典型加工工序
a）车端面　b）车外圆　c）车外锥面　d）切槽、切断　e）车孔　f）切内槽　g）钻中心孔
h）钻孔　i）铰孔　j）锪锥孔　k）车外螺纹　l）车内螺纹　m）攻螺纹　n）车成形面　o）滚花

由于车刀的角度不同和切削用量不同，车削的精度和表面粗糙度也不同。为了提高生产率及保证加工质量，外圆面的车削分为粗车、半精车、精车和精细车。

粗车的目的是从毛坯上切去大部分余量，为精车作准备。粗车时采用较大的背吃刀量 a_p、较大的进给量以及中等或较低的切削速度 v_c，以达到高的生产率。粗车也可作为低精度表面的最终工序。粗车后的尺寸公差等级一般为 IT13 ~ IT11，表面粗糙度 Ra 值为 50 ~ 12.5μm。

半精车的目的是提高精度和减小表面粗糙度值，可作为中等精度外圆的终加工，也可作为精加工外圆的预加工。半精车的背吃刀量和进给量较粗车时小。半精车的尺寸公差等级可达 IT10 ~ IT9，表面粗糙度 Ra 值为 6.3 ~ 3.2μm。

精车的目的是保证工件所要求的精度和表面粗糙度，既可作为较高精度外圆面的终加工，也可作为光整加工的预加工。精车一般采用小的背吃刀量（$a_p < 0.15\text{mm}$）和进给量（$f < 0.1\text{mm/r}$），可以采用高的或低的切削速度，以避免积屑瘤的形成。精车的尺寸公差等级一般为 IT8 ~ IT7，表面粗糙度 Ra 值为 1.6 ~ 0.8μm。

精细车一般用于技术要求高的、韧性大的有色金属零件的加工。精细车所用机床应有很高的精度和刚度，多使用仔细刃磨过的金刚石刀具。车削时采用小的背吃刀量（$a_p \leqslant 0.03 \sim 0.05\text{mm}$）、小的进给量（$f = 0.02 \sim 0.2\text{mm/r}$）和高的切削速度（$v_c > 2.6\text{m/s}$）。精细车的尺寸公差等级可达 IT6 ~ IT5，表面粗糙度 Ra 值为 0.4 ~ 0.1μm。

1. 车外圆

刀具的运动方向与工件轴线平行时，将工件车削成圆柱形表面的加工称为车外圆。这是车削加工最基本的操作，经常用来加工轴销类和盘套类工件的外表面。常用外圆车刀如图 2-22 所示。

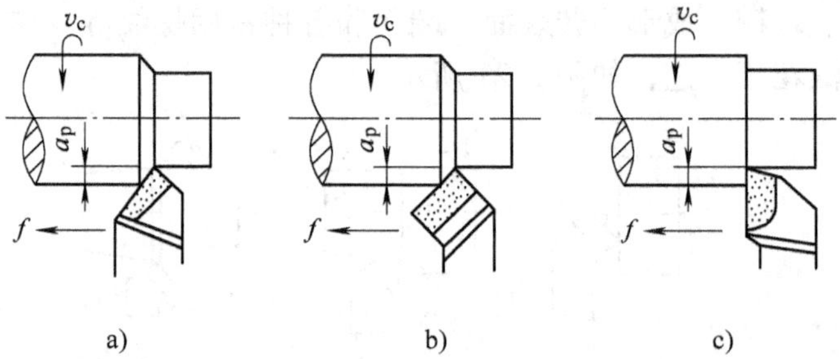

图 2-22　车外圆
a）尖刀车外圆　b）45°弯头刀车外圆　c）右偏刀车外圆

（1）尖刀　尖刀主要用于粗车外圆和车削没有台阶或台阶不大的外圆。

（2）45°弯头刀　45°弯头刀既可车外圆，又可车端面，还可以车 45°倒角，应用较为广泛。

（3）右偏刀　右偏刀主要用来车削带直角台阶的工件。由于右偏刀切削时产生的径向力小，故常用于车削细长轴。

在粗车铸件、锻件时，因表面有硬皮，可先倒角或车出端面，然后用大于硬皮厚度的背吃刀量粗车外圆，使刀尖避开硬皮，以防刀尖磨损过快或被硬皮打坏。

用高速钢车刀低速精车钢件时采用乳化液润滑，用高速钢车刀低速精车铸铁件时，采用煤油润滑可降低工件表面粗糙度数值。

2. 车端面

轴类、盘套类工件的端面经常用来作为轴向定位和测量的基准。车削加工时，一般都先将端面车出。

对工件端面进行车削时，刀具进给运动方向与工件轴线垂直。车削时，注意刀尖要对准中心，否则端面中心处会留有凸台，端面的车削加工如图 2-23 所示。

粗车或加工大直径工件时，车刀自外向中心切削，多用弯头车刀，弯头车刀车端面对中心凸台是逐步切除的，不易损坏刀尖。

精车或加工小直径工件时，多用右偏刀。右偏刀由外向中心车端面时，凸台是瞬时去掉的，容易损坏刀尖。右偏刀由外向中心进给切削时前角小，切削不顺利，而且背吃刀量大时容易引起扎刀，使端面出现内凹。右偏刀自中心向外切削，此时切削刃前角大，切削顺利，表面粗糙度值小。

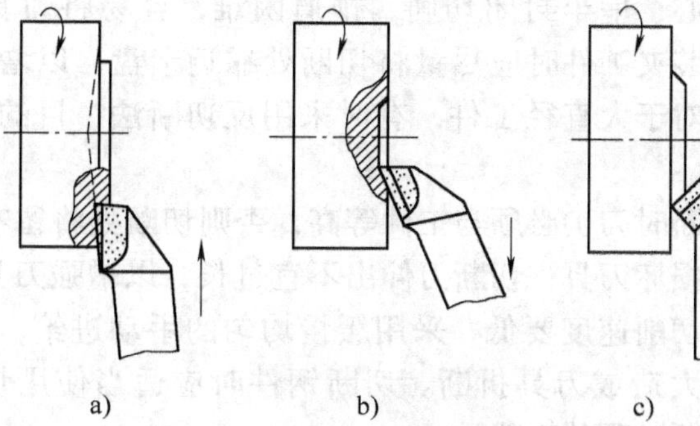

图 2-23　车端面
a）偏刀车端面（由外向中心）
b）偏刀车端面（由中心向外）　c）弯头刀车端面

3. 车台阶

对于轴类、盘套类零件上的台阶面加工，高度小于 5mm 的低台阶由正装的 90° 偏刀车外圆时车出；高度大于 5mm 的高台阶在车外圆几次进给后用主偏角大于 90° 的偏刀沿径向向外进给车出，如图 2-24 所示。

4. 切槽与切断

（1）切槽　回转体工件表面经常需要加工一些沟槽，如螺纹退刀槽、砂轮越程槽、油槽、密封圈槽等。切槽所用的刀具为切槽刀，如图 2-25 所示。它有一条主切削刃、两条副切削刃、两个刀尖，加工时沿径向由外向中心进刀。

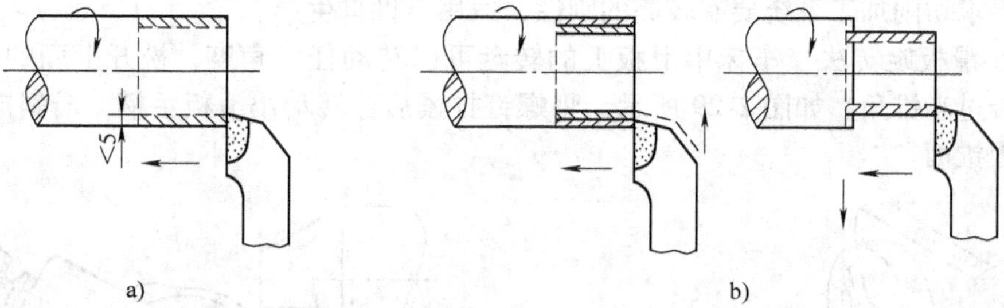

图 2-24　车台阶面
a）车低台阶　b）车高台阶

宽度小于 5mm 的窄槽，用主切削刃尺寸与槽宽相等的车槽刀一次车出；车削宽度大于 5mm 的宽槽时，先沿纵向分段粗车，再精车，车出槽深及槽宽，如图 2-26 所示。

当工件上有几个同一类型的槽时，槽宽如一致，可以用同一把刀具切削。

（2）切断　切断是将坯料或工件从夹持端上分离下来，如图 2-27 所示。

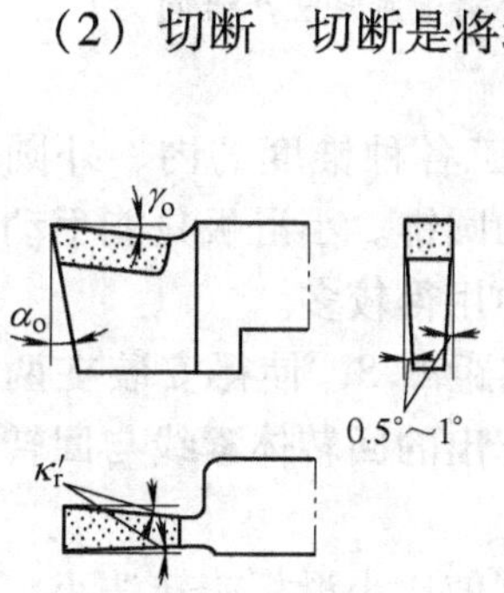

图 2-25　切槽刀

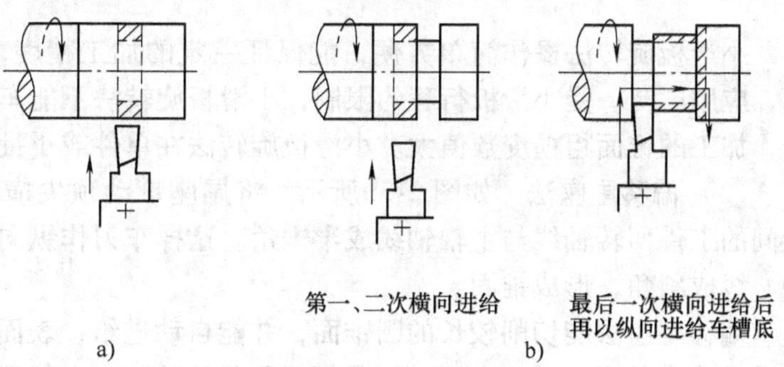

图 2-26　切槽方法
a）切窄槽　b）切宽槽

切断所用的切断刀与车槽刀极为相似，只是刀头更加窄长，刚性更差。由于刀具要切至工件中心，呈半封闭切削，排屑困难，容易将刀具折断。因此，装夹工件时应尽量将切断处靠近卡盘，以增加工件刚性。对于大直径工件，有时采用反切断法，目的在于排屑顺畅。

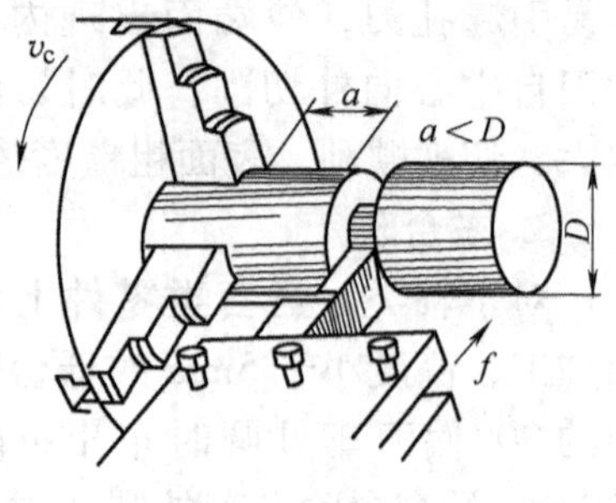

图 2-27　切断

切断时刀尖必须与工件等高，否则切断处将留有凸台，也容易损坏刀具，切断刀伸出不宜过长，以增强刀具刚性。切断时切削速度要低，采用缓慢均匀的手动进给，以防进给量太大造成刀具折断。切断钢件时应适当使用切削液，加快切断过程的散热。

5. 车锥面

常用的车削锥面的方法有宽刀法、小滑板旋转法、偏移尾座法和靠模法。

（1）宽刀法　宽刀法就是利用主切削刃横向直接车出圆锥面的切削方法，如图 2-28 所示。此时，切削刃的长度要略长于圆锥素线长度，切削刃与工件回转中心线成半锥角。

宽刀法加工方法方便、迅速，能加工任意角度的内、外圆锥。此种方法加工的圆锥面很短，而且要求切削加工系统要有较高的刚性，适用于批量生产。

（2）小滑板旋转法　车床中滑板上的转盘可以转动任意角度，松开上面的紧固螺钉，使小滑板转过半锥角。如图 2-29 所示，将螺钉拧紧后，转动小滑板手柄，沿斜向进给，便可以车出圆锥面。

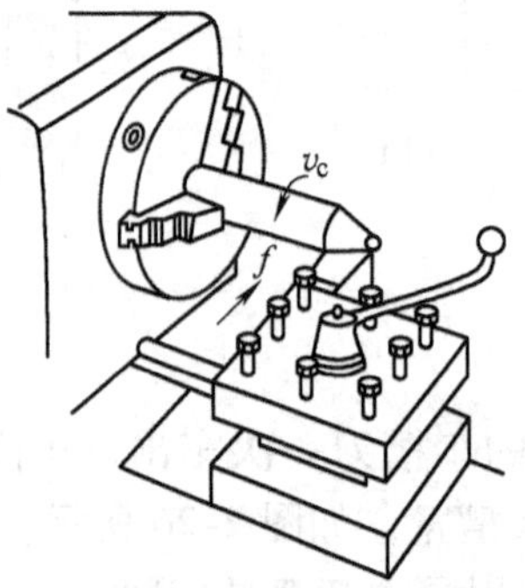

图 2-28　宽刀法车锥面

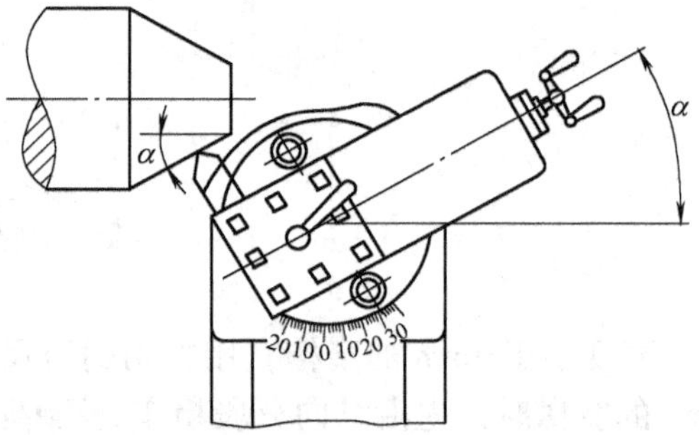

图 2-29　小滑板旋转法车锥面

小滑板旋转法操作简单方便，能保证一定的加工精度，能加工各种锥度的内、外圆锥面，应用广泛。受小滑板行程的限制，小滑板旋转法不能车太长的圆锥。小滑板只能手动进给，加工的锥面粗糙度数值大。小滑板旋转法在单件或小批生产中用得较多。

（3）偏移尾座法　如图 2-30所示，将尾座带动顶尖横向偏移距离 S，使得安装在两顶尖间的工件回转轴线与主轴轴线成半锥角。这样车刀作纵向进给车出的回转体素线与回转体中心线成斜角，形成锥面。

偏移尾座法能切削较长的圆锥面，并能自动进给，表面粗糙度值比小滑板旋转法小，与自动进给车外圆一样。由于受到尾部偏移量的限制，一般只能加工小锥度圆锥，不能加工内锥面。

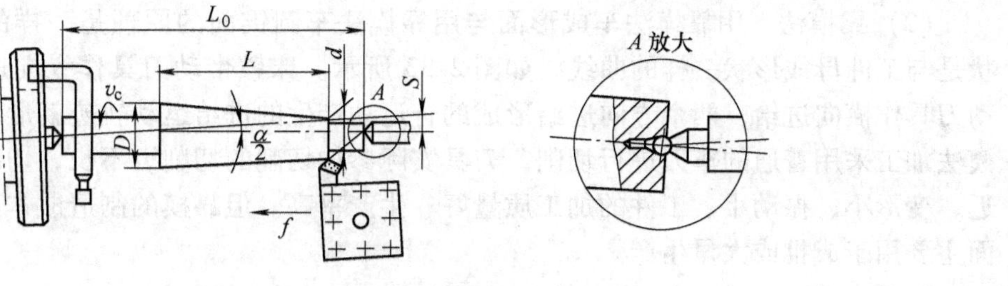

图 2-30　偏移尾座法车锥面

(4) 靠模法　在大批量生产中还经常用靠模法车削圆锥面，如图 2-31 所示。靠模装置的底座固定在床身的后面，底座上装有锥度靠模板。松开紧固螺钉，靠模板可以绕定位销钉旋转，与工件的轴线成一定的斜角。靠模上的滑块可以沿靠模滑动，而滑块通过连接板与滑板连接在一起。中滑板上的丝杠与螺母脱开，其手柄不再调节刀架横向位置，而是将小滑板转过 90°，用小滑板上的丝杠调节刀具横向位置，以调整所需的背吃刀量。

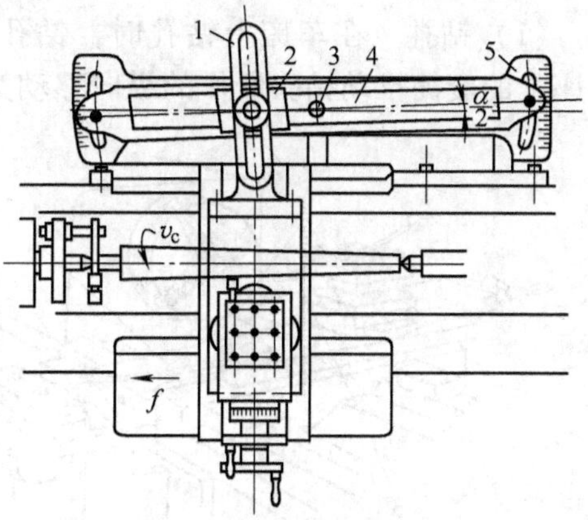

图 2-31　靠模法车锥面
1—连接板　2—滑块
3—销钉　4—靠模板　5—底座

如果工件的锥角为 α，则将靠模调节成 $\alpha/2$ 的斜角。当床鞍作纵向自动进给时，滑块就沿着靠模滑动，从而使车刀的运动平行于靠模板，车出所需的圆锥面。

靠模法加工进给平稳，工件的表面质量好，生产率高，可以加工 $\alpha < 12°$ 的长圆锥。

6. 成形面车削

在回转体上有时会出现母线为曲线的回转表面，如手柄、手轮、圆球等，这些表面称为成形面。成形面的车削方法有手动法、成形刀法、靠模法和数控法等。

(1) 双手操纵法　如图 2-32 所示，操作者双手同时操纵中滑板和小滑板手柄移动刀架，使刀尖运动的轨迹与要形成的回转体成形面的母线尽量相符合。车削过程中还经常用成形样板检验。通过反复的加工、检验、修正，最后形成要加工的成形表面。手动法加工简单方便，但对操作者技术要求高，而且生产率低，加工精度低，一般用于单件或小批生产。

图 2-32　双手操纵法车成形面

切削刃形状与工件表面形状一致的车刀称为成形车刀（样板车）。用成形车刀切削时，只要作横向进给就可以车出工件上的成形表面。用成形车刀车削成形面，工件的形状精度取决于刀具的精度，加工效率高，但由于刀具切削刃长，加工时的切削力大，加工系统容易产生变形和振动，要求机床有较高的刚度和切削功率。成形车刀制造成本高，且不容易刃磨。因此，成形车刀法宜用于成批或大量生产。

（2）靠模法 用靠模法车成形面与用靠模法车圆锥面的原理是一样的，只是靠模的形状是与工件母线形状一样的曲线，如图2-33所示。床鞍带动刀具作纵向进给的同时靠模带动刀具作横向进给，两个方向进给形成的合运动产生的进给运动轨迹就形成工件的母线。靠模法加工采用普通的车刀进行切削，刀具实际参加切削的切削刃不长，切削力与普通车削相近，变形小、振动小、工件的加工质量好、生产率高。但靠模的制造成本高。靠模法车成形面主要用于成批或大量生产。

7. 孔加工

车床上孔的加工方法有钻孔、扩孔、铰孔和镗孔。

（1）钻孔 在车床上钻孔时，钻孔所用的刀具为麻花钻。工件的回转运动为主运动，尾座上的套筒推动钻头所作的纵向移动为进给运动。车床上的钻孔加工如图2-34所示。

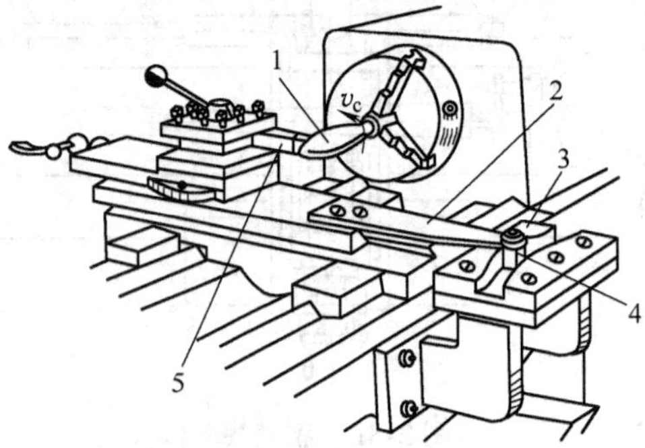

图2-33 靠模法车成形面

1—工件 2—连接板

3—靠模板 4—滚柱 5—尖头车刀

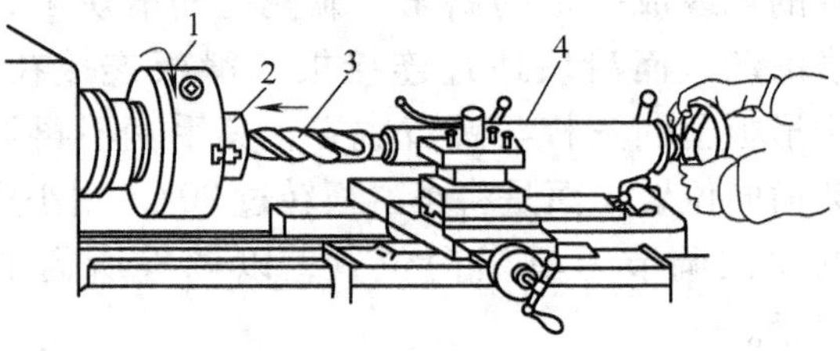

图2-34 在车床上钻孔

1—自定心卡盘 2—工件 3—钻头 4—尾座

钻孔时，松开尾座锁紧装置，移动尾座直至钻头接近工件，开始钻削时进给要慢一些，然后以正常进给量进给，并应经常将钻头退出，以利于排屑和冷却钻头。钻削钢件时，应加注切削液。

（2）镗孔 镗孔是利用镗孔刀对工件上铸出、锻出或钻出的孔作进一步的加工。在车床上镗孔（图2-35），工件旋转作主运动，镗刀在刀架带动下作进给运动。镗孔时镗刀杆应尽可能粗一些，镗刀伸出刀架的长度应尽量短些，以增加镗刀杆的刚性，减少振动。但伸出长度不得小于镗孔深度。

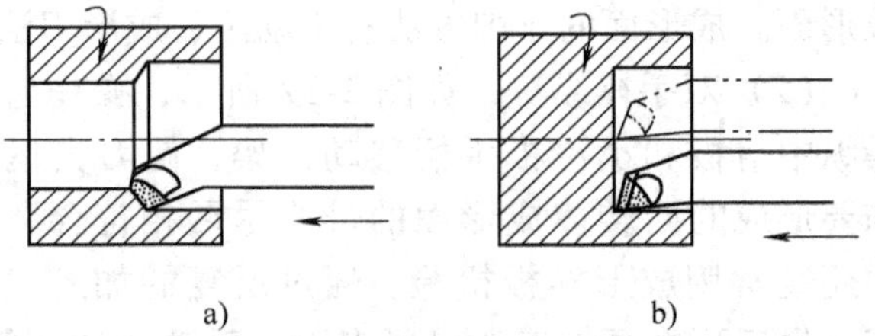

图2-35 镗孔

a）镗通孔 b）镗不通孔

车床上的孔加工主要是针对回转体工件中间的孔。对非回转体上的孔可以利用单动卡盘或花盘装夹在车床上加工。但更多的是在钻床和镗床上进行加工。

8. 车螺纹

车床上加工螺纹主要是用车刀车削各种螺纹。各种螺纹的牙型都是靠刀具切出的，所以螺纹车刀切削部分的形状必须与将要车的螺纹的牙型相符。装夹螺纹车刀时，刀尖必须与工件中心等高，并用样板对刀，保证刀尖角的角平分线与工件轴线垂直，以保证车出的螺纹牙形两边对称。

车螺纹时应使用丝杠传动，主轴的转速应选择得低些。图2-36所示为车削螺纹的步骤，此法适合于车削各种螺纹。

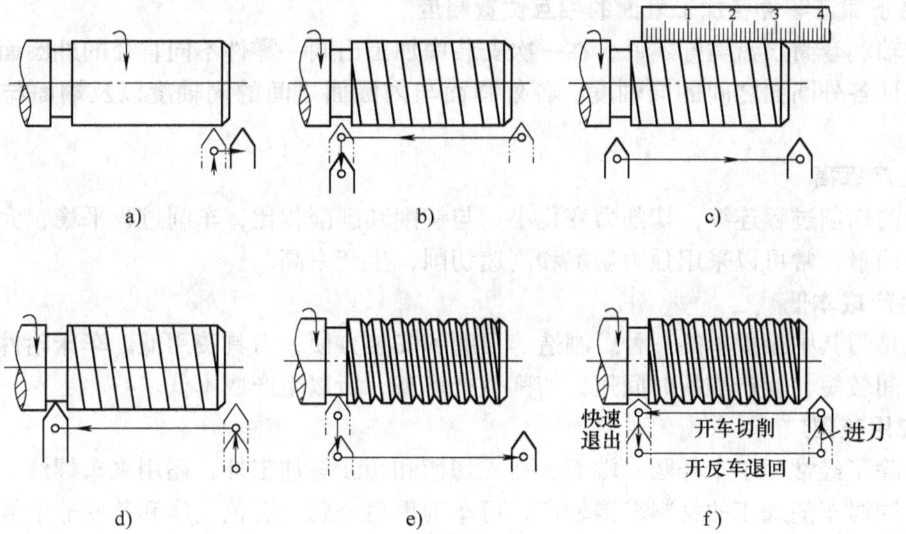

图2-36 车削螺纹的步骤

a）开车，使车刀与工件轻微接触，记下刻度盘读数，向右退出车刀
b）合上对开螺母，在工件表面上车出一条螺旋线，横向退出车刀，停车
c）开反车使车刀退到工件右端，停车，用钢直尺检查螺距是否正确
d）利用刻度盘调整切深，开车切削
e）车刀将至行程终了时，应做好退刀停车准备，先快速退出车刀，然后停车，开反车退回刀架
f）再次横向进切深，继续切削，其切削过程的路线如图所示

9. 滚花

许多工具和机器零件的手握部分，为了便于握持和增加美观，常常在表面滚压出各种不同的花纹，如百分尺的套管、铰杠扳手及螺纹量规等。这些花纹一般都是在车床上用滚花刀滚压而成的，如图2-37所示。

滚花的花纹有直纹和网纹两种，滚花刀也分图2-38a所示的直纹滚花刀和图2-38b所示的网纹滚花刀两种。花纹也有粗细之分，工件上花纹的粗细取决于滚花刀上的滚轮。滚花时工件所受的径向力大，工件装夹时应使滚花部分靠近卡盘。滚花时工件的转速要低，并且要

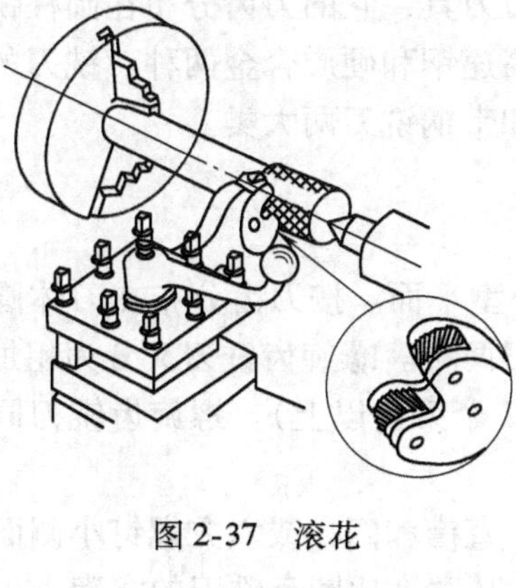

图2-37 滚花

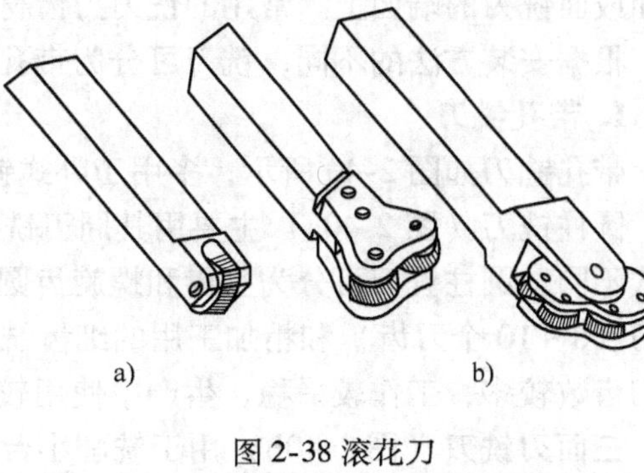

图2-38 滚花刀

a）直纹滚花刀 b）网纹滚花刀

有充分的润滑，以减少塑性流动的金属对滚花刀的摩擦和防止产生乱纹。

2.2.4 车削的工艺特点（Process Characteristics of Turning）

1. 易于保证零件各加工表面的相互位置精度

对于轴、套筒、盘类等零件，在一次安装中加工出同一零件不同直径的外圆面、孔及端面，可保证各外圆面之间的同轴度、各外圆面与内圆面之间的同轴度以及端面与轴线的垂直度。

2. 生产率高

车削的切削过程连续，切削力变化小。与铣削和刨削相比，车削过程平稳，允许采用较大的切削用量，常可以采用强力切削和高速切削，生产率高。

3. 生产成本低

车刀是刀具中最简单的一种，制造、刃磨和安装方便，刀具费用低。车床附件多，装夹及调整时间较短，生产准备时间短，切削生产率高，所以生产成本低。

4. 应用范围广

车削除了经常用于车外圆、端面、孔、切槽和切断等加工外，还用来车螺纹、锥面和成形表面。同时车削加工的材料范围较广，可车削黑色金属、有色金属和某些非金属材料，特别适合于有色金属零件的精加工。车削既适于单件小批量生产，也适于中、大批量生产。

2.3 铣削加工（Milling）

在铣床上用铣刀对工件进行切削加工的方法叫铣削。主要用于加工平面、斜面、垂直面、各种沟槽以及成形表面。图 2-39 所示为铣削加工常用的加工方法。

铣削是平面加工的主要方法之一。铣削可以分为粗铣和精铣，有色金属还可以采用高速铣削，以进一步提高加工质量。铣平面的尺寸公差等级一般可达 IT9 ~ IT7，表面粗糙度 Ra 值为 6.3 ~ 1.6μm，直线度精度可达 0.12 ~ 0.08/1000。铣平面时，铣刀的旋转运动是主运动，工件随工作台的直线运动是进给运动。

2.3.1 铣刀（Milling Cutter）

铣刀实质上是一种由几把单刃刀具组成的多刃刀具，它的刀齿分布在圆柱铣刀的外回转表面或面铣刀的端面上。常用的铣刀刀齿材料有高速钢和硬质合金两种。铣刀的分类方法很多，根据安装方法的不同，铣刀可分为带孔铣刀和带柄铣刀两大类。

1. 带孔铣刀

带孔铣刀如图 2-40 所示，多用于卧式铣床。

圆柱铣刀（图 2-40a）主要用其周刃铣削中小型平面。按刀齿分布在刀体圆柱表面上的形式不同，圆柱铣刀可分为直齿和螺旋齿圆柱铣刀两种。螺旋齿铣刀又分为粗加工用的粗齿铣刀（8 ~ 10 个刀齿）和精加工用的细齿铣刀（12 个刀齿以上）。螺旋齿铣刀同时参加切削的刀齿数较多，工作较平稳，生产中使用较多。

三面刃铣刀（图 2-40b）用于铣削小台阶面、直槽和四方或六方螺钉小侧面。

锯片铣刀（图 2-40c）用于铣削窄缝或切断，其宽度比圆盘铣刀的宽度小。

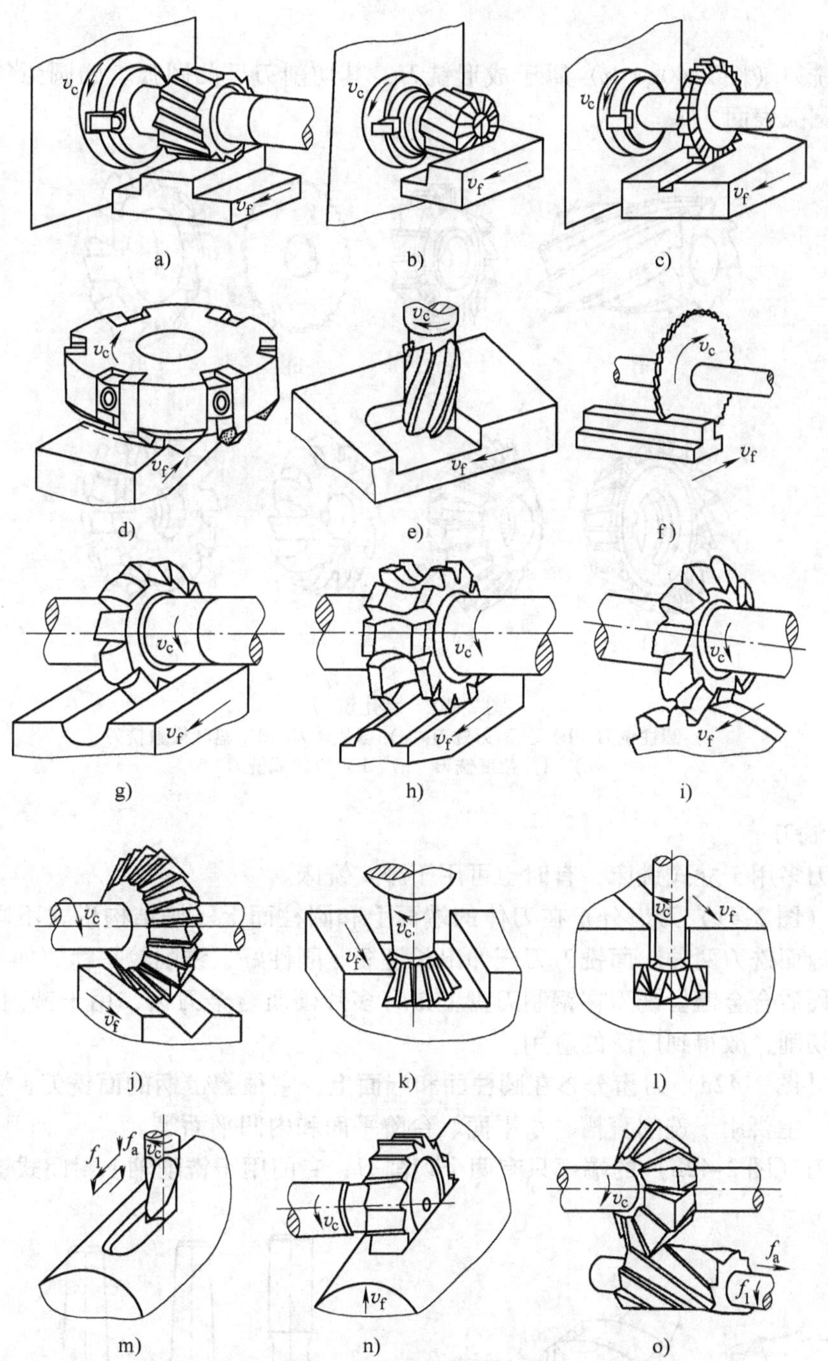

图 2-39　铣削加工方法
a）圆柱形铣刀铣平面　b）套式立铣刀铣台阶面　c）三面刃铣刀铣直角槽
d）面铣刀铣平面　e）立铣刀铣凹平面　f）锯片铣刀切断
g）凸半圆铣刀铣凹圆弧面　h）凹半圆铣刀铣凸圆弧面　i）齿轮铣刀铣齿轮
j）角度铣刀铣 V 形槽　k）燕尾槽铣刀铣燕尾槽　l）T 形槽铣刀铣 T 形槽
m）键槽铣刀铣键槽　n）半圆键槽铣刀铣半圆键槽　o）角度铣刀铣螺旋槽

盘状模数铣刀（图 2-40d）属于成形铣刀，用于铣削齿轮的齿形槽。

角度铣刀（图 2-40e、f）属于成形铣刀，具有各种不同的角度，用于加工各种角度槽和斜面。

半圆弧铣刀（图 2-40g、h）属于成形铣刀，其切削刃呈凸圆弧、凹圆弧等，用于铣削内凹和外凸圆弧表面。

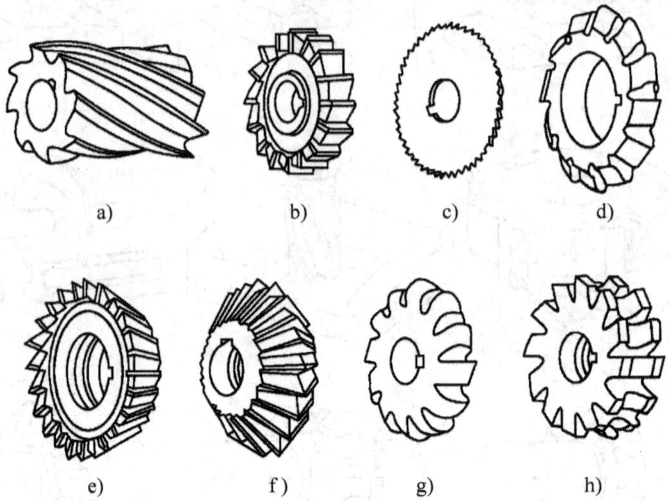

图 2-40 带孔铣刀
a）圆柱铣刀 b）三面刃铣刀 c）锯片铣刀 d）盘状模数铣刀
e）、f）角度铣刀 g）、h）半圆弧铣刀

2. 带柄铣刀

带柄铣刀多用于立式铣床，有时也可用于卧式铣床。

面铣刀（图 2-41）刀齿分布在刀体的端面上和圆柱面上。按结构形式不同，面铣刀分为整体和镶齿面铣刀两种。面铣刀刀杆伸出长度短、刚性好，铣削较平稳，加工面的粗糙度值小。其中硬质合金镶齿铣刀在钢制刀盘上镶有多片硬质合金刀齿，用于铣削较大的平面，可实现高速切削，故得到广泛的应用。

立铣刀（图 2-42a）刀齿分布在圆柱面和端面上，它很像带柄的面铣刀，端部有三个以上的切削刃，主要用于铣削直槽、小平面、台阶平面和内凹平面等。

键槽铣刀（图 2-42b）的端部只有两个切削刃，专门用于铣削轴上封闭式键槽。

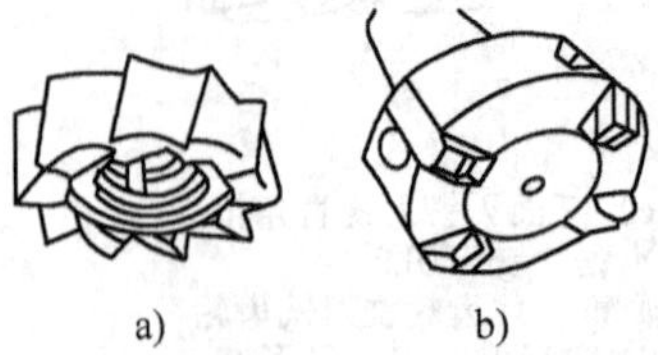

图 2-41 面铣刀
a）整体式 b）镶齿式

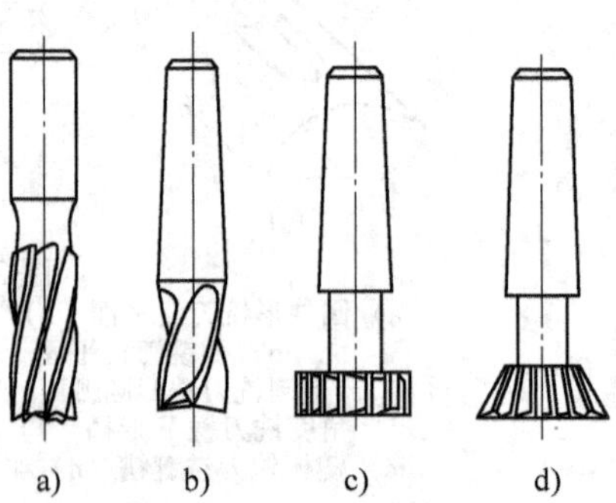

图 2-42 带柄铣刀
a）立铣刀 b）键槽铣刀
c）T 形槽铣刀 d）燕尾槽铣刀

T形槽铣刀（图2-42c）和燕尾槽铣刀（图2-42d）分别用于铣削T形槽和燕尾槽。

2.3.2 铣床及其附件（Milling Machine and Accessory）

铣床的种类很多，常用的有卧式铣床、万能铣床和立式铣床，此外还有龙门铣床、数控铣床及各种专用铣床。卧式或立式升降台铣床多用于单件小批生产中加工中小型工件；龙门铣床用于加工大型工件或同时加工多个中小型工件，生产率较高，多应用于成批大量生产。

1. 卧式铣床

卧式铣床简称卧铣，是铣床中应用最多的一种，其主要特征是主轴轴线与工作台台面平行。图2-43所示为X6125万能卧式铣床。

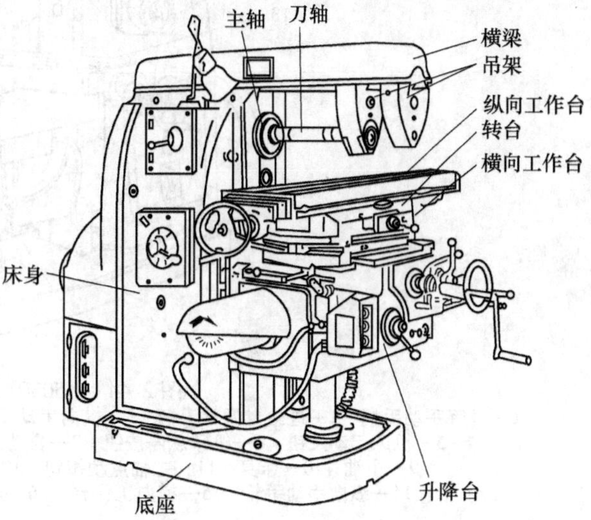

图2-43 X6125万能卧式铣床

X6125万能卧式铣床主要由床身、主轴、横梁、纵向工作台、转台、横向工作台、升降台等部分组成。

(1) 床身　床身用来固定和支承铣床上所有的部件，内部装有主轴、主轴箱、电气设备及润滑油泵等部件。顶面上有供横梁移动用的水平导轨。前部有燕尾形的垂直导轨，供升降台上、下移动。

(2) 主轴　主轴是空心轴，前端有7:24的精密锥孔，用于安装铣刀或刀轴，并带动铣刀或刀轴旋转。

(3) 横梁　横梁上面可安装吊架，用来支承刀轴外伸的一端，以加强刀轴的刚度。横梁可沿床身顶部的水平导轨移动，以调整其伸出的长度。

(4) 纵向工作台　纵向工作台可以在转台的导轨上作纵向移动，以带动安装在台面上的工件作纵向进给。台面上的T形槽用以安装夹具或工件。

(5) 转台　转台的唯一作用是能将纵向工作台在水平面内扳转一个角度（顺时针、逆时针最大均可转过45°），用于铣削螺旋槽等。有无转台是万能卧铣与普通卧铣的主要区别。

(6) 横向工作台　横向工作台位于升降台上面的水平导轨上，可带动纵向工作台一起作横向进给。

(7) 升降台　升降台可以使整个工作台沿床身的垂直导轨上下移动，以调整工作台面到铣刀的距离，并可带动纵向工作台一起作垂直进给。

2. 立式铣床

立式铣床简称立铣，它与卧铣的主要区别是主轴与工作台台面相垂直。有时根据加工的需要，可以将其主轴偏转一定的角度。图2-44所示为X5030立式铣床。

X5030立式铣床的主要组成部分与X6125万能卧式铣床基本相同，除主轴所处位置不同外，它没有横梁、吊架和转台。铣削时，铣刀安装在主轴上，由主轴带动作旋转运动，工作台带动工件作纵向、横向、垂向的进给运动。

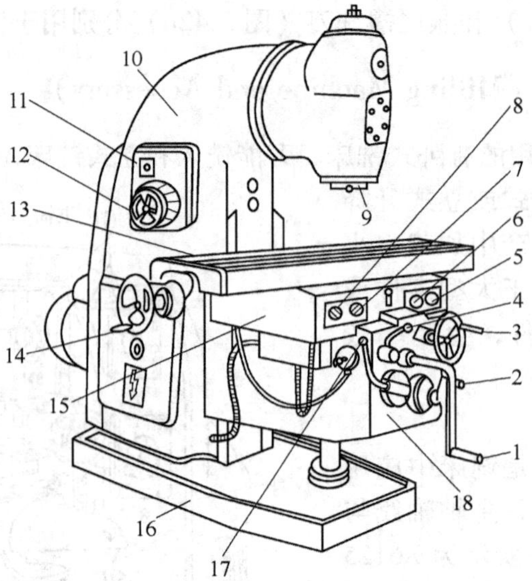

图 2-44　X5030 立式铣床

1—升降手动手柄　2—进给量调整手柄　3—横向手动手轮　4—纵向、横向、垂向自动进给选择手柄　5—机床起动按钮　6—机床总停按钮　7—自动进给换向旋钮　8—切削液泵旋钮开关　9—主轴　10—床身　11—主轴点动按钮　12—主轴变速手轮　13—纵向工作台　14—纵向手动手轮　15—横向工作台　16—底座　17—快动手柄　18—升降台

3. 铣床附件及工件的安装

铣床常用的工件安装方法有平口钳安装（图 2-45a）、压板螺栓安装（图 2-45b）、V 形铁安装（图 2-45c）和分度头顶尖安装（图 2-45d、e、f）等。分度头多用于安装有分度要求的工件。它既可用分度头卡盘（或顶尖）与尾座顶尖一起使用安装轴类零件，也可只使用分度头卡盘安装工件。由于分度头的主轴可以在垂直平面内扳转，因此可利用分度头把工件安装成水平、垂直及倾斜位置。当零件的生产批量较大时，可采用专用夹具或组合夹具安装工件，这样既能提高生产效率，又能保证产品质量。

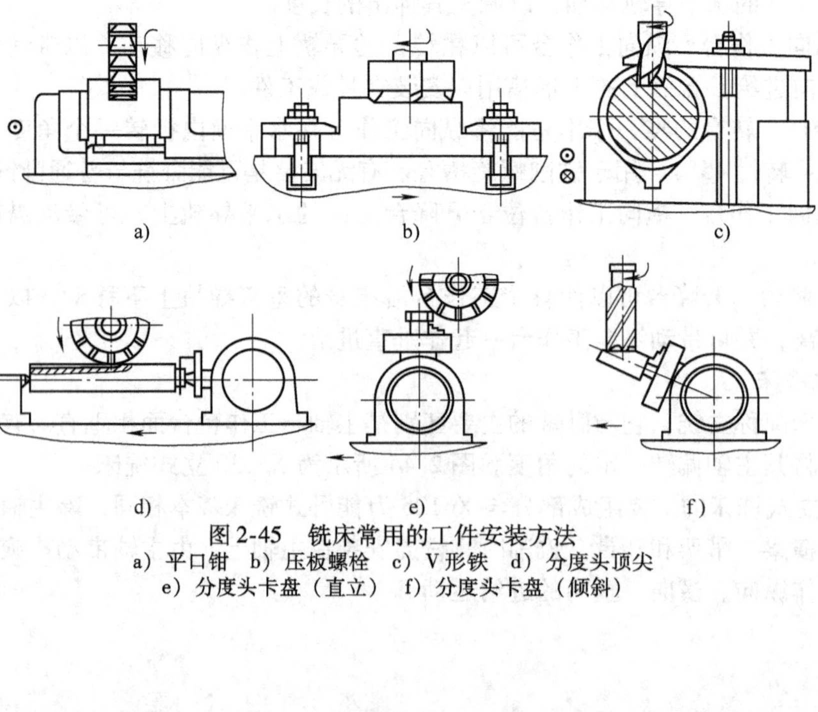

图 2-45　铣床常用的工件安装方法

a）平口钳　b）压板螺栓　c）V 形铁　d）分度头顶尖　e）分度头卡盘（直立）　f）分度头卡盘（倾斜）

2.3.3 铣削的基本工艺（Basic Process of Milling）

1. 铣削加工方式

铣削加工主要是加工平面、沟槽。平面加工既可以用周铣法，也可以用端铣法。

（1）周铣法 周铣法是指用铣刀的圆周刀齿加工平面（包括成形面）的方法，用圆柱铣刀、盘铣刀、立铣刀、成形铣刀等进行的加工，都属于周铣法。

周铣法有逆铣法和顺铣法（图 2-46）。

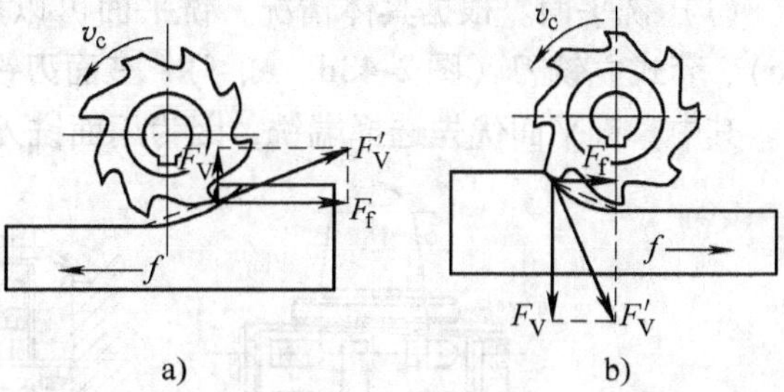

图 2-46 逆铣和顺铣
a）逆铣 b）顺铣

1）逆铣法。在切削部位刀齿的旋转方向与工件的进给方向相反的铣削为逆铣。逆铣时，刀齿较易磨损，并影响已加工表面质量，有可能产生振动，这就要求工件装夹紧固。但当工件表面有硬皮时，采用这种方法，硬皮对刀齿没有直接影响。

2）顺铣法。在切削部位刀齿的旋转方向与工件的进给方向相同的铣削为顺铣。顺铣时，已加工表面质量较高，加工比较平稳。但如果工件表面有硬皮，易打刀，铣刀很易磨损。因此，从保证工件夹持稳固，提高刀具寿命和减小表面粗糙度值等方面考虑，以采用顺铣法为宜。但在生产中仍多采用逆铣法。

（2）端铣法 端铣与周铣不同的是，周铣时铣刀切削刃形成已加工表面，而端铣时铣刀只有刀尖才形成已加工表面，端面切削刃是副切削刃，主要的切削工作由分布在外表面上的主切削刃完成。根据铣刀和工件之间相对位置的不同，端铣可分为对称铣削和不对称铣削（图 2-47）。

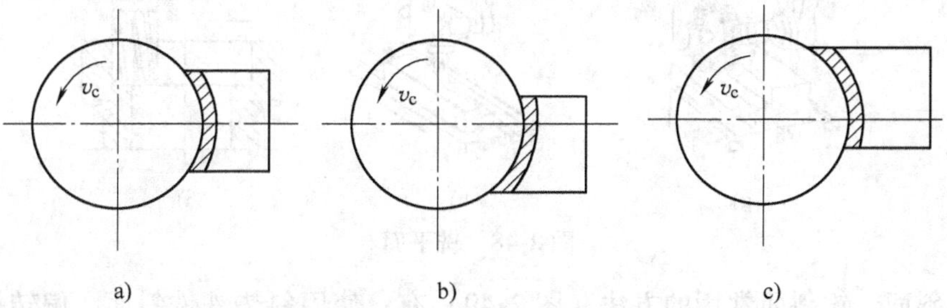

图 2-47 端铣的方式
a）对称铣削 b）不对称逆铣 c）不对称顺铣

对称铣削是指刀齿切入工件与切出工件的切削厚度相同。不对称铣削是指刀齿切入时的切削厚度小于或大于切出时的切削厚度。

（3）周铣法与端铣法的比较

1）端铣的加工质量比周铣好。周铣时，同时参加工作的刀齿一般只有 1 ~ 2 个，而端铣时同时参加工作的刀齿多，切削力变化小，因此，端铣的切削过程比周铣平稳，可达到较小的表面粗糙度值。

2）端铣的生产率比周铣高。面铣刀一般直接安装在铣床的主轴端部，悬伸长度较小，刀具系统的刚性好，可以采用高速铣削，大大地提高了生产率，同时还可以提高已加工表面的质量。

3）周铣的适应性好于端铣。周铣便于使用各种结构形式的铣刀铣削斜面、成形表面、台阶面、各种沟槽和切断等。

2. 铣削加工方法

（1）铣平面。根据具体情况，铣平面可以用面铣刀（图2-48a、b）、圆柱形铣刀（图2-48c）、套式立铣刀（图2-48d、e、f）、三面刃铣刀（图2-48g）和立铣刀（图2-48h、i）来加工。其中，铣平面优先选择端铣，因为用面铣刀铣平面生产率较高，加工表面质量也较好。

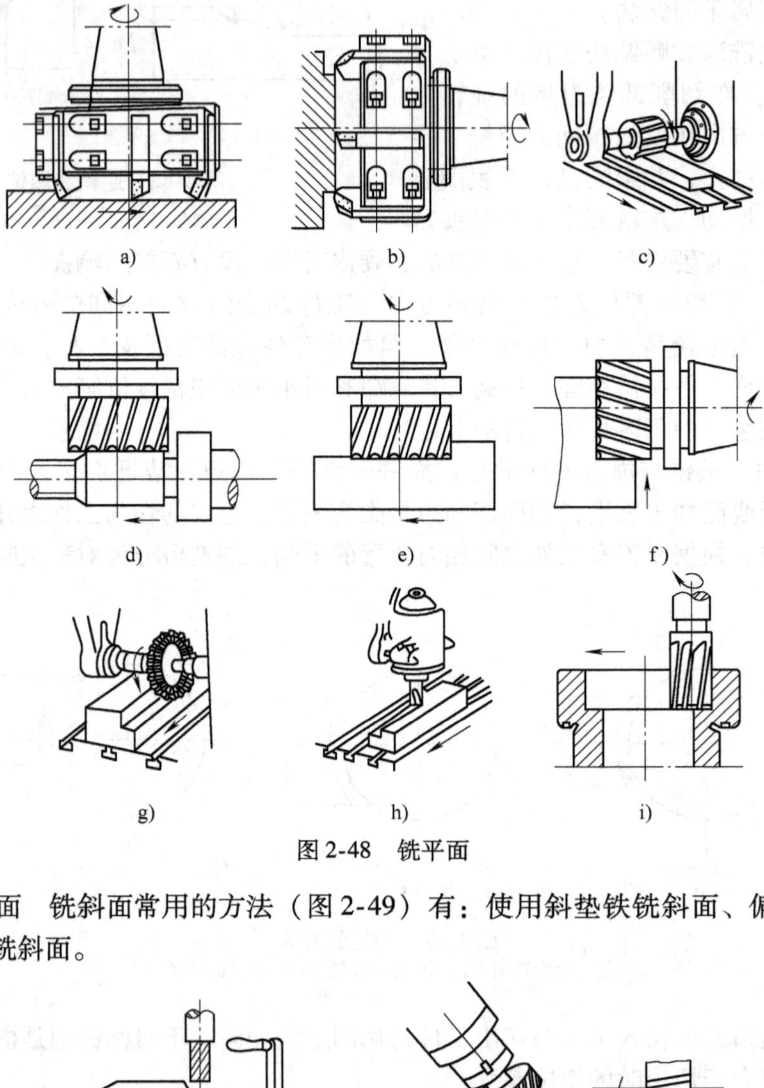

图2-48 铣平面

（2）铣斜面 铣斜面常用的方法（图2-49）有：使用斜垫铁铣斜面、偏转铣刀铣斜面和用角度铣刀铣斜面。

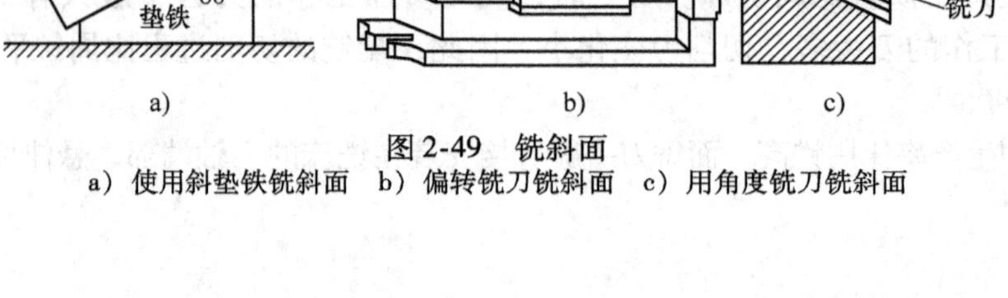

图2-49 铣斜面

a）使用斜垫铁铣斜面 b）偏转铣刀铣斜面 c）用角度铣刀铣斜面

(3) 铣沟槽　铣沟槽时，根据沟槽形状可分别在卧式铣床或立式铣床上用相应的沟槽铣刀进行铣削（图 2-50）。在铣燕尾槽和 T 形槽之前，应先铣出宽度合适的直槽。

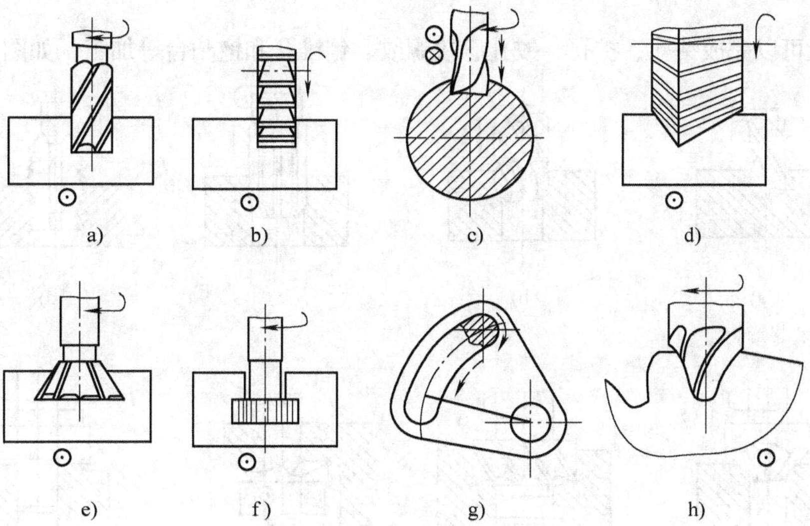

图 2-50　铣沟槽

a）立铣刀铣直槽　b）三面刃铣刀铣直槽　c）键槽铣刀铣键槽　d）铣角度槽　e）铣燕尾槽　f）铣 T 形槽　g）在圆形工作台上用立铣刀铣圆弧槽　h）指形齿轮铣刀铣齿槽

(4) 铣齿轮　齿轮的铣削加工属于成形法加工，它只用于单件小批量生产。铣削低精度齿轮的齿时，工件装夹在分度头上，根据齿轮的模数和齿数的不同选择相应的齿轮铣刀来加工。每铣完一个齿槽之后再铣另一个齿槽，直到铣完为止。

2.3.4　铣削的工艺特点（Process Characteristics of Milling）

1）生产率高。铣刀是多刀齿刀具，铣削时有较多的刀齿参加切削，参与切削的切削刃较长，总的切削面积较刨削时大，而且主运动是连续的旋转运动，有利于采用高速切削，因此铣平面比刨平面有较高的生产率。

2）铣刀刀齿散热条件好。铣刀刀齿在切离工件的一段时间内，可以得到一定的冷却，散热条件好。

3）铣削过程不平稳。铣削过程中，铣刀的刀齿切入和切出时产生冲击，同时参加工作的刀齿数的增减以及每个刀齿切削厚度的变化，都将引起切削面积和切削力的变化，从而使得铣削过程不平稳。铣削过程的不平稳，限制了铣削加工质量和生产率的进一步提高。

4）铣床加工范围广，可加工各种平面、沟槽和成形面。

2.4　钻削、铰削加工（Drilling and Reaming）

2.4.1　钻孔（Hole Drilling）

钻孔是用钻头在工件的实体部位加工孔的工艺过程。钻孔可以在钻床、车床或镗床上进行，也可以在铣床上进行。

在车床上钻孔时，工件旋转，钻头纵向进给，如图 2-34 所示。在钻床上钻孔时，工件固定不动，钻头旋转（主运动）并作轴向移动（进给运动）。钻孔尺寸的公差等级可达IT10，表面粗糙度值为 $Ra12.5\mu m$，作为孔的粗加工或要求不高孔的终加工。

1. 钻床

在钻床上可以完成钻孔、扩孔、铰孔、攻螺纹、锪锥孔和锪凸台等加工，如图 2-51 所示。

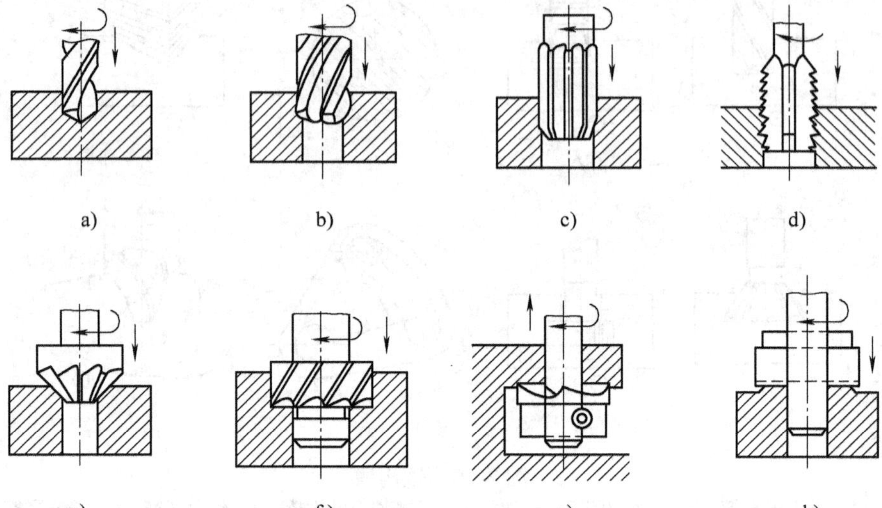

图 2-51 钻床工作

a）钻孔 b）扩孔 c）铰孔 d）攻螺纹 e）锪锥孔 f）锪柱孔 g）反锪沉坑 h）锪凸台

钻床的种类很多，常用的有台式钻床、立式钻床和摇臂钻床等。

2. 钻孔用的刀具

钻头是钻孔用的刀具。常见的孔加工刀具有麻花钻、中心钻、锪钻和深孔钻等，其中应用最广泛的是麻花钻。钻头大多用高速钢制成，经过淬火和回火处理，其工作部分硬度达62HRC 以上。麻花钻由工作部分、颈部和尾部组成，如图 2-52 所示。

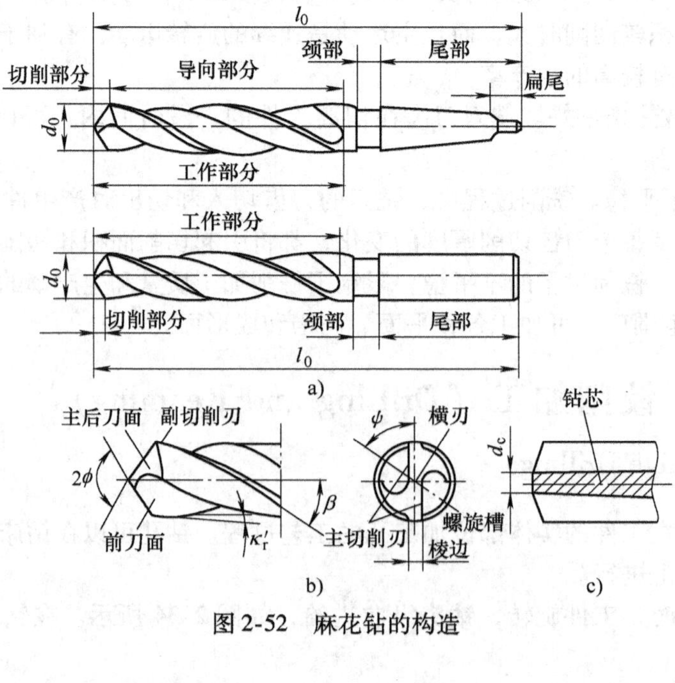

图 2-52 麻花钻的构造

3. 钻孔的工艺特点

（1）容易产生引偏　引偏是孔径扩大或孔轴线偏移和不直的现象。由于钻头横刃定心不准，钻头刚性和导向作用较差，切入时钻头易偏移、弯曲。在钻床上钻孔易引起孔的轴线偏移和不直；在车床上钻孔易引起孔径扩大（图2-53）。

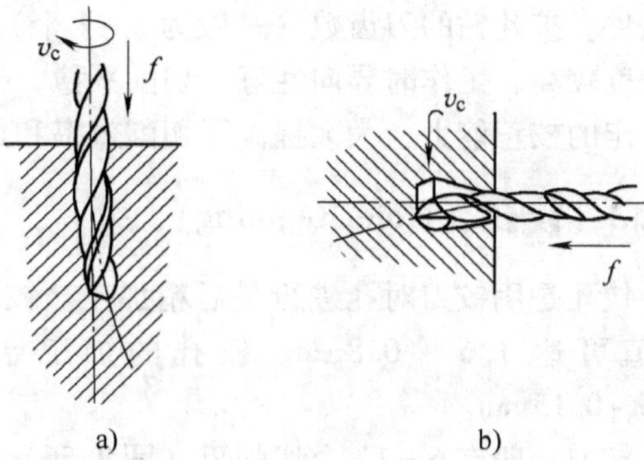

图2-53　钻孔引偏
a）在钻床上钻孔　b）在车床上钻孔

（2）排屑困难　钻孔的切屑较宽，容屑槽尺寸又受到限制，切屑在孔内被迫卷成螺旋状，流出时与孔壁发生剧烈摩擦，挤压、拉毛和刮伤已加工表面，降低已加工表面质量；有时切屑可能会阻塞在钻头的容屑槽中，甚至会卡死或折断钻头。为了改善排屑条件，可在钻头上修出分屑槽，将宽的切屑分成窄条，以利于排屑。当钻深孔时，应采用合适的深孔钻。

（3）切削温度高、刀具磨损快　切削时产生的切削热多，且钻削为半封闭切削，切屑不易排出，切削热不易传出，切削液难以注入到切削区，切屑、刀具和工件之间的摩擦剧烈，使切削区温度很高，致使刀具磨损加快，限制了钻削用量和生产效率的提高。

在实际生产中，为了提高孔的加工精度，可采取如下措施：仔细刃磨钻头，使两个切削刃的长度相等和顶角对称，从而使径向切削力互相抵消，减少钻孔时的歪斜；在钻头上修磨出分屑槽，将宽的切屑分成窄条，以利于排屑；用顶角 $2\phi = 90° \sim 100°$ 的短钻头，预钻一个锥形坑，可以起到钻孔时的定心作用（图2-54a）；用钻模为钻头导向，可减少钻孔开始时的引偏，特别是在斜面或曲面上钻孔时更有必要（图2-54b）。

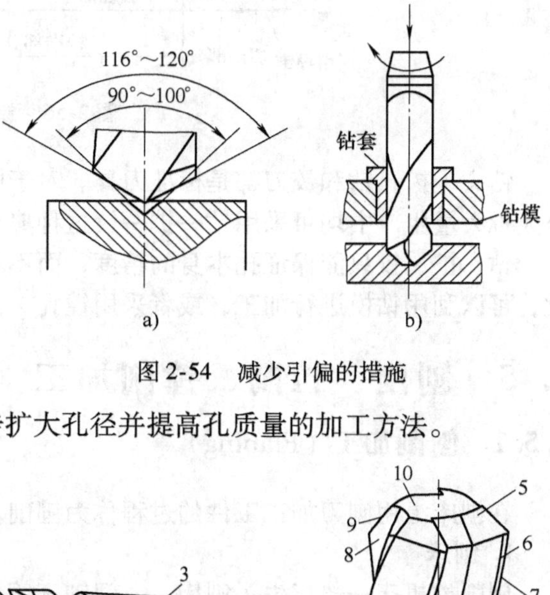

图2-54　减少引偏的措施

2.4.2 扩孔（Hole Expanding）

扩孔是用扩孔钻对工件上已有的孔进一步扩大孔径并提高孔质量的加工方法。

扩孔加工一般尺寸公差等级可达 IT10 ~ IT9，表面粗糙度 Ra 值为 6.3 ~ 3.2μm。对技术要求不太高的孔，扩孔可作为终加工；对精度要求高的孔，扩孔常作为铰孔前的预加工。由于是在已有孔上扩孔加工，切削量小，进给量大，生产率较高。

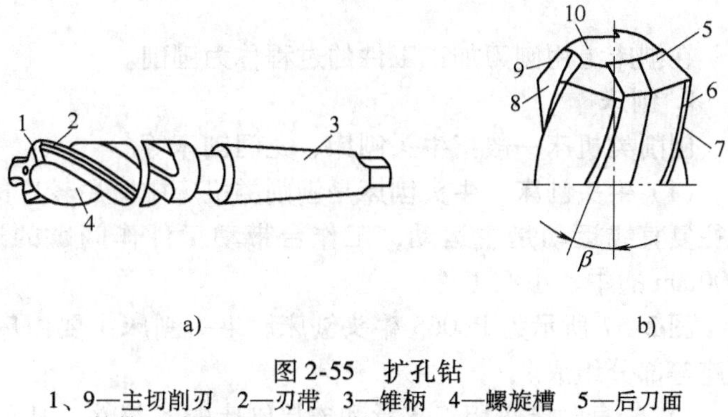

图2-55　扩孔钻
1、9—主切削刃　2—刃带　3—锥柄　4—螺旋槽　5—后刀面　6—棱带（副后刀面）　7—副切削刃　8—前刀面　10—钻芯

扩孔可在钻床、车床或镗床上进行。扩孔钻（图2-55）直径

范围为10~80mm，与麻花钻相比，扩孔钻切削部分无横刃，切削时轴向力较小，改善了切削条件。扩孔钻的刀齿数（一般为3~4个）和棱边比麻花钻多，排屑槽浅，扩孔钻的强度和刚度较高，工作时导向性好，切削平稳，扩孔加工的质量比钻孔高。扩孔对孔的形状误差有一定的校正能力，大大提高了切削效率和加工质量，是一种孔的半精加工方法。

2.4.3 铰孔（Hole Reaming）

铰孔是用铰刀对孔进行最后精加工。铰孔的尺寸公差等级可达IT7~IT6，表面粗糙度 Ra 值可达1.6~0.8μm。铰孔的加工余量很小，粗铰为0.15~0.25mm，精铰为0.05~0.15mm。

铰刀一般有6~12个切削刃（图2-56），制造精度高；铰刀具有修光部分，其作用是校准孔径、修光孔壁；铰刀容屑槽小，芯部直径大，刚度好。铰孔时的加工余量小，切削力较小，铰孔时的切削速度较低（v_c=1.5~10m/min），产生的切削热较少，因此工件的受力变形和受热变形小，可避免积屑瘤的不利影响，使得铰孔质量比较高。

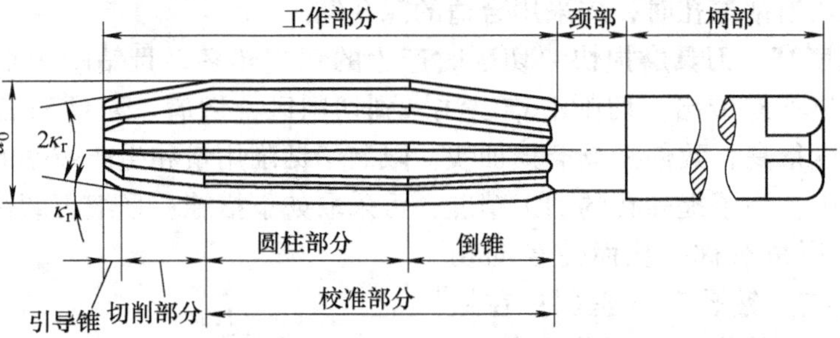

图2-56 铰刀的结构

钻头、扩孔钻和铰刀都是标准刀具。对于中等尺寸以下较精密的标准孔，在单件小批乃至大批大量生产中均可采用钻—扩—铰这种典型加工方案进行加工，非常方便。

钻、扩、铰只能保证孔本身的精度，而不易保证孔与孔之间的尺寸精度及位置精度。为此，可以利用钻模进行加工，或者采用镗孔。

2.5 刨削、拉削、镗削加工（Planing，Broaching and Boring）

2.5.1 刨削加工（Planing）

在刨床上用刨刀加工工件的过程称为刨削。

1. 刨床

刨削类机床一般指牛头刨床、龙门刨床等。

（1）牛头刨床 牛头刨床是刨削类机床中应用较广的一种。在牛头刨床上刨削时，刨刀的往复直线运动是主运动，工作台带动工件作间歇的进给运动。它适宜刨削长度不超过1000mm的中、小型工件。

图2-57所示为B6065牛头刨床。牛头刨床主要由床身、滑枕、刀架、工作台、横梁和底座等部分组成。

1）床身。床身用于支承和连接刨床的各部件。其顶面导轨供滑枕往复运动用，侧面导轨供工作台升降用。床身的内部装有传动机构。

2）滑枕。滑枕主要用来带动刨刀作直线往复运动（即主运动），其前端装有刀架。滑枕往复运动的快慢、行程的长短和位置均可根据加工位置进行调整。

3）刀架。刀架（图2-58）用于夹持刨刀。摇动刀架手柄时，滑板便可沿转盘上的导轨带动刨刀上下移动。松开转盘上的螺母，将转盘扳转一定角度后，可使刀架斜向进给。滑板上还装有可偏转的刀座（又称刀盒、刀箱）。刀座上装有抬刀板，刨刀随刀夹安装在抬刀板上，在刨刀的返回行程时，刨刀随抬刀板绕A轴向上抬起，以减少刨刀与工件的摩擦。

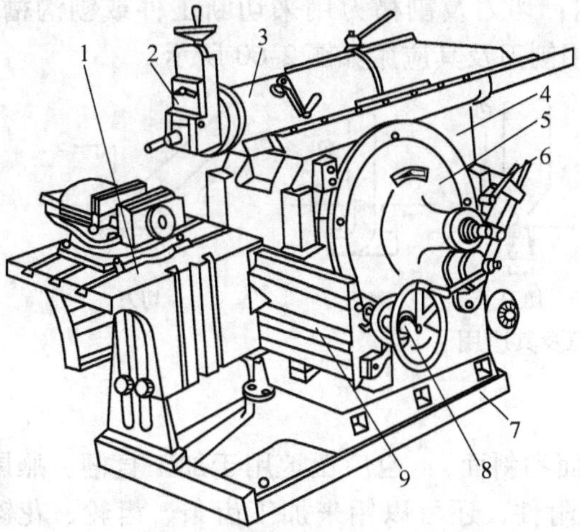

图2-57 B6065牛头刨床

1—工作台 2—刀架 3—滑枕 4—床身 5—摆杆机构 6—变速机构 7—底座 8—进刀机构 9—横梁

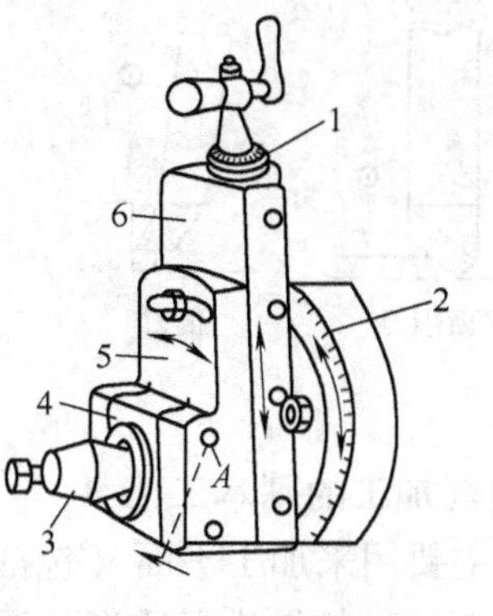

图2-58 牛头刨床刀架

1—刻度盘 2—转盘 3—刀夹 4—抬刀板 5—刀座 6—滑板

4）工作台。工作台用于安装工件，它可随横梁作上下调整，并可沿横梁作水平方向移动，实现间歇进给运动。

5）底座。底座支承床身，并通过地脚螺栓与地基相连。

（2）龙门刨床 龙门刨床（图2-59）因有一个“龙门”式框架而得名。

在龙门刨床上刨削时，工件随工作台作的往复直线运动是主运动，刨刀作间歇的进给运动。横梁上的刀架沿横梁导轨水平间歇移动，以刨削工件的水平面；在立柱上的侧刀架，可沿立柱导轨垂直间歇移动，以刨削工件的垂直面；刀架还能绕转盘转动一定角度刨削斜面。横梁还可沿立柱导轨上、下升降，以调整刀具与工件的相对位置。刨削时要调整好横梁的位置和工作台的行程长度。龙门刨床主要用于加工大型零件上的大平面或长而窄的

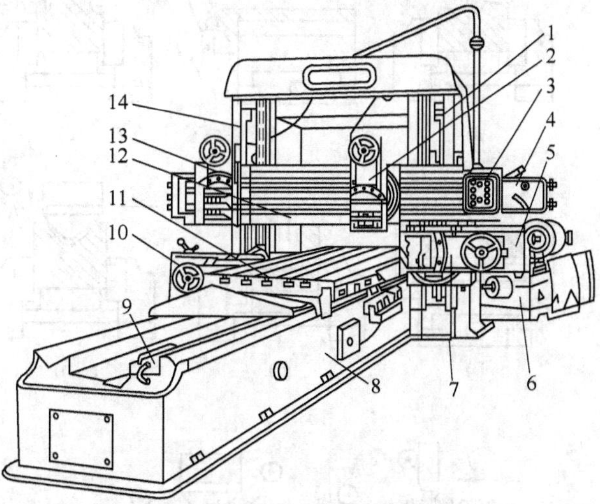

图2-59 龙门刨床

1—右立柱 2—右垂直刀架 3—悬挂按钮站 4—垂直刀架进刀箱 5—右侧刀架进刀箱 6—工作台减速箱 7—右侧刀架 8—床身 9—液压安全器 10—左侧刀架进刀箱 11—工作台 12—横梁 13—左垂直刀架 14—左立柱

平面，也常用于同时加工多个中、小型零件的平面。

龙门刨床与牛头刨床相比，具有形体大、结构复杂、动力大、刚性好、传动平稳、工作行程长、操作方便、适应性强和加工精度高等特点。

有的龙门刨床附有铣头、磨头等部件，以使工件在一次安装中能完成刨、铣、磨等工作，这种机床又称龙门铣刨床或龙门铣磨刨床。

2. 刨刀

刨刀的种类很多，其中平面刨刀用来刨平面；偏刀用来刨垂直面或斜面；角度偏刀用来刨燕尾槽和角度；弯切刀用来刨 T 形槽及侧面槽；切刀及割槽刀用来切断工件或刨沟槽。此外，还有成形刀，用来刨特殊形状的表面。常用刨刀及其应用如图 2-60 所示。

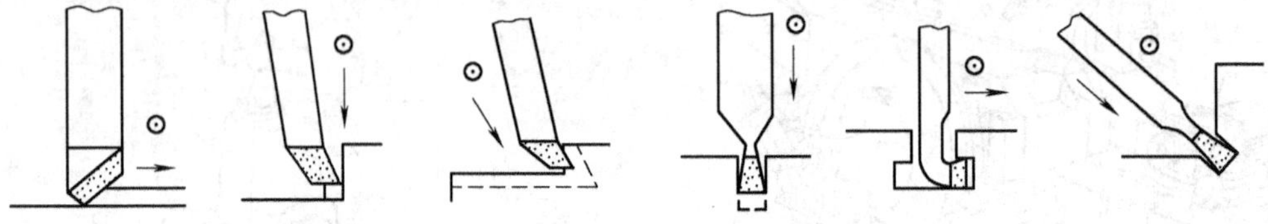

图 2-60 常用刨刀及其应用

3. 刨削加工的基本工艺

刨削主要用来加工平面（包括水平面、垂直面和斜面），也广泛地用于加工直槽、燕尾槽和 T 形槽等。如果进行适当的调整和增加某些附件，还可以用来加工齿条、齿轮、花键和母线为直线的成形面等。刨削的主要工艺如图 2-61 所示。

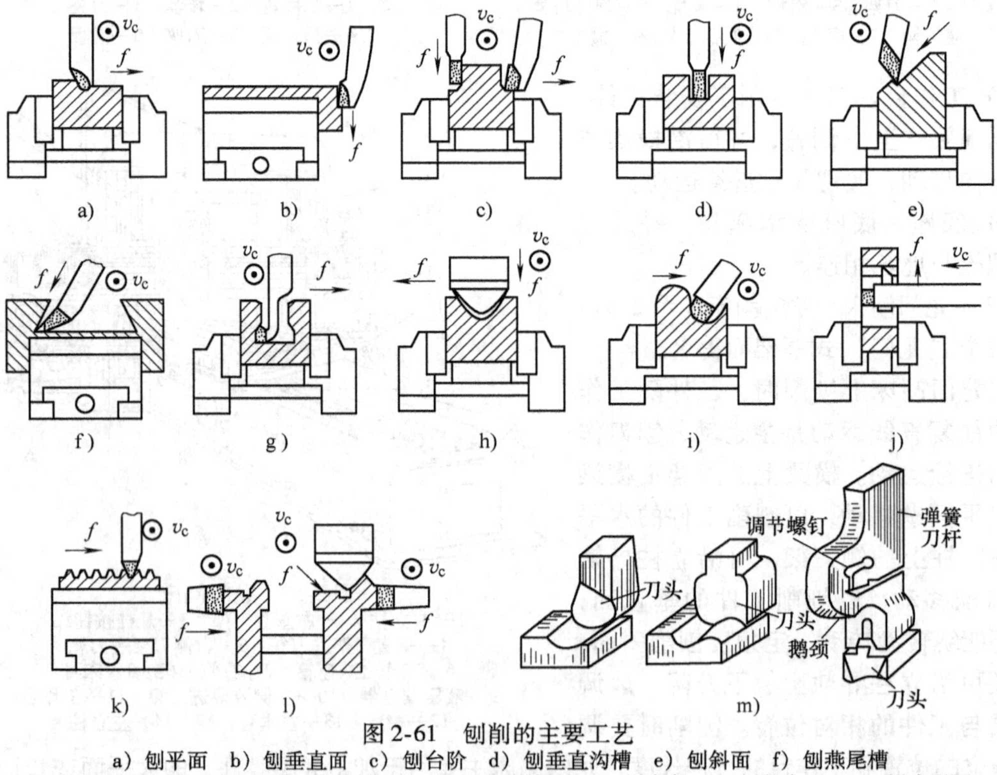

图 2-61 刨削的主要工艺

a）刨平面 b）刨垂直面 c）刨台阶 d）刨垂直沟槽 e）刨斜面 f）刨燕尾槽 g）刨 T 形槽 h）刨 V 形槽 i）刨曲面 j）刨内孔键槽 k）刨齿条 l）刨复合面 m）刨成形面

4. 刨削加工的特点

（1）成本低　刨床结构简单，调整操作方便。刨刀为单刃刀具，制造方便，容易刃磨，价格低。

（2）适应性广　刨削可以适应多种表面的加工，如平面、V 形槽、燕尾槽、T 形槽及成形表面等。在刨床上加工床身、箱体等平面，易于保证各表面之间的位置精度。

（3）生产率较低　因为刨削的主运动是往复直线运动，回程时不切削，加工是不连续的，增加了辅助时间。同时，采用单刃刨刀进行加工时，刨刀在切入、切出时产生较大的冲击、振动，限制了切削用量的提高。因此，刨削生产率低于铣削，一般用在单件小批或修配生产中。但是，当加工狭长平面（如导轨、长直槽）时，由于减少了进给次数，或在龙门刨床上采用多工件、多刨刀刨削时，刨削生产率可能高于铣削。

（4）加工质量较低　精刨平面的尺寸公差等级一般可达 IT9 ~ IT8，表面粗糙度 *Ra* 值为 6.3 ~ 1.6μm，刨削的直线度较高，可达 0.04 ~ 0.08mm/m。

2.5.2　插削加工（Slotting）

插床实际上是一种立式的刨床（图 2-62），它的结构原理与牛头刨床属于同一类型，只是在结构形式上略有区别。插床的滑枕带动刀具在垂直方向上下往复移动为主运动。工作台由下滑板、上滑板及圆工作台三部分组成。下滑板可作横向进给，上滑板可作纵向进给，圆工作台可带动工件回转。

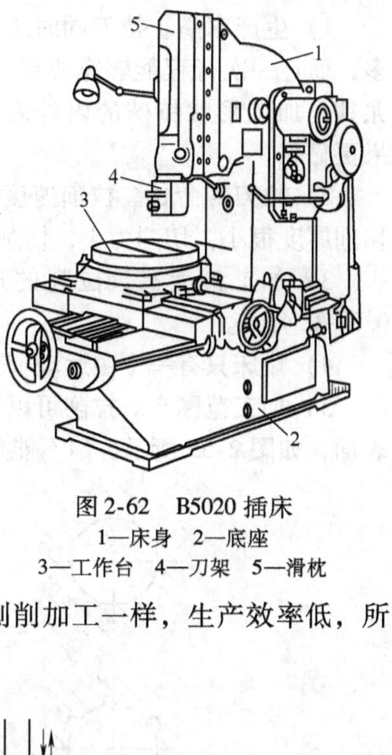

图 2-62　B5020 插床
1—床身　2—底座
3—工作台　4—刀架　5—滑枕

在插床上插削主要应用于加工各种零件内外直线型面，如带轮、齿轮、蜗轮等零件上的键槽、花键槽等，也可以加工多边形孔。在插床上插削方孔和孔内键槽的方法如图 2-63 所示。

插床上多用自定心卡盘、单动卡盘和插床分度头等安装工件，也可用平口钳和压板螺栓安装工件。

插削生产率低，一般用于工具车间、机修车间和单件小批量生产中。

插削的表面粗糙度 *Ra* 值为 6.3 ~ 1.6μm。由于插削与刨削加工一样，生产效率低，所以主要用于单件小批量生产和修配加工。

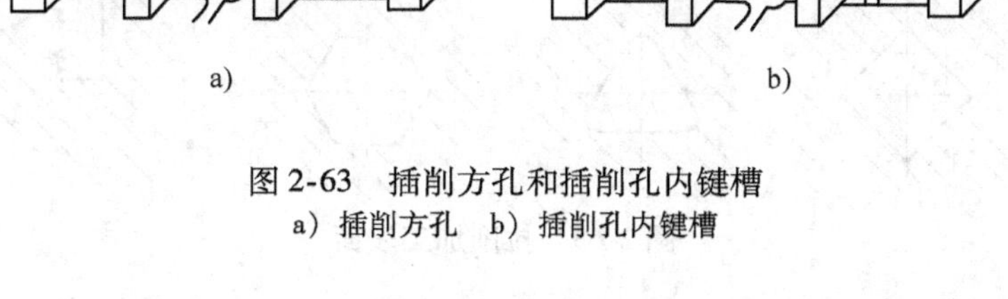

图 2-63　插削方孔和插削孔内键槽
a）插削方孔　b）插削孔内键槽

2.5.3 拉削加工（Broaching）

拉削加工是在拉床上用拉刀加工工件的内表面或外表面的工艺方法。拉削时，拉刀的直线移动是主运动。拉削无进给运动，其进给运动是靠拉刀的每齿升高来实现的，所以拉削可以看做是按高低顺序排列的多把刨刀进行的刨削过程。

1. 拉刀

拉刀是一种多刃的专用工具，结构复杂。一把拉刀只能加工一种形状和尺寸规格的表面，根据工件的加工面及截面形状不同，拉刀有各种形式，如图2-64所示。

拉孔时，工件通常不夹持，但必须有经过半精加工的预孔，以便拉刀穿过。

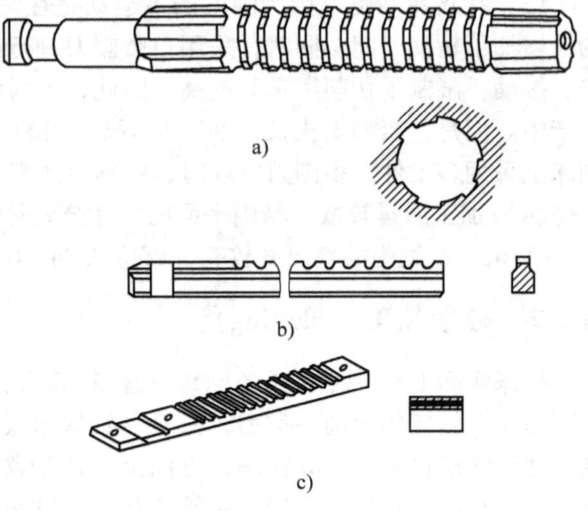

图2-64　拉刀

2. 拉削的工艺特点

1）生产率高。拉刀同时工作的刀齿多，而且一次行程能够完成粗、精加工。尤其是加工形状特殊的内外表面时，效果更显著。

2）拉刀寿命长。拉削速度低，每齿切削厚度很小，切削力小，切削热也少，刀具磨损慢，寿命长。

3）加工精度高。拉削的尺寸公差等级一般可达IT8～IT7，表面粗糙度 Ra 值为0.8～0.4μm。

4）拉床只有一个主运动（直线运动），结构简单，操作方便。

5）加工范围广。拉削可以加工圆形及其他形状复杂的通孔、平面及其他没有障碍的外表面，如图2-65所示，但不能加工台阶孔、不通孔和薄壁孔。

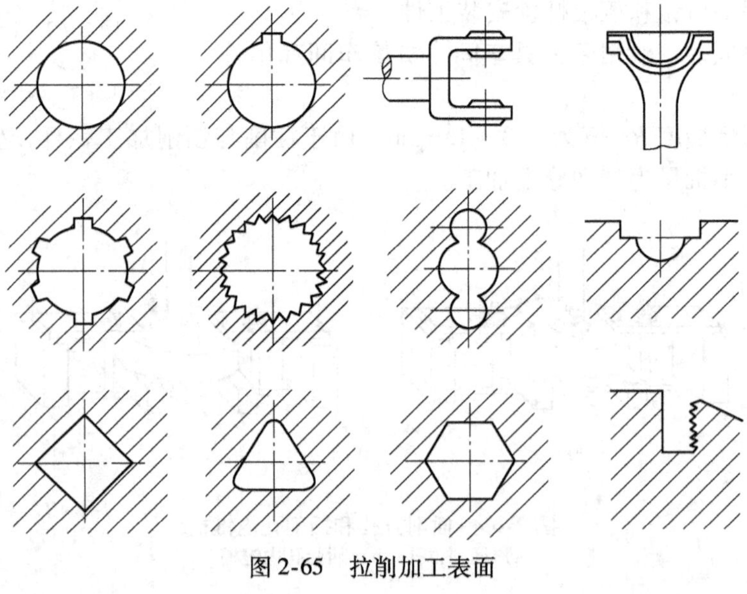

图2-65　拉削加工表面

6）拉刀成本高，刃磨复杂，而且一把拉刀只适宜加工一种规格尺寸的孔或键槽，因此一般只用于大批量生产。

2.5.4　镗削加工（Boring）

镗削是在大型工件或形状复杂的工件上加工孔及孔系的基本方法。对于直径较大的孔、内成形面或孔内环槽等，镗削是唯一合适的加工方法。其优点是能加工大直径的孔，而且能修正上一道工序形成的轴线歪斜的缺陷。

镗孔的质量（主要指几何精度）主要取决于机床精度，镗床上镗孔精度可达 IT7 级，表面粗糙度 Ra 值为 0.8 ~ 0.1μm。由于镗床与镗刀的调整复杂，技术要求高，生产率较低。在大批量生产中为提高生产率并保证加工质量，通常使用镗模。

镗削可以在镗床、车床及钻床上进行。卧式镗床用于箱体、机架类零件上的孔或孔系的加工；钻床或铣床用于单件小批生产；车床用于回转体零件上轴线与回转体轴线重合的孔的加工。

1. 镗床

镗床按结构和用途不同分为卧式镗床、坐标镗床、金刚镗床及其他镗床。其中卧式镗床应用最广泛。

图 2-66 所示为卧式镗床，它由床身、前立柱、后立柱、主轴箱、主轴、平旋盘、工作台、上滑板、下滑板和尾座等部件组成。加工时，刀具装在主轴上或平旋盘的径向刀架上，从主轴箱处获得各种转速和进给量。主轴箱可沿前立柱上下移动实现垂直进给。工件装在工作台上，与工作台一起随下滑板沿床身导轨作纵向移动或随上滑板沿下滑板上导轨作横向移动。此外，工作台还能绕上滑板上的圆形导轨在水平面内转一定的角度。

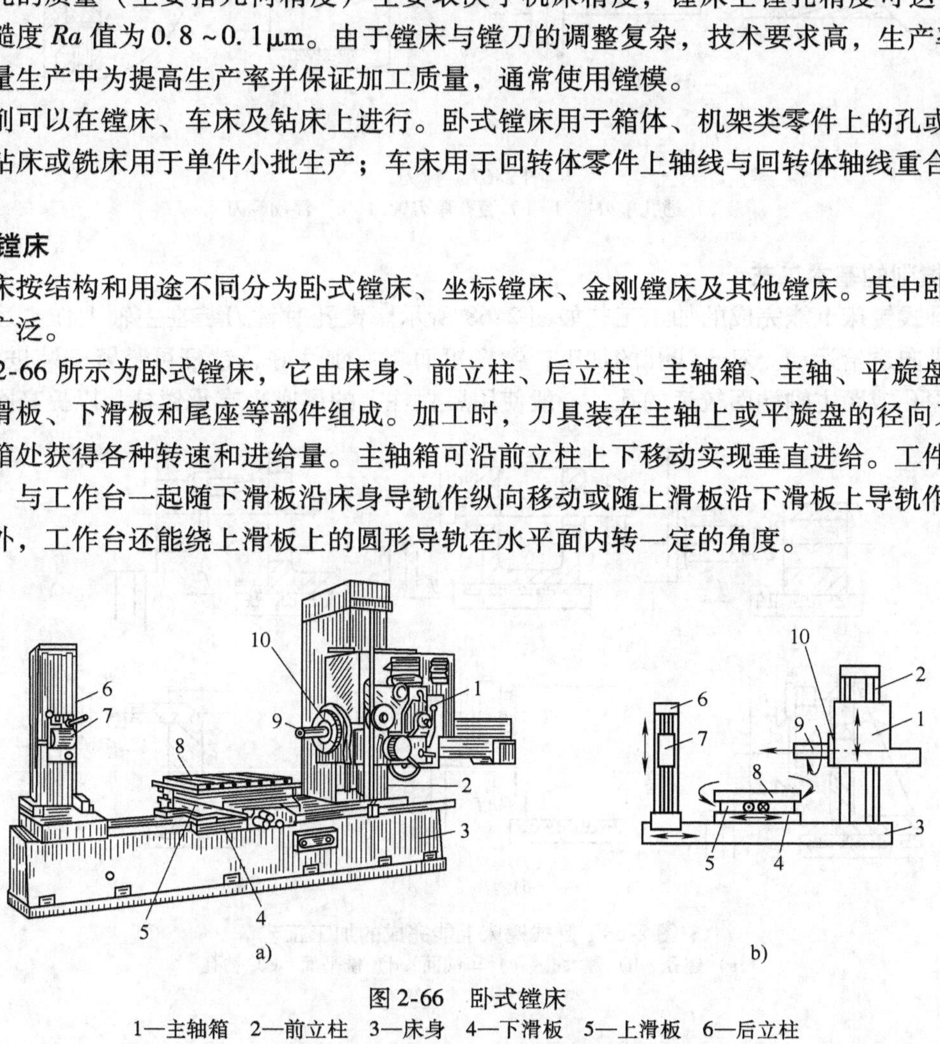

图 2-66　卧式镗床
1—主轴箱　2—前立柱　3—床身　4—下滑板　5—上滑板　6—后立柱
7—尾座　8—工作台　9—主轴　10—平旋盘

2. 镗刀

镗刀主要分单刃镗刀和浮动式镗刀，如图 2-67 所示。一把镗刀可以加工出不同尺寸的孔，而且可以保证孔中心线的准确位置及相互位置精度。镗孔的生产率低，要求较高的操作技术，这是因为镗孔的尺寸精度要依靠调整刀具位置来保证。在成批生产中通常采用专用镗床，孔与孔之间的位置精度靠镗模的精度来保证。一般镗孔的尺寸公差等级为 IT8 ~ IT7，表

面粗糙度 Ra 值为 1.6～0.8μm；精细镗时，尺寸公差等级可达 IT7～IT6，表面粗糙度 Ra 值为 0.8～0.2μm。镗孔主要用于加工机座、箱体、支架等大型零件上孔径较大、尺寸精度和位置精度要求高的孔系。

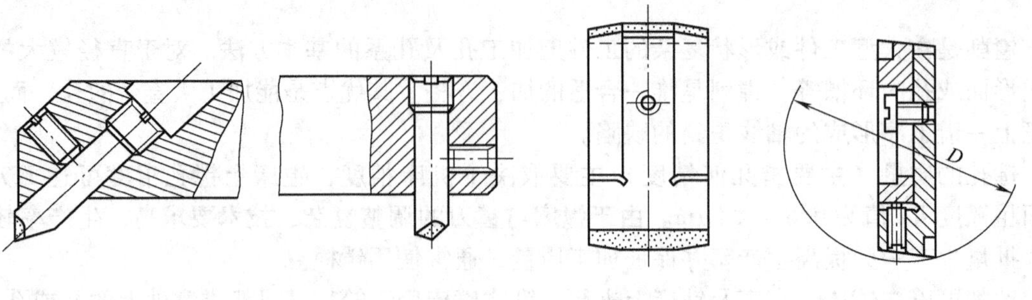

图 2-67 镗刀
a）通孔单刃镗刀 b）盲孔单刃镗刀 c）浮动镗刀

3. 镗削的基本工艺

在卧式镗床上能完成的加工工艺如图 2-68 所示。镗孔时镗刀装在主轴上作主运动，工作台作纵向进给运动。对于浅孔的加工，镗杆短而粗，刚性好，镗杆可悬臂安装进行加工；若加工深孔或距主轴端面较远的孔，一般使用后立柱上的尾座来支承镗杆，以提高刚度。

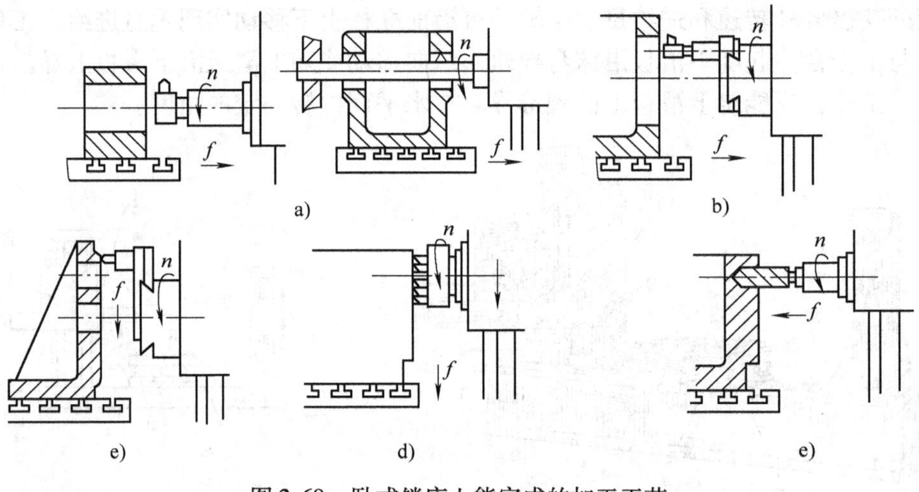

图 2-68 卧式镗床上能完成的加工工艺
a）镗孔 b）镗大孔 c）车端面 d）铣平面 e）钻孔

2.6 磨削加工（Grinding）

磨削是用带有磨粒的工具（砂轮、砂带、油石等）对工件进行加工的方法。磨削可达到很高的加工精度和低的表面粗糙度值。磨削既能加工一般金属材料，又能加工各种难以切削的硬材料，如淬火钢。

磨削主要用于零件的内外圆柱面、内外圆锥面、平面及成形表面（如花键、螺纹、齿轮等）的精加工。几种常见的磨削加工形式如图 2-69 所示。

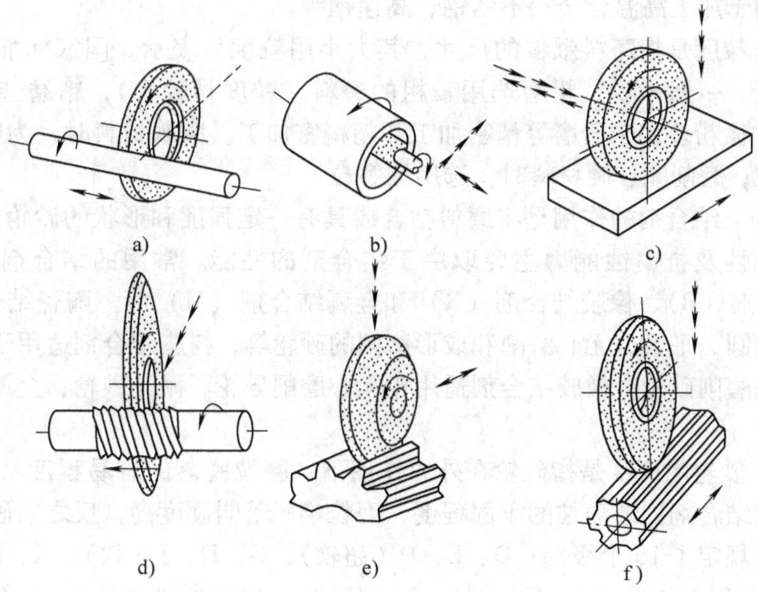

图 2-69 磨削加工形式
a）磨外圆 b）磨内圆 c）磨平面 d）磨螺纹 e）磨齿轮齿形 f）磨花键

2.6.1 磨具（Abrasive Tool）

磨具主要有砂轮、油石、磨头、砂瓦、砂布、砂纸、砂带、研磨膏等。最重要的磨削工具是砂轮。

1. 砂轮

砂轮是由细小而坚硬的磨料加结合剂用烧结的方法制成的疏松的多孔体（图 2-70）。砂轮表面上杂乱地排列着许多磨粒，磨粒的每一个棱角都相当于一个切削刃，整个砂轮相当于一把具有无数切削刃的铣刀，磨削时砂轮高速旋转，切下粉末状切屑。

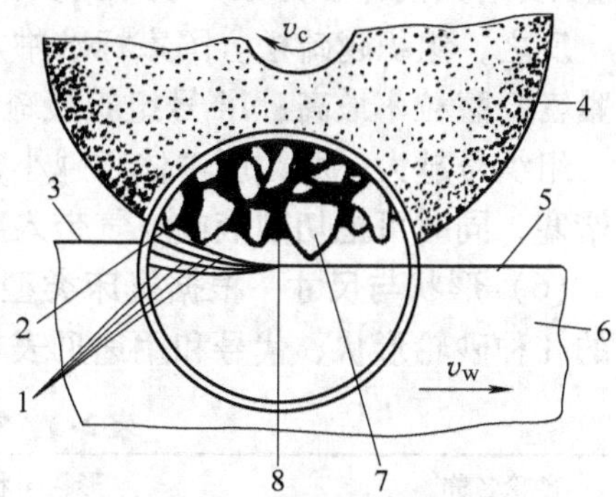

图 2-70 磨削原理示意图
1—过渡表面 2—空隙 3—待加工表面 4—砂轮 5—已加工表面 6—工件 7—磨粒 8—结合剂

砂轮的特性主要由磨料、粒度、结合剂、硬度、组织及形状尺寸等因素决定。

（1）磨料 磨料是制造磨具的主要原料，直接担负着切削工作。它必须具有高的硬度以及良好的耐热性，并具有一定的韧性。

目前常用的磨料有刚玉类、碳化硅类和高硬磨料类。

1）刚玉类（Al_2O_3）。棕刚玉（A）用于加工硬度较低的弹塑性材料，如中、低碳钢和低合金钢等；白刚玉（WA）用于加工硬度较高的弹塑性材料，如高碳钢、高速钢和淬硬钢等。

2）碳化硅类（SiC）。黑碳化硅（C）用于加工硬度较低的脆性材料，如铸铁等；绿碳化硅（GC）用于加工高硬度的脆性材料，如硬质合金、宝石、陶瓷和玻璃等。

3）高硬磨料类。人造金刚石（SD）用于加工硬质合金、宝石、玻璃、硅片等；立方氮化硼（CBN）用于加工高温合金、不锈钢、高速钢等。

（2）粒度　粒度是指磨料颗粒的尺寸，其大小用粒度号表示。国家标准规定了磨料和微粉两种粒度号。一般来说，粗磨选用较粗的磨料（粒度号较小），精磨选用较细的磨料（粒度号较大）；微粉多用于研磨等精密加工和超精密加工。磨软材料时，为防止砂轮堵塞，一般选用粗磨粒；磨削脆、硬材料时，选用细磨粒。

（3）结合剂　结合剂的作用是将磨料粘合成具有一定强度和形状的砂轮。砂轮的强度、抗冲击性、耐热性及抗腐蚀能力主要取决于结合剂的性能。常用的结合剂有陶瓷结合剂（V）、树脂结合剂（B）、橡胶结合剂（R）和金属结合剂（M）等。陶瓷结合剂应用最广，适用于外圆、内圆、平面、无心磨削和成形磨削的砂轮等；树脂结合剂适用于切断和开槽的薄片砂轮及高速磨削砂轮；橡胶结合剂适用于无心磨削导轮、抛光砂轮；金属结合剂适用于金刚石砂轮等。

（4）硬度　砂轮的硬度是指砂轮在外力作用下，磨粒脱落的难易程度（又称结合度）。磨具的硬度反映结合剂固结磨粒的牢固程度，磨粒难脱落叫硬度高，反之叫硬度低。国家标准中对磨具硬度规定了16个级别：D、E、F（超软），G、H、J（软），K、L（中软），M、N（中）、P、Q、R（中硬），S、T（硬），Y（超硬）。普通磨削常用G～N级硬度的砂轮。

工件材料越硬，应选用越软的砂轮；工件与砂轮接触面积大，工件的导热性差时，选用较软的砂轮；精磨或成形磨削，选用较硬的砂轮；粗磨时应选用较软的砂轮。

（5）组织　磨具的组织指磨具中磨粒、结合剂、气孔三者体积的比例关系，以磨粒率（磨粒占磨具的体积分数）表示磨具的组织号。磨料所占的体积分数越大，砂轮的组织越紧密；反之，组织越疏松。国家标准中规定了15个组织号：0，1，2，…，13，14。0号组织最紧密，磨粒率最高；14号组织最疏松，磨粒率最低。普通磨削常用4～7号组织的砂轮。

组织号越大，磨粒所占体积越小，表明砂轮越疏松。这样，气孔就越多，砂轮不易被切屑堵塞，同时可把切削液或空气带入磨削区，使散热条件改善。

（6）形状与尺寸　根据机床类型和加工需要，磨具被制成各种标准的形状和尺寸。常用的几种砂轮形状、代号和用途见表2-3。

表2-3　常用砂轮的形状、代号和用途

砂轮名称	形　状	代　号	用　途
平形砂轮	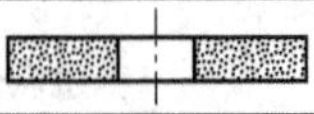	P	磨削外圆、内圆、平面，并用于无心磨削
双斜边砂轮	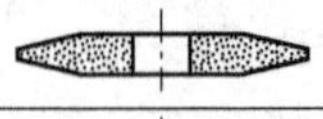	PSX	磨削齿轮的齿形和螺线
筒形砂轮	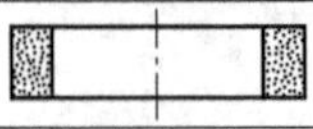	N	立轴端面平磨
杯形砂轮	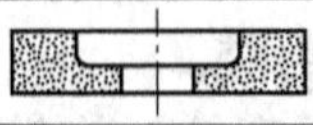	B	磨削平面、内圆及刃磨刀具
碗形砂轮	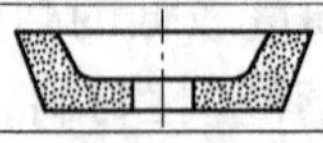	BW	刃磨刀具，并用于导轨磨
碟形砂轮	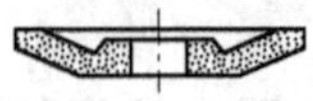	D	磨削铣刀、铰刀、拉刀及齿轮的齿形
薄片砂轮	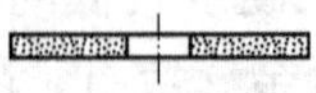	PB	切断和切槽

（7）砂轮标记　砂轮标记的书写顺序是形状代号、尺寸、磨料、粒度号、硬度、组织号、结合剂和允许的最高线速度。例如，砂轮的标记为

P	400×40×127	WA	F60	L	5	V	35
↓	↓	↓	↓	↓	↓	↓	↓
平形砂轮	外径×厚度×孔径	磨料	粒度	硬度	组织号	结合剂	最高工作线速度(m/s)

生产中主要依据被磨材料的性质、要求达到的工件表面粗糙度和金属磨除率等因素选择砂轮，选择的原则如下：

1）磨削钢时，选用刚玉类砂轮，磨削硬铸铁、硬质合金和非铁金属时，选用碳化硅砂轮。

2）磨削软材料时，选用硬砂轮，磨削硬材料时，选用软砂轮。

3）磨削软而韧的材料时，选用粗磨料（如 F12～F36）；磨削硬而脆的材料时，选用细磨料（如 F46～F100）。

4）磨削的表面粗糙度值要求较低时，选用细磨粒；金属磨除率要求高时，选用粗磨粒。

5）要求加工表面质量好时，选用树脂或橡胶结合剂的砂轮；要求最大金属磨除率时，选用陶瓷结合剂砂轮。

2. 油石

珩磨、超精加工及钳工使用的磨具为油石。常见的油石形状如图 2-71 所示。

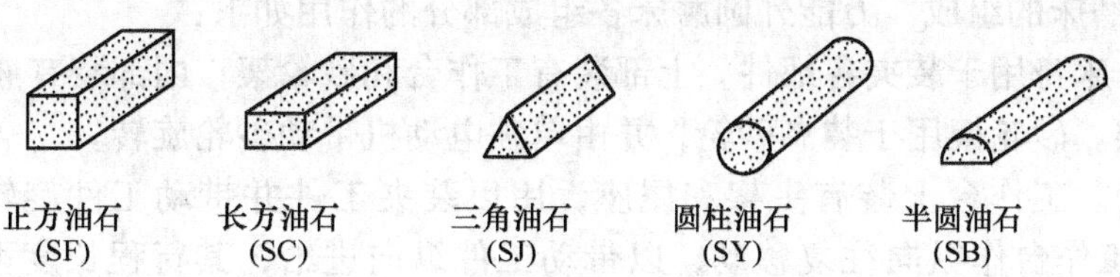

图 2-71　油石的形状

油石的标记为

SC	200×40×25	GC	F230	H	6	V
↓	↓	↓	↓	↓	↓	↓
长方油石	长度×宽度×高度	磨料	微粉粒度	硬度	组织号	结合剂

2.6.2　磨床（Grinding Machine）

磨床按用途不同可分为外圆磨床、内圆磨床、平面磨床、无心磨床、工具磨床、螺纹磨床、齿轮磨床以及其他各种专用磨床等。

1. 外圆磨床

外圆磨床用于磨削外圆柱面、外圆锥面和轴肩端面等，分为普通外圆磨床和万能外圆磨

床。图2-72所示为M1420万能外圆磨床。M1420万能外圆磨床由床身、工作台、工件头架、尾座、砂轮架、砂轮修整器和电气操纵板等部分组成。

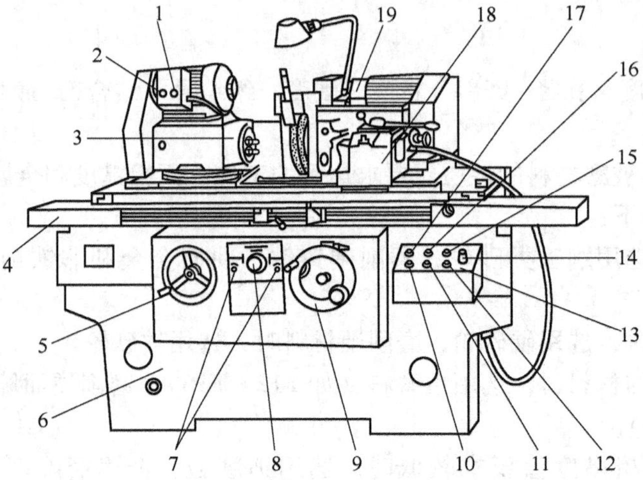

图2-72 M1420万能外圆磨床

1—工件转动变速旋钮 2—工件转动点动按钮 3—工件头架 4—工作台 5—工作台手动手轮 6—床身 7—工作台左、右端停留时间调整旋钮 8—工作台自动及无级调速旋钮 9—砂轮横向手动手轮 10—砂轮起动按钮 11—砂轮引进、工件转动、切削液泵起动按钮 12—液压泵起动按钮 13—电气操纵板 14—砂轮变速旋钮 15—液压泵停止按钮 16—砂轮退出、工件停转、切削液泵停止按钮 17—总停按钮 18—尾座 19—砂轮架

(1) 外圆磨床的组成 万能外圆磨床各组成部分的作用如下：

1) 床身。床身用于装夹各部件。上部装有工作台和砂轮架，内部装有液压传动系统。

2) 砂轮架。砂轮架用于装夹砂轮，并由单独电动机带动砂轮旋转。

3) 工作台。工作台上装有头架和尾座，用以装夹工件并带动工件旋转。工作台有两层，磨削时下工作台作纵向往复移动，以带动工件纵向进给，其行程长度可借挡块位置调节。上工作台相对下工作台在水平面内可扳转一个不大的角度，以便磨削圆锥面。

4) 头架。头架内的主轴由单独电动机带动旋转。主轴端部可装夹顶尖、拨盘或卡盘，以便装夹工件并带动工件旋转作圆周进给运动。头架可以使工件获得60～460r/min共6种不同的转速。

5) 尾座。尾座的功用是用后顶尖支承长工件。它可在工作台上移动，调整位置，以装夹不同长度的工件。

(2) 外圆磨床上安装工件的方法 外圆磨床上安装工件的方法有顶尖安装、卡盘安装和心轴安装等。

1) 顶尖安装。轴类工件常用顶尖安装。安装时，工件支承在两顶尖之间（图2-73）。但磨床所用的顶尖均不随工件一起转动（固定顶尖），这样可以提高加工精度，避免由于顶尖转动带来的径向圆跳动误差。后顶尖是靠弹簧推力顶紧工件的，这样可以自动控制松紧程度，避免工件因受热伸长带来的弯曲变形。

2) 卡盘安装。磨削短工件的外圆时，可用自定心卡盘或单动卡盘安装工件（图2-74a、b）。用单动卡盘安装工件时，要用百分表找正。对形状不规则的工件还可采用花盘安装。

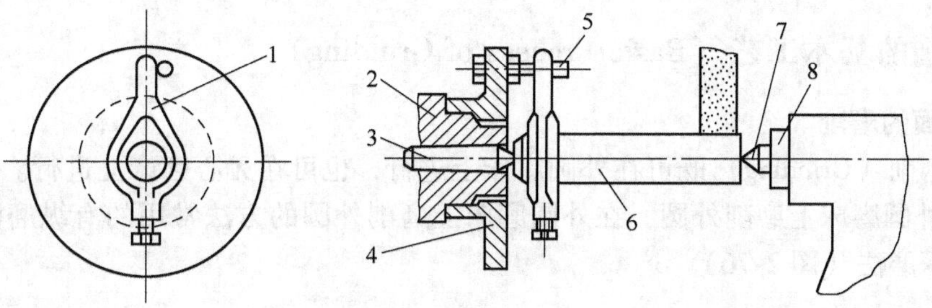

图 2-73　顶尖安装
1—卡箍　2—头架主轴　3—前顶尖
4—拨盘　5—拨杆　6—工件　7—后顶尖　8—尾座套筒

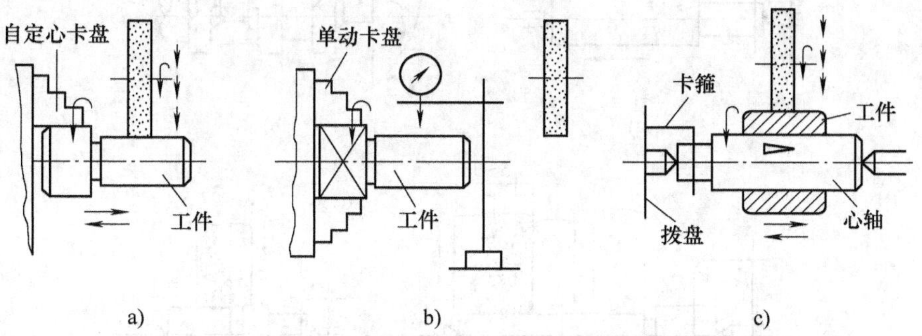

图 2-74　外圆磨床上用卡盘和心轴安装工件
a）自定心卡盘装夹　b）单动卡盘装夹及其找正　c）锥度心轴装夹

3）心轴安装。盘套类空心工件常以内孔定位磨削外圆。此时常用心轴安装工件（图 2-74c）。常用的心轴种类与车床上使用的相同，但磨削用的心轴的精度要求更高些，多用锥度心轴，其锥度一般为 1/5000～1/7000。心轴在磨床上的安装与车床一样，也是通过顶尖安装的。

2. 内圆磨床

内圆磨床用于磨削内圆柱面、内圆锥面及孔内端面等。图 2-75 所示为 M2110 内圆磨床。内圆磨床由床身、工作台、工件头架、砂轮架、砂轮修整器等部分组成。

图 2-75　M2110 内圆磨床
1—砂轮修整器　2—砂轮架　3—床身
4—工作台　5—工件头架

砂轮架安装在床身上，由单独电动机驱动砂轮高速旋转，提供主运动；砂轮架还可以横向移动，使砂轮实现横向进给运动。工件头架安装在工作台上，带动工件旋转作圆周进给运动；头架可在水平面内扳转一定角度，以便磨削内锥面。工作台沿床身纵向导轨往复直线移动，带动工件作纵向进给运动。

2.6.3 磨削的基本工艺（Basic Process of Grinding）

1. 外圆面的磨削

外圆面磨削（Grinding）既可在外圆磨床上进行，也可在无心磨床上进行。

（1）在外圆磨床上磨削外圆　在外圆磨床上磨削外圆的方法常用的有纵磨法、横磨法、混合磨法和深磨法（图2-76）。

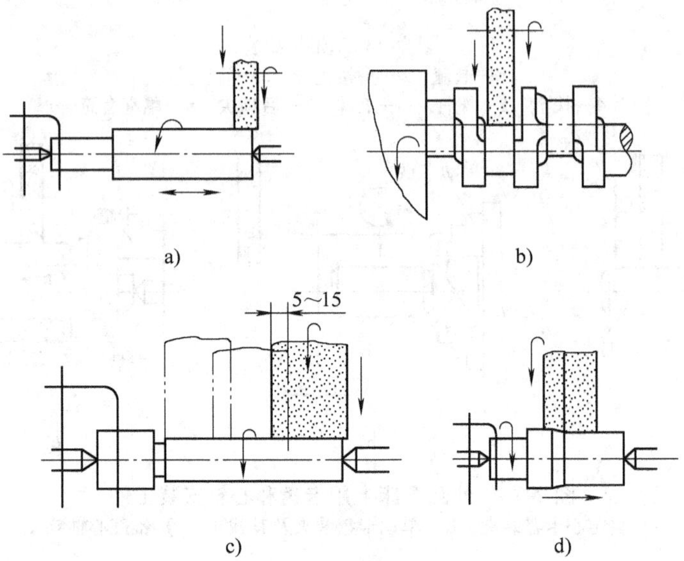

图2-76　在外圆磨床上磨外圆

a）纵磨法　b）横磨法　c）混合磨法　d）深磨法

1）纵磨法。砂轮高速旋转为主运动，工件旋转并和磨床工作台一起往复直线运动分别为圆周进给运动和纵向进给运动，工件每转一周的纵向进给量为砂轮宽度的三分之二，致使磨痕互相重叠。每当工件一次往复行程终了时，砂轮作周期性的横向进给（背吃刀量）。每次磨削的深度很小，经多次横向进给磨去全部磨削余量。

纵磨法由于背吃刀量小，所以磨削力小，产生的磨削热少，散热条件较好；还可以利用最后几次无背吃刀量的光磨行程进行精磨，因此加工精度和表面质量较高。此外，纵磨法具有较大的适应性，可以用一个砂轮加工不同长度的工件。但是，其生产率较低，故广泛适用于单件、小批生产及精磨，特别适用于细长轴的磨削。

2）横磨法。横磨法又称切入法，磨削时工件不作纵向往复移动，而由砂轮以慢速作连续的横向进给，直至磨去全部磨削余量。

横磨法生产率高，但由于砂轮和工件接触面积大，磨削力大，发热量多，磨削温度高，散热条件差，工件容易产生热变形和烧伤现象，且因背向力 F_p 大，工件易产生弯曲变形。由于无纵向进给运动，磨痕明显，因此工件表面粗糙度 Ra 值较纵磨法大。横磨法一般用于成批及大量生产中，磨削刚性较好、长度较短的外圆以及两端都有台阶的轴颈及成形表面，尤其是工件上的成形表面，只要将砂轮修正成形，就可以直接磨出。

3）混合磨法。混合磨法是先用横磨法将工件表面分段进行粗磨，然后用纵磨法进行精磨的加工方法。混合磨法综合了横磨法和纵磨法的优点，既提高了加工效率，又保证了加工精度。

4）深磨法。磨削时采用较小的纵向进给量（一般取1～2mm/r）、较大的背吃刀量（一般为0.3mm左右），在一次行程中磨去全部余量。磨削用的砂轮前端修磨成锥形或阶梯形，直径大的圆柱部分起精磨和修光作用。锥形或其余阶梯面起粗磨或半精磨作用。深磨法的生产率约比纵磨法高一倍，但修整砂轮较复杂，只适用于大批量生产刚度大并允许砂轮越出加工面两端较大距离的工件。

（2）无心外圆磨床上磨削　无心外圆磨削是一种生产率很高的精加工方法，其工作原理如图2-77所示。磨削时工件放在两个砂轮之间，下方用托板托住，不用顶尖支持，所以称为无心磨。

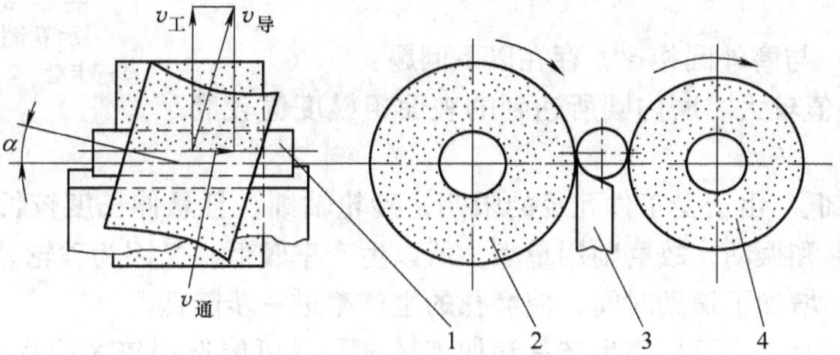

图2-77　无心外圆磨床上磨削
1—工件　2—磨削轮　3—托板　4—导轮

两个砂轮中，较小的一个砂轮是用橡胶结合剂做的，磨粒较粗，称为导轮；另一个是用来磨削工件的砂轮，称为磨削轮。磨削时，导轮和磨削轮同向旋转，工件轴线略高于砂轮与导轮轴线，以避免工件在磨削时产生圆度误差。工件与导轮之间摩擦较大，所以工件由导轮带动作低速旋转，并由高速旋转着的砂轮进行磨削。

导轮轴线相对于工件轴线倾斜一个角度α（10°～50°），以使导轮与工件接触点的线速度$v_导$分解为两个速度，一个是沿工件圆周切线方向的$v_工$，另一个是沿工件轴线方向的$v_通$。因此，工件一方面旋转作圆周进给运动，另一方面作轴向进给运动。工件从两个砂轮间通过后，即完成外圆磨削。导轮倾斜α角后，为了使工件表面与导轮表面保持线接触，应当将导轮素线修整成双曲线形。

无心外圆磨削生产率高，工件尺寸稳定，不需用夹具，操作技术要求不高；缺点是工件圆周面上不允许有键槽或小平面，对于套筒类零件，不能保证内、外圆的同轴度要求，机床的调整比较费时。这种方法适用于成批、大量生产光滑的销、轴类零件。

2. 孔的磨削

磨孔（Hole Grinding）是孔的精加工方法之一，可达到的尺寸公差等级为IT8～IT6，表面粗糙度Ra值为1.6～0.4μm。磨孔可以在内圆磨床或万能外圆磨床上进行。目前应用的内圆磨床是卡盘式的，它可以加工圆柱孔、圆锥孔和成形内圆面等。

内圆磨削的方法也有纵磨法和横磨法两种，其操作方法和特点与磨削外圆相似。纵磨法应用最为广泛。

内圆磨削时，工件大多数以外圆和端面作为定位基准。通常采用自定心卡盘、单动卡盘、花盘及弯板等夹具安装工件。其中最常见的是用单动卡盘通过找正安装工件（图2-78）。

磨孔与铰孔、拉孔比较，有以下特点：

1）可磨削淬硬的工件孔。

2）不仅能保证孔本身的尺寸精度和表面质量，还可以提高孔轴线的直线度。

3）同一个砂轮，可以磨削不同直径的孔，灵活性较大。

4）生产率比铰孔低，比拉孔更低。

作为孔的精加工，成批生产中常用铰孔，大量生产中常用拉孔。由于磨孔具有万能性，不需要成套的刀具，故在单件小批生产中应用较多。特别是对于淬硬的工件，磨孔仍是孔精加工的主要方法。

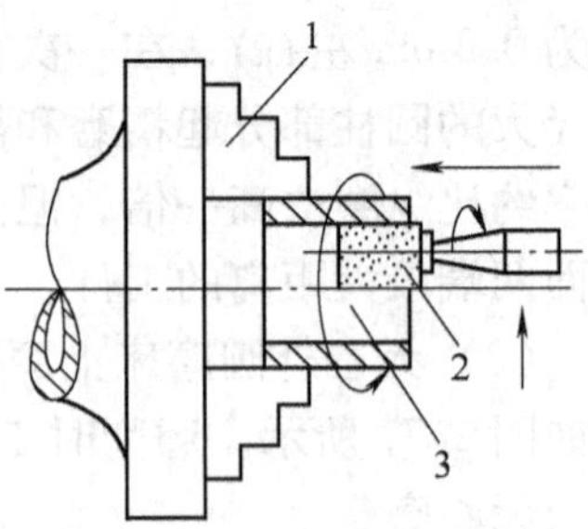

图 2-78　内圆磨削示意图（俯视图）
1—卡盘　2—砂轮　3—工件

磨内圆（孔）与磨外圆相比，存在以下问题：

1）表面粗糙值较大。磨内圆所达到的表面粗糙度值较磨外圆时大。

2）生产率较低。由于受工件孔径的限制，砂轮轴细，且悬伸长度较长，刚度差，磨削时易产生弯曲变形和振动，故磨削用量小，所以生产率较低；又因为砂轮易堵塞，需要经常修整和更换砂轮，增加了辅助时间，使磨孔的生产率进一步降低。

因此，磨内圆时，为了提高生产率和加工精度，尽可能选用较大的直径砂轮和砂轮轴，砂轮轴的悬伸长度越短越好。

3. 磨平面

根据磨削时砂轮工件表面的不同，平面磨削的方式有两种，即周磨法和端磨法，如图 2-79 所示。

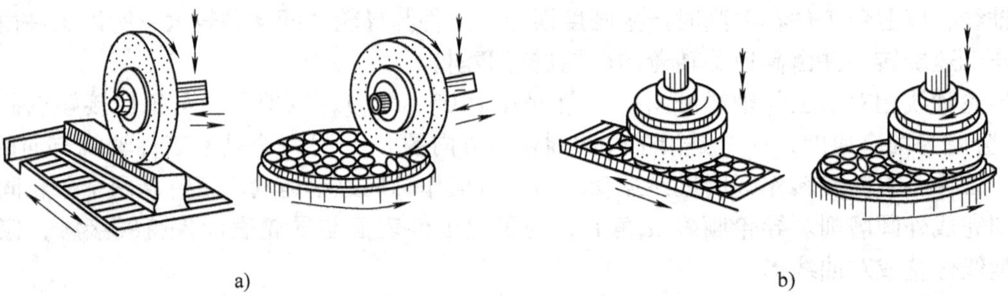

图 2-79　磨平面的方法
a）周磨法　b）端磨法

（1）周磨法　周磨法（图 2-79a）是用砂轮圆周面磨削平面。周磨时，砂轮与工件接触面积小，排屑及冷却条件好，工件发热量少，因此磨削易翘曲变形的薄片工件能获得较好的加工质量，但磨削效率较低。

（2）端磨法　端磨法（图 2-79b）是用砂轮端面磨削平面。端磨时，由于砂轮轴伸出较短，而且主要是受进给力，因而刚性较好，能采用较大的磨削用量。此外，砂轮与工件接触面积大，因而磨削效率高。但发热量大，也不易排屑和冷却，故加工质量较周磨低。

2.6.4　磨削的工艺特点（Process Characteristics of Grinding）

1. 精度高，表面粗糙度值小

磨削所用砂轮的表面有极多的、具有锋利的切削刃的磨粒，磨床比一般切削加工机床精度高，刚性及稳定性好，同时磨削速度高，可以进行高精度加工。

2. 砂轮有自锐作用

磨削过程中，磨钝了的磨粒会自动脱落而露出新鲜锐利的磨粒，使得砂轮能够以较锋利的刃口对工件进行切削。

3. 磨削温度高

磨削时的切削速度为一般切削加工的 10 ~ 20 倍，磨粒多为负前角切削，挤压和摩擦较严重，磨削时消耗功率大，产生的切削热多。而砂轮本身的传热性很差，大量的磨削热在短时间内传散不出去，在磨削区形成瞬时高温，有时高达 800 ~ 1000℃。大部分磨削热将传入工件，降低零件的表面质量和使用寿命。因此在磨削过程中，应向磨削区加注大量的切削液，不仅可降低磨削温度，还可以冲掉细碎的切屑和碎裂及脱落的磨粒，避免堵塞砂轮空隙，提高砂轮的寿命。

4. 磨削的背向力大

磨削外圆时，总磨削力分解为磨削力 F_c、进给力 F_f 和背向力 F_p 三个相互垂直的分力（图 2-80）。磨削力 F_c 决定磨削时消耗功率的大小。在一般切削加工中，切削力 F_c 比背向力 F_p 大得多；而在磨削时，背向力 F_p 大于磨削力 F_c（一般为 2 ~ 4 倍），进给力最小，一般可忽略不计。

背向力 F_p 不消耗功率，但它会使工件产生水平方向的弯曲变形，直接影响工件的加工精度。例如，纵磨细长轴的外圆时，由于工件的弯曲而产生腰鼓形（图 2-81）。

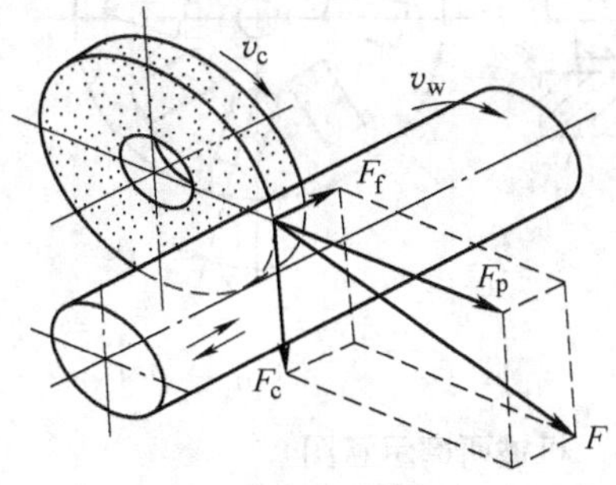

图 2-80　磨削力

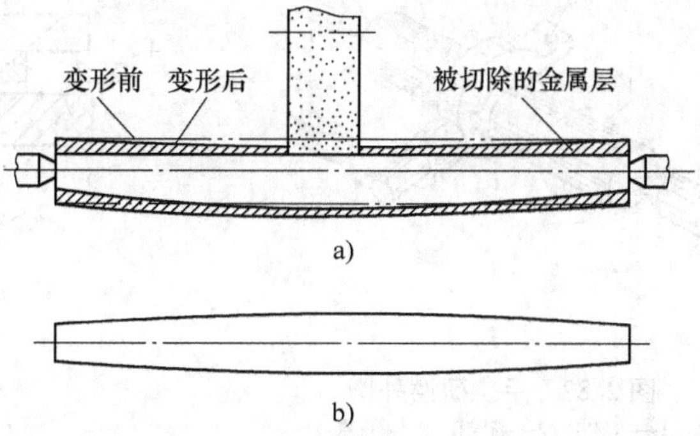

图 2-81　背向力所引起的加工误差

2.7　精整和光整加工（Finished and Finishing Machining）

精整加工是指在精加工之后从工件上切除很薄的材料层，提高工件精度和减小表面粗糙度值的加工方法，如研磨和珩磨等。光整加工是指不切除或从工件表面切除极薄材料层，减小工件表面粗糙度值的加工方法，如超级光磨和抛光等。

2.7.1　研磨（Lapping）

1. 加工原理

研磨是一种常见的精整加工方法。研磨时把研磨剂放在研具与工件之间，在一定压力作用下研具与工件作复杂的相对运动，通过研磨剂的微量切削及化学作用去除工件表面的微小余量，从而达到很高的精度和很小的表面粗糙度值。

研磨方法分手工研磨和机械研磨两种。图 2-82 所示为手工研磨外圆。研磨时，将研具套在工件上，在研具和工件之间涂上研磨剂，调整螺钉，使研具对工件表面有一定的压力。工件安装在车床两顶尖间作低速旋转（20～30m/min），研具（手握）在一定压力下沿工件轴向作往复直线运动，直至研磨合格为止。手工研磨生产率低，只适用于单件小批量生产。

机械研磨在专用研磨机床上进行。图 2-83 所示为机械研磨示意图。研具由上下两块铸铁研磨盘组成，两者可作同向或反向的转动。上研磨盘的转速比下研磨盘的转速大，下研磨盘与机床刚性连接。在上下研磨盘之间有一个与偏心轴相连的分隔盘，上面开有许多矩形孔，尺寸比工件略大。工作时，分隔盘被偏心轴带动旋转，使工件在分隔盘的槽内自由转动，同时也作轴向滑动，在工件表面上形成细密均匀的网纹，均匀地去除加工余量，从而获得高的加工精度和小的表面粗糙度值。为增加工件轴向的滑动速度，分隔盘上矩形槽的对称中心线与分隔盘半径方向呈 $\gamma=6°\sim15°$ 夹角。机械研磨生产率高，适合于大批大量生产。

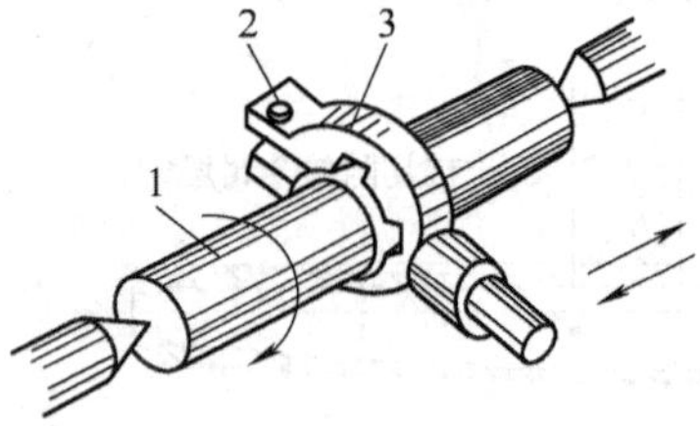

图 2-82　手工研磨外圆
1—工件　2—螺钉　3—研具

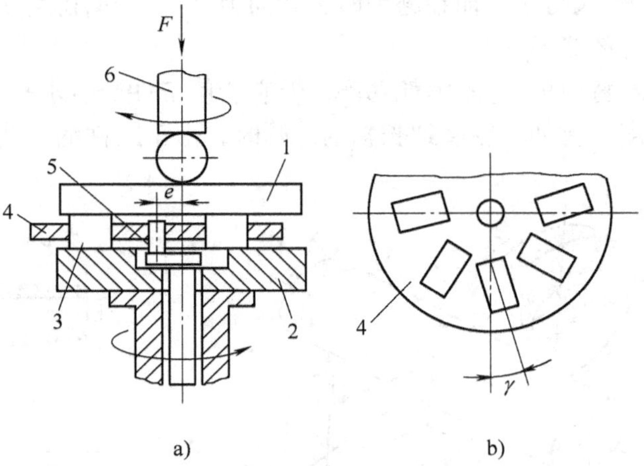

图 2-83　机械研磨示意图
a）研磨示意图　b）分隔盘
1—上研磨盘　2—下研磨盘　3—工件
4—分隔盘　5—偏心轴　6—悬臂轴

研磨孔（Hole Lapping）是孔的精整加工方法，需要在精镗、精铰或精磨后进行。在车床上研磨套类零件孔时（图 2-84），使用可调式研磨棒作研具。研磨前套上工件，将研磨棒安装在车床上，涂上研磨剂，调整研磨棒直径，使其对工件有适当的压力。研磨时，研磨棒旋转，操作者手握工件往复移动。

研磨平面的研具有两种：带槽的平板用于粗研，光滑的平板用于精研。研磨时，在平板上涂以适当的研磨剂，工件沿平板的

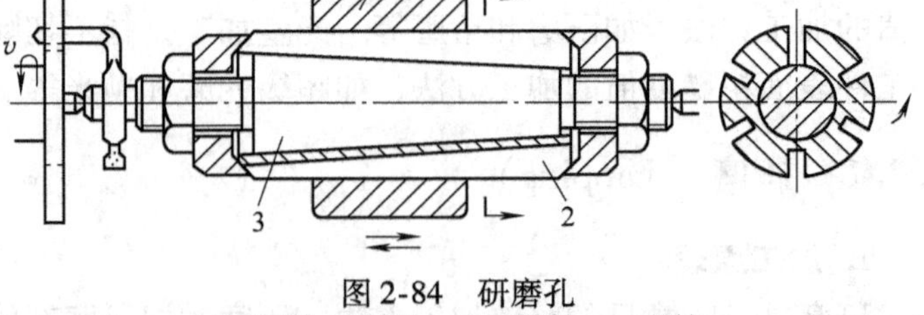

图 2-84　研磨孔
1—工件（手握）　2—研套　3—芯轴

表面以一定的运动轨迹进行研磨。研磨小而硬的工件或进行粗研时，使用较大的压力和较低的速度；反之，则用较大的压力和较快的速度。研磨还可以提高平面的形状精度，对于小型平面，研磨还可减小平行度误差。平面研磨主要用来加工小型精密平板、平尺、量块以及其他精密零件的表面。

2. 研磨的特点和应用

研磨加工简单，对设备要求低。手工研磨的生产率低，劳动强度大。

研磨余量一般不超过0.01～0.03mm，研磨前的工件应进行精车或精磨。研磨可以获得IT5或更高的尺寸公差等级，表面粗糙度 *Ra* 值为0.1～0.008μm。

研磨除了加工外圆面外，还可以加工孔、平面等，既适合于大批大量生产，又适合于单件小批量生产。

在现代工业中，常采用研磨作为精密零件的最终加工。在机械制造业中，用研磨精加工精密量块、量规、齿轮、钢球、喷油器等精密零件；在光学仪器制造业中，用研磨精加工镜头、棱镜、光学平镜等仪器零件；在电子工业中，用研磨精加工石英晶体、半导体晶体、陶瓷元件等。

2.7.2 珩磨（Honing）

1. 加工原理

珩磨孔是对孔进行的较高效率的光整加工方法，需在磨削或精镗的基础上进行。珩磨后孔的尺寸公差等级可达IT6～IT5，表面粗糙度 *Ra* 值为0.2～0.025μm，孔的形状精度也有相应提高。

珩磨是利用装有磨条的珩磨头（图2-85）来加工孔的。加工时，工件视其大小可安装在机床的工作台或夹具中。具有若干个磨条的珩磨头插入已加工过的孔中，由机床主轴带动旋转且作轴向往复运动。磨条以一定的压力与孔壁接触，从工件表面切去极薄的一层金属。为得到较小的 *Ra* 值，切削轨迹应呈均匀而不重复的交叉网纹。为使磨条与孔壁均匀接触，获得较高的形状精度，珩磨头与机床主轴应浮动连接，使珩磨头沿孔壁自行导向。

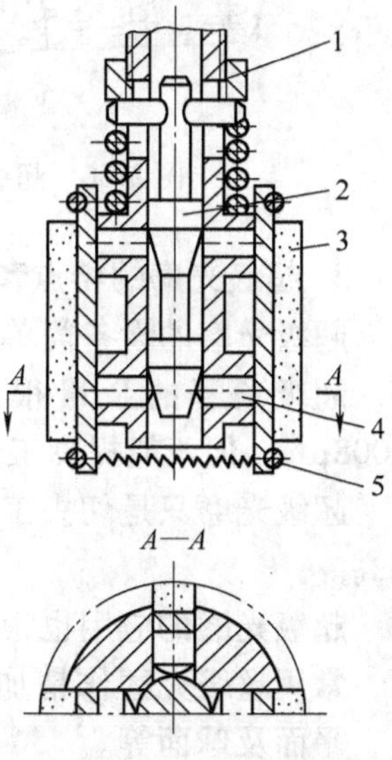

图2-85 珩磨头

1—调节螺母 2—调整锥 3—磨条 4—顶块 5—弹簧箍

珩磨时要使用切削液，以便润滑、散热并冲去切屑和脱落的磨粒。珩磨钢件和铸铁件时，一般使用煤油作切削液。

磨条材料依工件材料选择。加工钢件一般选用氧化铝磨条；加工铸铁、不锈钢和有色金属工件时，一般选用碳化硅磨条。

2. 珩磨的特点和应用

珩磨具有生产率高、能达到较高的孔表面加工质量、珩磨表面耐磨等优点，但一般不用于加工塑性较大的有色金属，以免堵塞磨条。

珩磨主要用于孔的光整加工，加工范围广，能加工直径为5～500mm或更大的孔，并且能加工深孔。珩磨还可以加工外圆面、平面、球面和齿面等。

在大批量生产中，珩磨孔多在专用的机床上进行；在单件小批量生产中，可在改装的立式钻床上进行。珩磨孔广泛用于大批量生产中加工飞机、拖拉机发动机的气缸、缸套、连杆和液压装置的液压缸筒等。

2.7.3 超级光磨（Super Fine Grinding）

1. 加工原理

超级光磨也称超精加工，是用细粒度的油石（粒度为F400或更细的刚玉或碳化硅磨料），以较低的压力（5~20MPa），在复杂的相对运动下，对工件表面进行光整加工的方法。图2-86所示为外圆面的超级光磨示意图。加工时，工件旋转（一般工件圆周线速度为6~30m/s），油石以恒力轻压于工件表面，在轴向进给的同时，沿工件的轴向作高速而短幅的往复运动（一般振幅为1~6mm，频率为5~50Hz）。

加工时，在磨条和工件之间注入切削液（煤油加锭子油），一方面是为了冷却、润滑及清除切屑，另一方面是为了形成油膜。当磨条最初与比较粗糙的工件表面接触时，磨条与工件之间不能形成完整的油膜，如图2-87a所示。随着工件表面被磨平以及微细切屑等嵌入磨条空隙，磨条表面逐渐平滑，在磨条与工件表面之间逐渐形成完整的润滑油膜，如图2-87b所示。随后切削作用逐渐减弱，经过光整抛光阶段后便自动停止。

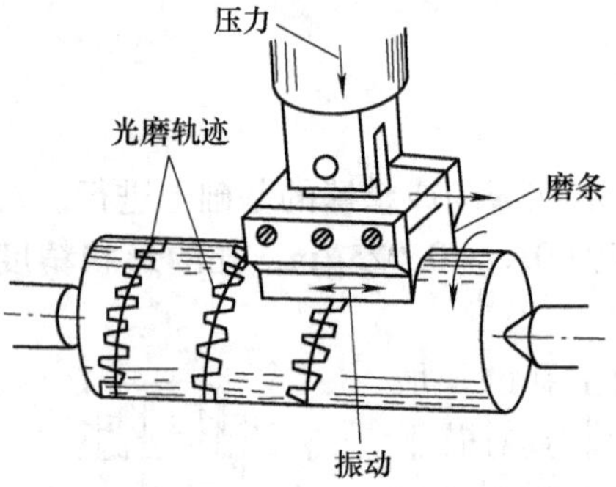

图2-86 超级光磨

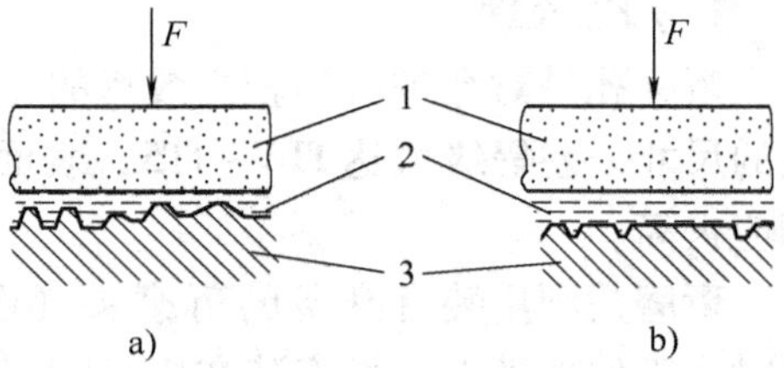

图2-87 外圆面的超级光磨
1—磨条 2—油膜 3—工件

2. 超级光磨的特点和应用

超级光磨的设备简单，操作方便。

超级光磨的余量很小（为0.005~0.02mm），光磨后表面粗糙度 Ra 值为0.1~0.008μm，但不能提高工件的尺寸精度及几何形状精度，该精度必须由前一道工序保证。

超级光磨只是切去工件表面的微小凸峰，加工时间很短，一般为30~60s，所以生产率很高。

超级光磨的应用也很广泛，如汽车、内燃机零件。轴承、精密量具等的小粗糙度值表面，常用超级光磨作精加工。它不仅能加工轴类零件内外圆柱面，而且还能加工圆锥面、孔、平面及球面等。

2.7.4 抛光（Polishing）

1. 加工原理

抛光是把抛光剂涂在抛光轮上，利用抛光轮的高速旋转对工件进行光整加工的方法。

抛光时，将工件压于高速旋转的抛光轮上，在抛光剂的作用下，材料表面产生一层极薄的软膜，加之高速摩擦产生的高温，工件表面出现极薄的微流层，微流层可填平工件表面的微观凹谷，因而获得很光亮的表面（呈镜面）。

2. 抛光的特点和应用

抛光一般不用特殊设备，工具和加工方法比较简单，成本低；由于抛光轮具有弹性，能与曲面相吻合，故易于实现曲面抛光，便于对模具型腔进行光整加工；抛光轮与工件之间没有刚性的运动关系，不能保证从工件表面均匀地切除材料，只能去掉前道工序所留下的痕迹，因而仅能获得光亮的表面，不能提高精度；抛光多为手工操作，劳动条件较差。

抛光主要用于零件表面的装饰加工，不能提高表面精度。抛光零件表面的类型不限，可以加工外圆、孔、平面及各种成形面等。为了保证电镀产品的质量，电镀前必须抛光；一些不锈钢、塑料、玻璃等制品，为了得到好的外观质量，也要进行抛光。

研磨、珩磨、超级光磨和抛光虽都属于光整加工，但它们对工件表面质量的改善程度却不相同。抛光仅能提高工件表面的光亮程度，而不能改善工件表面粗糙度。超级光磨仅能减小工件的表面粗糙度值，而不能提高其尺寸和形状精度。研磨和珩磨则不但可以减小工件表面的粗糙度值，而且可以在一定程度上提高其尺寸和形状精度。

从应用范围来看，研磨、超级光磨和抛光可以用来加工多种表面，而珩磨则主要用于孔的加工。

从所用工具和设备来看，抛光最简单，研磨和超级光磨稍复杂，而珩磨则较为复杂。

从生产效率来看，抛光和超级光磨最高，珩磨次之，研磨最低。

实际生产中需根据工件的形状、尺寸、表面的要求、批量大小和生产条件选用合适的光整加工方法。

2.8 齿轮齿形加工（Gear and Its Profile Machining）

齿轮是机械传动中传递运动和动力的重要零件，目前在各种机械和仪器中应用非常普遍。产品的工作性能、承载能力、使用寿命及工作精度等都与齿轮本身的质量有着密切的关系。

用切削加工的方法加工齿轮齿形，按加工原理不同可分为两类：

（1）成形法加工　成形法加工是用与被切齿轮的齿槽形状相符的成形刀具切出齿形的方法，如铣齿、成形法磨齿等。

（2）展成法（滚切法）加工　展成法（滚切法）加工是利用齿轮的啮合原理加工齿轮的方法，如滚齿、插齿、剃齿和展成法磨齿等。

2.8.1 铣齿（Gear Milling）

铣齿属于成形法加工，是用成形齿轮铣刀在万能卧式铣床上进行齿轮加工，如图2-88所示。

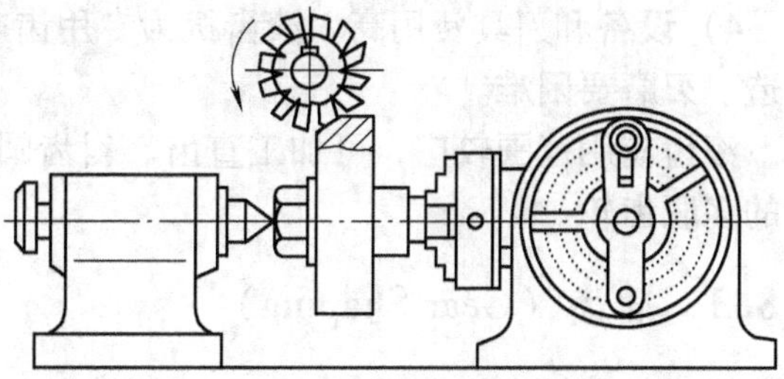
图2-88　铣齿

铣齿时铣刀装在刀杆上作旋转主运动，工件紧固在心轴上，心轴安装在分度头和尾座顶尖之间，随工作台作直线进给运动。每铣完一个齿槽，铣刀沿齿槽方向退回，用分度头对工件进行分度，然后再铣下一个齿槽，直至加工出整个齿轮。

铣齿的工艺特点如下：

(1) 成本较低　同其他齿轮刀具相比较，成形齿轮铣刀结构简单，制造方便，而且在普通铣床上即可完成铣齿工作，因此铣齿的设备和刀具的费用较低。

(2) 生产率低　铣齿过程不是连续的，每铣一个齿，都要重复消耗切入、切出、退刀和分度的辅助时间。

(3) 加工精度低　铣齿的精度主要取决于铣刀的齿形精度，铣床所用分度头是通用附件，分度精度不高。所以，铣齿的加工精度较低。

铣齿不但可以加工直齿、斜齿和人字齿圆柱齿轮，还可以加工齿条、锥齿轮及蜗轮等。但仅适用于单件小批生产或维修工作中加工精度不高的低速齿轮。

2.8.2 滚齿 (Gear Hobbing)

滚齿是利用齿轮滚刀（图2-89）在滚齿机上加工齿轮的方法，其滚切原理是齿轮刀具和工件按齿轮副的啮合关系作对滚运动进行切削（图2-90）。

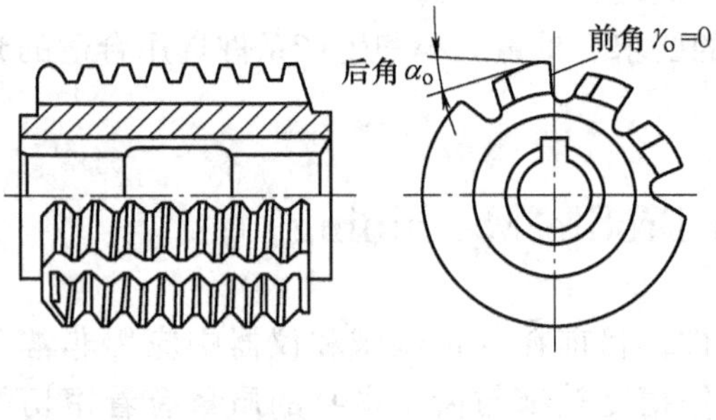

图2-89　齿轮滚刀

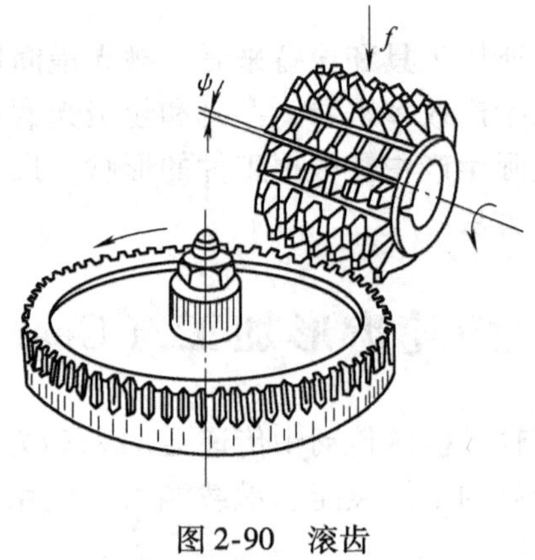

图2-90　滚齿

滚齿与铣齿比较有以下特点：

1) 滚刀的通用性好。一把滚刀可以加工与其模数、压力角相同而齿数不同的齿轮。

2) 齿形精度及分度精度高。滚齿的精度一般可达8~7级，用精密滚齿可以达到6级精度，表面粗糙度 Ra 值为3.2~1.6μm。

3) 生产率高。滚齿的整个切削过程是连续的，效率较高。

4) 设备和刀具费用高。滚齿机为专用齿轮加工机床，其调整费时。滚刀较齿轮铣刀的制造、刃磨要困难。

滚齿应用范围较广，可加工直齿、斜齿圆柱齿轮和蜗轮等，但不能加工内齿轮和相距太近的多联齿轮。

2.8.3 插齿 (Gear Shaping)

插齿是在插齿机上用插齿刀加工齿形的过程。其原理是刀具和工件根据圆柱齿轮啮合原理进行加工。

插齿刀实际上是一个用高速钢制造并磨出切削刃的齿轮。强制插齿刀与齿坯间啮合运动的同时，使插齿刀作上下往复运动，即可在工件上加工出轮齿来。其刀齿侧面运动轨迹所形成的包络线，即为被切齿轮的渐开线齿形。完成插齿所需要的切削运动如图2-91所示。

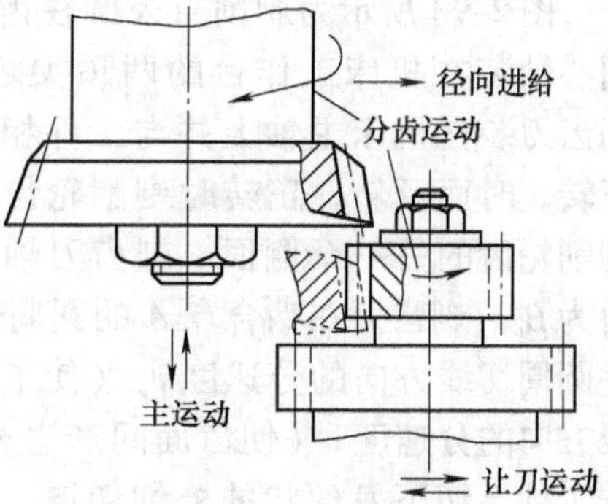

图2-91 插齿运动

插齿与滚齿比较有以下特点：

1）齿面粗糙度值小。插齿时，插齿刀沿齿宽连续地切下切屑，而在滚齿和铣齿时，轮齿齿宽是由刀具多次断续切削而成的。在插齿的过程中，包络齿形的切线数量比较多，所以插齿的齿面粗糙度值小，一般可达1.6μm。

2）插齿和滚齿的精度相当，且都比铣齿高。一般条件下，插齿和滚齿能保证7~8级精度，若采用精密插齿或滚齿，可以达到6级精度。而铣齿只能达到9级精度。

插齿刀的制造、刃磨及检验均比滚刀方便，容易制造得较精确。但插齿机的分齿传动链较滚齿机复杂。

3）插齿和滚齿同属于展成法加工，所以选择刀具时只要求刀具的模数和压力角与被切齿轮一致，与齿数无关（最少齿数$z \geqslant 17$）。

4）插齿的生产率低于滚齿而高于铣齿。因为插齿不仅有返回空行程，而且插齿刀的往复运动，使切削速度的提高受到冲击和惯性力的限制，插齿的生产率低于滚齿。由于插齿和滚齿的分齿运动是在切削过程中连续进行的，省去了铣齿那样的单独分度时间，所以插齿和滚齿的生产率都高于铣齿。

插齿多用于加工滚齿难以加工的内齿轮、多联齿轮、带台阶齿轮、扇形齿轮、齿条、人字齿轮及端面齿盘等。

尽管插齿和滚齿所使用的刀具和机床比铣齿复杂、成本高，但由于加工质量高，生产率高，在成批和大量生产中仍可收到很好的经济效益。即使在单件小批生产中，为了保证加工质量，也常采用插齿或滚齿加工。

2.8.4 齿形的精加工（Finishing Machining of Gear Profile）

对于精度高于7级、表面粗糙度*Ra*值小于0.8μm或齿面需要淬火的齿轮，滚、插齿以后还需进行精加工。常用的齿形精加工的方法有剃齿、珩齿和磨齿。

1. 剃齿（Gear Shaving）

剃齿是齿轮精加工的方法，用来加工已经过滚齿或插齿，但未经淬火的直齿和斜齿圆柱齿轮。

剃齿是利用一对交错轴斜齿轮啮合的原理，在剃齿机上“自由啮合”的展成加工方法。

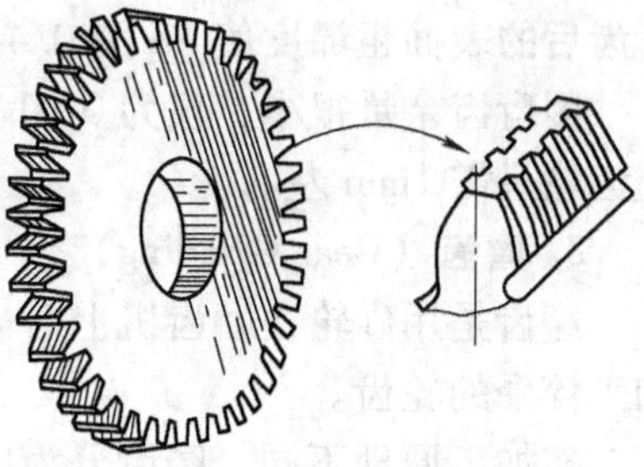
图2-92 剃齿刀

剃齿所用的刀具称为剃齿刀（图2-92）。剃齿刀的形状类似于一个斜齿圆柱齿轮，每一个齿的两侧，沿渐开线方向开有许多小槽，以形成切削刃，材料一般为高速钢。在与已经滚齿或插齿的齿轮啮合过程中，剃齿刀齿面上的切削刃，从工件齿面上剃下细丝状的切屑，以提高齿形精度，减小表面粗糙度值。

图2-93所示为剃削直齿圆柱齿轮的加工简图。工件用心轴装在机床工作台的两顶尖之间，可以自由转动；剃齿刀装在机床主轴上并与工件相啮合，带动工件时而正转，时而反转，正转时剃削轮齿的一个侧面，反转时剃削轮齿的另一个侧面。剃齿刀轴线与工件轴线间的夹角为β_0。剃齿刀在啮合点A的圆周速度v_0可分解为沿工件圆周切线方向的分速度v_w（使工件旋转）和沿工件轴线方向的分速度v（使齿面间产生相对滑动），使剃齿刀从工件上切下发丝状的极细切屑，从而提高齿形精度和降低表面粗糙度值。为了能沿齿的全长进行剃削，工件还应由工作台带动作直线往复运动。在工作台一次往复行程结束时，工件相对剃齿刀还要作径向进给，以便继续进行剃削。

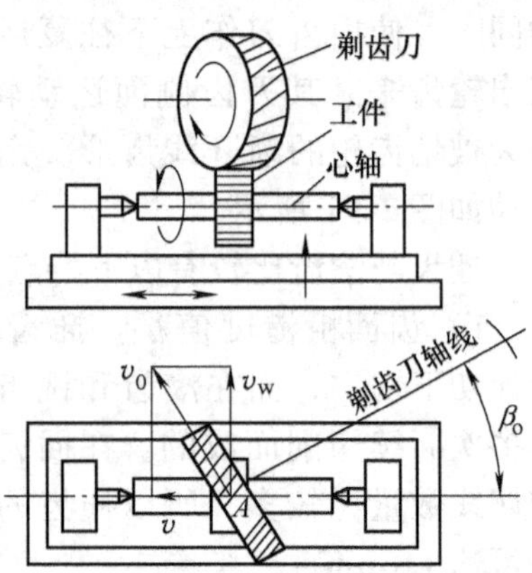

图2-93 剃削直齿圆柱齿轮

剃齿主要用来对调质和淬火前的直、斜齿圆柱齿轮进行精加工。剃齿的精度取决于剃齿刀的精度。剃齿精度可达7～6级，齿面粗糙度Ra值为0.8～0.2μm。

剃齿生产率高，一般2～4min便可加工好一个齿轮。剃齿机结构简单、操作方便。剃齿刀制造较困难，剃齿通常用于大批大量生产中的齿轮齿形精加工，在汽车、拖拉机及机床制造等行业中应用很广泛。

2. 珩齿（Gear Honing）

珩齿是用珩磨轮在珩齿机上进行齿形精加工的方法，其原理和方法与剃齿相同。若没有珩齿机，可用剃齿机或改装的车床、铣床代替。

珩磨轮是将金刚砂或白刚玉磨料与环氧树脂等材料合成后浇铸或热压在钢制轮坯上的斜齿轮（图2-94）。珩齿时，珩磨轮高速旋转（1000～2000r/min），同时沿齿向和渐开线方向产生滑动进行切削。珩齿过程具有剃削、磨削和抛光的精加工综合作用，刀痕复杂、细密。

珩齿适用于消除淬火后的氧化皮和因轻微磕碰而产生的齿面毛刺与压痕，可有效地降低表面粗糙度值，对齿形精度改善不大。珩齿后的表面粗糙度值Ra为0.4～0.2μm。

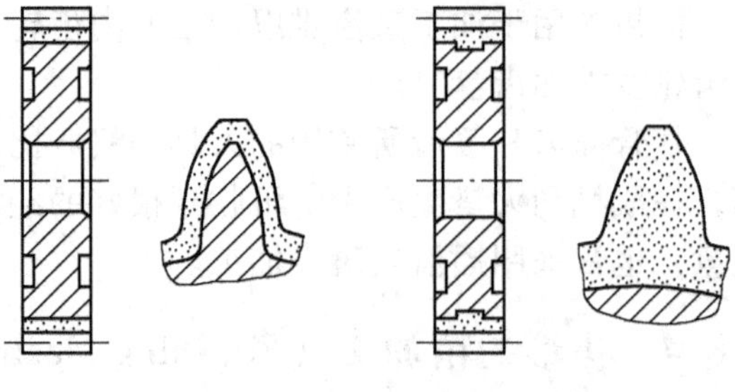
a) b)

图2-94 珩磨轮
a）带齿芯 b）不带齿芯

因珩齿余量很小，仅为0.01～0.02mm，可以一次切除，所以生产率很高。一般珩磨一个齿轮只需1min左右。

3. 磨齿（Gear Grinding）

磨齿是用砂轮在磨齿机上对齿轮进行精加工的方法，既可以加工未淬硬的轮齿，又可以加工淬硬的轮齿。

按加工原理不同，磨齿分为成形法磨齿和展成法磨齿。

（1）成形法磨齿　成形法磨齿与铣齿相似，将砂轮靠外圆处的两侧修整成与工件齿间相吻合的形状，对已切削过的齿间进行磨削（图2-95）。每磨完一齿后，进行分度，再磨下一个齿。

成形法磨齿可在花键磨床或工具磨床上进行，设备费用较低。此法生产率较高，比展成法磨齿高近10倍。但砂轮修整较复杂，且也存在一定的误差。由于在磨齿过程中砂轮磨损不均以及机床分度误差的影响，它的加工精度只能达到6级，在实际生产中应用较少。

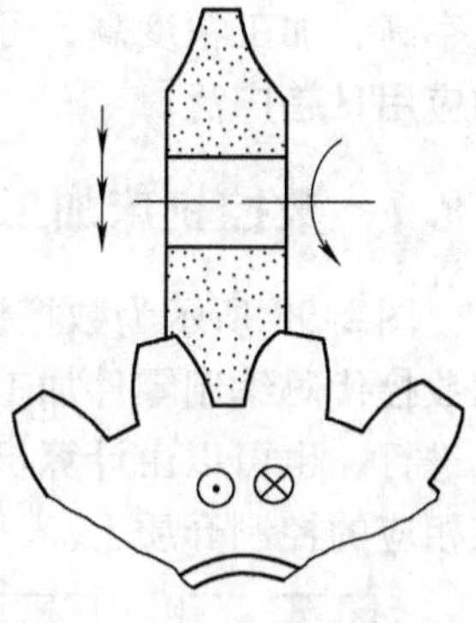
图2-95　成形法磨齿

（2）展成法磨齿　生产中常用的展成法磨齿有锥形砂轮（双斜边砂轮）磨齿和双碟形砂轮磨齿两种。展成法磨齿生产率低，但加工精度高，一般可达4级，表面粗糙度 Ra 值在0.4～0.2μm。所以实际生产中它是齿面要求淬火的高精度齿轮常采用的一种加工方法。

1）锥形砂轮磨齿。把砂轮修整成锥形，以构成假想齿条的齿形。其原理是使砂轮与被磨齿轮强制保持齿条和齿轮的啮合关系，并使被磨齿轮沿假想的固定齿条作往复纯滚动运动，边转动，边移动，砂轮的磨削部分即可包络出渐开线齿形。磨削时，砂轮作高速旋转，同时沿工件轴向作往复直线运动，以便磨出全齿宽。每磨完一个齿槽，砂轮自动退离工件，工件自动进行分度（图2-96）。

2）双碟形砂轮磨齿。两个碟形砂轮倾斜一定角度，其端面构成假想齿条两个（或一个）齿的两个齿面，同时对齿槽的侧面1和侧面2进行磨削。工作时，两个砂轮同时磨一个齿间或两个不同齿间的左右齿面。此外，为了磨出全齿宽，被磨齿轮需沿齿向作往复直线运动（图2-97）。

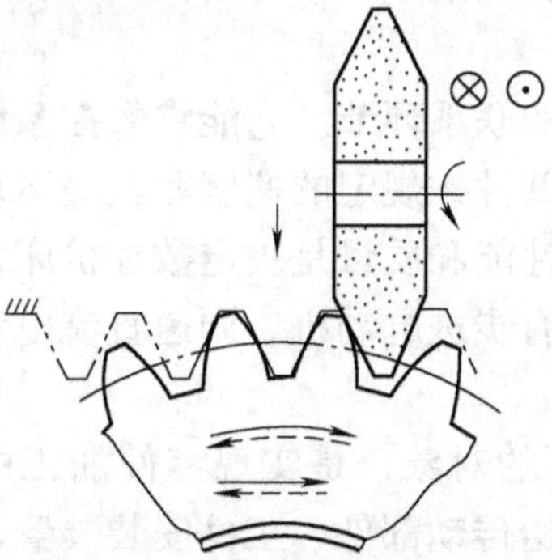
图2-96　锥形砂轮磨齿

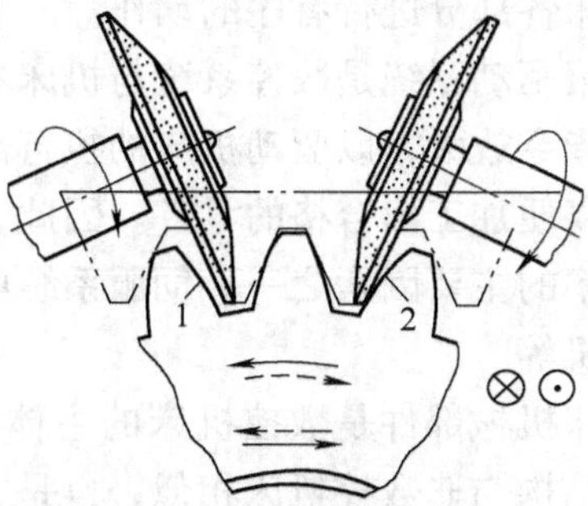

图2-97　双碟形砂轮磨齿

2.9　数控机床加工（Numerical Control Machining）

数控机床是一种综合运用了计算机技术、自动控制、精密测量和机械设计等新技术的机电一体化典型产品，它是一种装有程序控制系统（数控系统）的自动化机床。具体地讲，把数字化了的刀具移动轨迹的信息输入到数控装置，经过译码、运算，从而实现控制刀具与工件相对运动，加工出所需要的零件的机床即为数控机床。

普通机床加工是通过操作者用手直接操作工作台或刀具进给手柄对工件进行切削加工。

利用普通机床加工生产效率低，劳动强度大，对操作者技术要求高。而数控机床加工则是通过数控系统用数字化信号控制机床的运动，从而对工件进行自动加工，其特点是适应性好、效率高、加工精度高，可以改善劳动条件并降低成本。因此数控机床加工在现代机械加工中的应用日趋广泛。

2.9.1 数控机床加工的基本原理 (Basic Principle of NC Machining)

图2-98所示为数控机床加工的基本原理。数控机床加工根据零件图样数据和工艺内容，用数控代码编制零件加工的数控程序。数控程序是机床自动加工工件的工作指令，可以由人工进行，也可以由计算机或数控装置完成。编制好的数控程序通过输入输出设备存放或记录在相应的控制介质上。

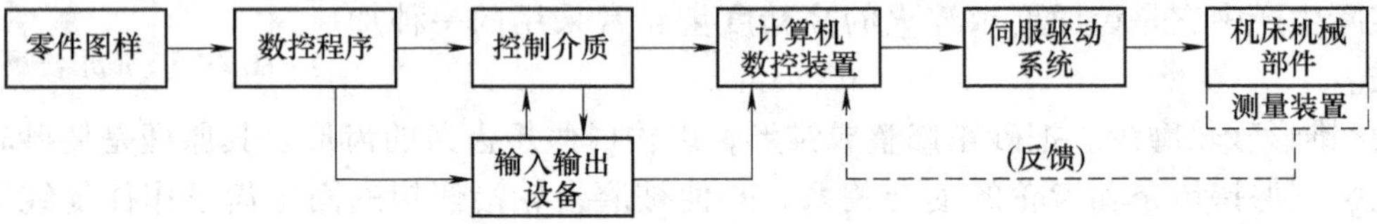

图2-98 数控机床加工的基本原理

控制介质是记录零件加工数控程序的媒介。输入输出设备是数控系统与外部设备交互信息的装置，用来交互数控程序。输入输出设备除了将零件加工的数控程序存放或记录在控制介质之外，还能将数控程序输入到数控系统。早期的数控机床所使用的控制介质是穿纸带或磁带，相应的输入输出设备为纸带穿孔机和纸带阅读机等，现代的数控机床则主要使用磁盘驱动器。

计算机数控装置是数控机床实现自动加工的核心。它接收输入设备送来的控制介质上的信息，经数控系统进行编译、运算和逻辑处理后，输出各种信号和指令给伺服驱动系统，以控制机床各部分进行有序的动作。

伺服驱动系统是数控系统与机床本体之间电气传动的联系环节。它能将数控系统送来的信号和指令放大，以驱动机床的执行部件，使每个执行部件按规定的速度和轨迹运动或精确定位，以便加工出合格的零件。因此，伺服驱动系统的性能和质量是决定数控机床加工精度和生产率的主要因素之一。伺服系统中常用的驱动装置有步进电动机、调速直流电动机和交流电动机等。

机床机械部件是数控机床的主体，是数控系统控制的对象，是实现零件加工的执行部件。其结构与非数控机床相似，也是由主传动部件、进给传动部件、工件安装装置、刀具安装装置、支承件及动力源等部分组成的。传动机构和变速系统较为简单，但在精度、刚度和抗振性等方面有较高的要求，且传动和变速系统要便于实现自动化控制。对于加工中心类机床，还要有存放刀具的刀库、自动交换刀具的机械手等部件。对于闭环或半闭环数控机床，还包括位置测量装置及信号反馈系统，如图2-98中虚线所示。

2.9.2 数控机床简介 (Introduction to NC Machine)

1. 数控机床的特点和应用

(1) 数控机床的特点

1) 数控机床一般具有手动加工（用电手轮）、机动加工和控制程序自动加工功能，加工过程中一般不需要人工干预。

2）数控机床一般具有 CRT 屏幕显示功能，能显示加工程序、多种工艺参数、加工时间、刀具运动轨迹以及工件图形等。数控机床一般还具有自动报警显示功能，根据报警信号或提示，可以迅速查找机器故障。

3）数控机床主传动和进给传动采用直流或交流无级调速伺服电动机，一般没有主轴箱和进给箱，传动链短。

4）数控机床一般具有工件测量系统，加工过程一般不需要进行工件尺寸的人工测量。

5）当对象（工件）改变时，数控机床只需改变加工程序（应用软件），不需要对机床作较大的调整，就能加工各种不同的工件。

（2）数控机床的应用　数控机床是高度机电一体化产品，技术含量高，成本高，使用维修都有一定难度。从最经济的角度出发，数控机床适应于加工以下几种零件：①多品种小批零件；②结构较复杂、精度要求较高的零件；③需要频繁改型的零件；④价格昂贵、不允许报废的关键零件；⑤要求精密复制的零件；⑥需要最短生产周期的急需零件；⑦要求100%检验的零件。

2. 数控机床的分类

数控机床的种类很多，从不同角度对其进行考察，就有不同的分类方法。

（1）按工艺用途分　数控机床是从普通机床的基础上发展起来的，各种类型的数控机床基本上起源于同类型的普通机床，按工艺用途不同可分为数控车床、数控铣床、数控镗床、加工中心、数控钻床等。

（2）按运动轨迹分　按数控装置的功能不同，数控系统有下列三大类型：

1）点位控制系统。这类数控装置在运动过程中不进行切削加工，对运动轨迹没有要求，要求有较高的终点定位精度。数控程序中一般不指定进给速度，按事先规定的速度（较快的定位速度）运动。该系统常用于数控钻床、数控钻镗床上。图 2-99 所示为点位控制示意图。

2）直线控制系统。直线控制系统通常在坐标轴运动的同时进行切削加工，坐标轴的驱动要承受切削力。指令中要给出下一位置的数值，同时给出移动到该位置的进给速度。图 2-100所示为直线控制示意图。

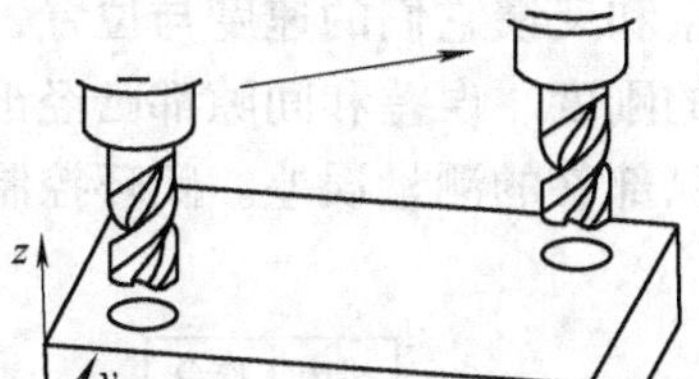

图 2-99　点位控制示意图

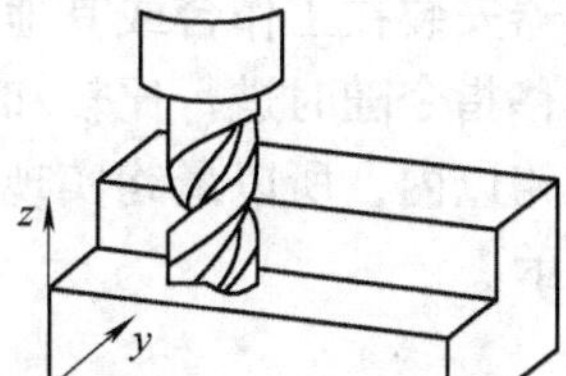

图 2-100　直线控制示意图

3）轮廓控制系统。两个或两个以上的坐标轴根据指令要求协调地运行。指令中指明运动轮廓曲线的类型（点位、直线、顺圆、逆圆、抛物线及样条曲线等），并指出下一点的位置和移动至该位置的进给速度。各坐标轴的进给速度是根据轮廓各轴相互位置关系而变化的。

在轮廓控制系统中采用插补运算来处理各坐标轴速度的变化。各坐标轴一边移动，刀具一边进行切削，各坐标轴均承受切削力。数控车床、数控铣床及加工中心等均为轮廓控制系统。图2-101所示为轮廓控制示意图。

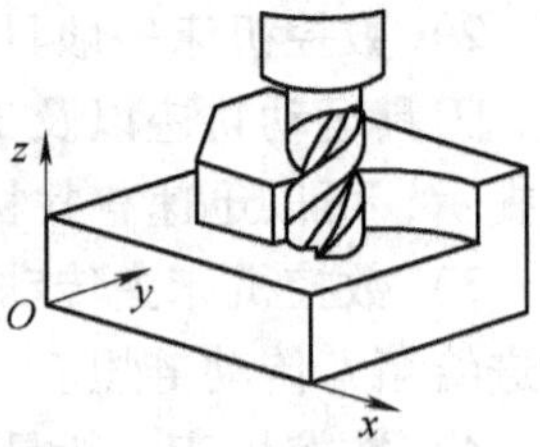

图2-101 轮廓控制示意图

轮廓控制系统能加工复杂曲面的零件，能控制多坐标轴联动的数控机床，并具有空间直线或圆弧的插补功能。配置有轮廓控制CNC系统的数控车床，具有两轴联动，能加工外圆、锥度以及素线为曲线的回转体。数控铣床具有两轴半或三轴联动的CNC系统，能进行平面插补或空间插补。两轴半的数控铣床，其中两轴联动，当两轴停止时，另一轴作进给运动。加工中心具有三轴、四轴或五轴联动的功能，能加工空间任意曲面，具备直线插补、圆弧插补、样条插补、渐开线插补、螺旋插补等多种插补功能。插补功能越强与控制的轴数越多，CNC系统越复杂，造价也越高。能进行轮廓控制的CNC系统，也能进行直线控制或点位控制。先进的数控系统都属于轮廓控制的CNC系统。

（3）按伺服系统的控制方法分

1）开环控制伺服系统。开环控制采用步进电动机作为驱动元件，它不需要位置与速度检测元件，也没有反馈电路，所以控制系统简单，价格低廉，特别适合在微型或小型进给装置上使用。但是由于开环控制系统的稳定性和可靠性都难以得到保证，所以在精度要求高的进给装置上很少使用。开环控制系统如图2-102所示。

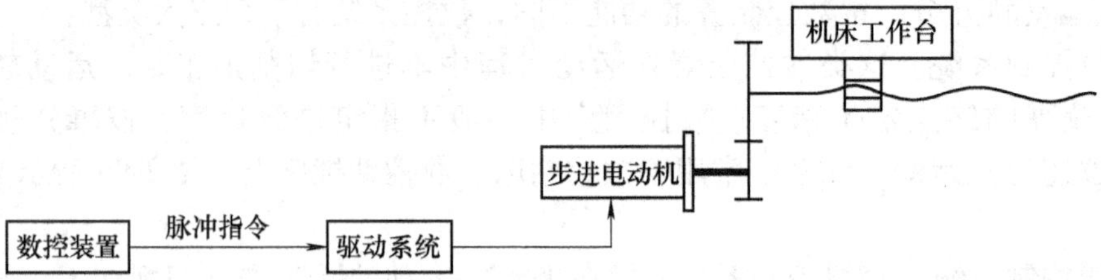

图2-102 开环控制系统

2）闭环控制伺服系统。闭环控制通常采用伺服电动机作为驱动部件。闭环控制将位移与速度传感器安装在工作台或其他执行部件上，直接测量和反馈它们的速度与位置，并与数控装置的位移指令随时进行比较和校正。由于传动系统的刚度、误差和间隙都已经被包含在反馈控制环路以内，所以最终实现的精度仅仅取决于检测部件的测量误差。闭环控制系统如图2-103所示。

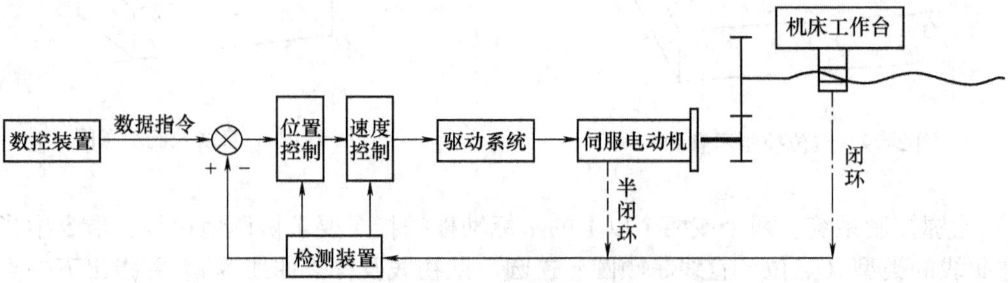

图2-103 闭环控制系统示意图

闭环控制理论上具有最高的控制精度，是理想的控制方式。但实际上，在工作台或其他执行部件上直接安装速度和位移传感器，不仅有安装和维护上的困难，而且价格往往也较昂贵。此外，由于环路中不仅包含了整个传动机构的刚性与惯量等因素，而且与导轨的摩擦因数、传动件润滑状况、油的粘度和间隙的大小等因素有关，而这些因素又往往是动态变化的，这就会使伺服系统稳定性变差，因此在实际应用中受到了一定的限制。

3）半闭环控制伺服系统。半闭环控制的位置与速度传感器安装在电动机的输出端，伺服系统直接控制伺服电动机的转速与转角，通过减速器或滚珠丝杠等传动机构间接地控制工作台或其他执行部件的速度与位移。如果传动机构具有足够的刚性，较小的传动误差和间隙可以经数控系统予以补偿，并且具有高精度的机械传动装置，则数控机床的最终加工精度是可以得到保证的。目前，数控机床大多数仍然采用半闭环的控制方式。

3. 典型数控机床简介

（1）数控车床　数控车削时，工件作回转运动，刀具作直线或曲线运动，刀尖相对工件运动的同时，切除一定的工件材料，从而形成相应的工件表面。其中，工件的回转运动为切削主运动，刀具的直线或曲线运动为进给运动，两者共同组成切削成形运动。

数控车床主要用于轴类和盘类回转体零件的多工序加工，具有高精度、高效率、高柔性化等综合特点，不仅可以进行车削，还可以铣削。因此，数控车削加工是数控加工中用得最多的加工方法之一。由于数控车床具有精度高、能作直线和圆弧插补以及在加工过程中能自动变速的特点，故适合于车削具有以下要求和特点的零件：①精度要求高的回转体零件；②带特殊螺纹的回转体零件；③表面形状复杂的回转体零件；④其他形状复杂的零件。

数控车床的型号较多，下面以 TND360 型数控车床为例来说明数控车床的组成，如图 2-104所示。

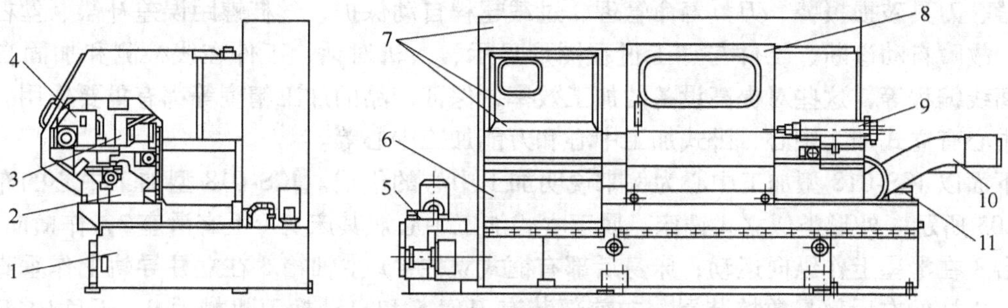

图 2-104　TND360 型数控车床外形图

1—底座　2—床身　3—主轴箱　4—刀架　5—液压系统　6—润滑系统
7—电气控制系统　8—防护罩　9—尾座　10—排屑装置　11—冷却装置

底座 1 是机床的基础，它连接电气控制系统 7 和防护罩 8，其内部装有排屑装置 10。床身 2 固定在底座 1 上，床身导轨向后倾斜，以便于排屑，同时又可以采用封闭的箱形结构，其刚度比卧式车床床身高。转塔刀架 4 安装在床身中部的十字溜板上，可实现纵向和横向的运动，它有八个工位，可安装八组刀具，在加工时可根据指令要求自动转位和定位，以便准确地选择刀具。防护罩 8 安装在底座上，防护罩关上时机床才能工作，操作者只能通过防护罩上的玻璃窗观察机床的工作情况，这样就不用担心切屑飞溅伤人，切削速度可以很高，以充分发挥刀具的切削性能。机床的电气控制系统 7 主要由机床前左侧的 CNC 操作面板、机床操作面板、CRT 显示器和机床最后面的电气柜组成，能完成该机床复杂的电气控制自动管理。液压系统5为机床的一些辅助动作（如卡盘夹紧、尾座套筒移动、主轴变速齿轮移动等）提供液压驱动。此外，机床的润滑系统6为主轴箱内的齿轮提供循环润滑，为导轨等运动部件提供定时定量润滑。主轴轴承、支承轴承以及滚珠丝杠螺母副均采用油脂润滑。

（2）加工中心　加工中心又称多工序自动换刀数控机床，如图2-105所示。加工中心的突出特征是设置有刀库。刀库中存放着各种刀具和检具。加工中心是在数控铣床的基础上发展起来的，都是通过程序控制多轴联动进给进行加工的数控机床。不同的是加工中心具有刀库和自动换刀功能。

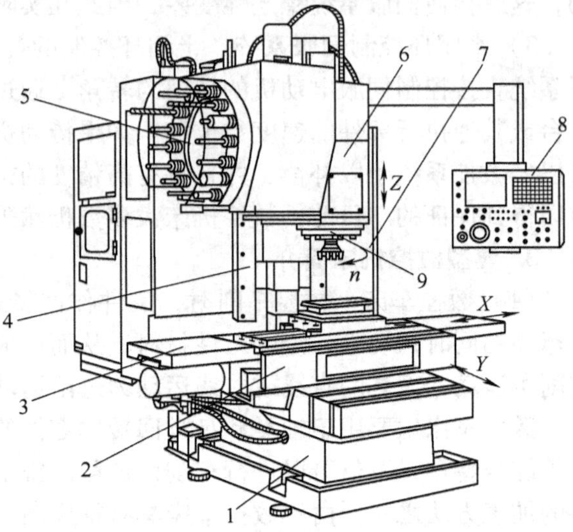

图2-105　JCS-018 型加工中心的组成
1—床身　2—滑座　3—工作台　4—立柱　5—刀库
6—主轴箱　7—驱动电柜　8—操作面板　9—换刀机械手

加工中心具备多种加工能力，能实现工件一次装夹后的铣、钻、铰、攻螺纹等综合加工。对中等加工难度的批量工件，其生产效率是普通设备的5~10倍。加工中心对形状复杂、精度要求高的单件加工或小批量生产更为适用，调换工艺时能体现出相对的柔性。其控制系统功能较多，机床运动至少用三个运动坐标轴，多的达十几个。加工中心还具有各种辅助机能，如加工固定循环、刀具半径自动补偿、刀具长度自动补偿、刀具破损报警、刀具寿命管理、过载超程自动保护、丝杠螺距误差补偿、丝杠间隙补偿、故障自动诊断、工件与加工过程图形显示、人机对话、工件在线检测和加固自动补偿、离线编程等，这些对提高设备的加工效率，保证产品的加工精度等都有重要作用。常用加工中心有立式加工中心、卧式加工中心和万能加工中心等。

下面以 JCS-018 型加工中心为例来说明加工中心的组成。JCS-018 型加工中心的布局如图2-105所示。外形类似立式铣床，属于立式加工中心。其床身1上有滑座2，作横向运动；工作台3在滑座上作纵向运动；床身后部有框式立柱4，主轴箱6在立柱导轨上作垂直升降运动；立柱的左后部是数控装置，左前部装有刀库5和自动换刀机械手9，刀库中容有16把刀具，可以完成各种孔加工和铣削加工。操作面板8悬挂在操作者右前方，以便于操作，机床各工作状态显示在面板上。

加工中心既可以单机使用，也能在计算机辅助控制下多台同时使用，构成柔性生产线。还可以与工业机器人、立体仓库等组合成无人工厂。随着21世纪现代制造业的技术发展，机械加工的工艺与装备在数字化基础上正向智能化、信息化、网络化迈进，而作为前沿工艺装备的先进数控设备大量取代传统机加工设备将是必然趋势。

思考与练习题（Question and Excercise）

2-1　加工精度要求高、表面粗糙度值小的纯铜或铝合金轴外圆，应选用哪种加工方法？为什么？

2-2　外圆粗车、半精车和精车的作用、加工质量和技术措施有何不同？

2-3　外圆磨削前为什么只进行粗车和半精车，而不需要精车？

2-4　磨削为什么能达到较高的精度和较小的表面粗糙度值？

2-5　无心磨的导轮轴线为什么要与工作砂轮轴线成 α 角？导轮圆周面的素线为什么是双曲线？工件的纵向进给速度如何调整？

2-6　研磨与超精加工的加工原理、工艺特点和应用场合有哪些不同？

2-7　加工相同材料、尺寸、精度和表面粗糙度的外圆面和孔时，哪一个更困难些？为什么？

2-8　在车床上钻孔和在钻床上钻孔产生的“引偏”对所加工的孔的影响有何不同？在随后的精加工中，哪一种比较容易纠正？为什么？

2-9　扩孔、铰孔为什么能达到较高的精度和较小的表面粗糙度值？

2-10　镗床镗孔与车床镗孔有何不同？各适合于什么场合？

2-11　拉孔为什么无需精确的预加工？拉削能否保持孔与外圆的同轴度要求？

2-12　内圆磨削的精度和生产率为什么低于外圆磨削？表面粗糙度 *Ra* 值为什么也略大于外圆磨削？

2-13　珩磨时，珩磨头与机床主轴为何要作浮动连接？珩磨能否提高孔与其他表面之间的位置精度？

2-14　牛头刨床和龙门刨床的应用有何区别？工件常用的装夹方法分别有哪些？

2-15　为什么刨削、铣削只能得到中等精度和表面粗糙度？

2-16　插削适合于加工什么表面？

2-17　从理论上分析，用周铣法铣平面时，顺铣有哪些优点？实际生产中，目前多采用哪种铣削方式？为什么？

2-18　试述成形法和展成法的齿形加工原理有何不同？

2-19　为什么插齿和滚齿的加工精度和生产率比铣齿高？滚齿和插齿的加工质量有什么差别？

2-20　哪种磨齿方法生产率高？哪一种的加工质量好？为什么？

2-21　什么是数控技术？什么是数控机床？

2-22　数控系统由哪些部分组成？各个部分的作用是什么？

2-23　与普通机床相比，数控机床生产率比较高的主要原因是什么？

综合实训（Comprehensive Training）

2-1　试确定下列零件外圆面的加工方案：

1）纯铜小轴，ϕ20h7，*Ra*0.8μm；

2）45 钢轴，ϕ50h6，*Ra*0.2μm。

2-2　下列零件上的孔，用何种加工方案比较合理？

1）单件小批生产中，铸铁齿轮上的孔，ϕ20H7，*Ra*1.6μm。

2）大批量生产中，铸铁齿轮上的孔，ϕ50H7，*Ra*0.8μm。

3）变速箱（铸铁）上传动轴的轴承孔，ϕ62J7，*Ra*0.8μm。

4）高速钢三面刃铣刀上的孔，ϕ27H6，*Ra*0.2μm。

2-3　试述下列零件上平面的加工方案：

1）单件小批生产中，机座（铸铁）的底面：500mm×300mm，*Ra*3.2μm。

2）成批生产中，铣床工作台（铸铁）台面：1250mm×300mm，*Ra*1.6μm。

3）大批量生产中，发动机连杆（45 调质钢，217～255HBW）侧面：25mm×10mm，*Ra*3.2μm。

创新案例（Innovation Case）

车削加工是机械制造业中最基本、最广泛、最重要的一种加工方法。它是对已经退火的或硬度较低的毛坯进行切削加工。如果被加工零件的硬度大于55HRC，抗拉强度 $R_m = 2100 \sim 2600$MPa，传统的车削加工就难以胜任，甚至无法实现。在这种情况下，只能采用硬车削加工。

所谓硬车削加工，就是把淬火钢的车削作为最终加工或精加工的工艺方法。精磨是精加工方法中最常用的一种，但精磨余量一般很小，生产率低，还容易造成环境污染。若在韧性较好的硬质合金刀具上，涂敷一层或多层的TiN、Al_2O_3，或多晶立方氮化硼（PCBN），就可在车床或车削加工中心对淬火钢进行切削加工，这种切削方法称为硬车削加工。

硬车削加工效率高，材料切除率为磨削加工的3～4倍，能量消耗仅为普通磨削的1/5，表面质量 Ra 可达10～5μm，均方根值平均小于20μm。

硬车削加工技术广泛用于轧辊加工行业、工业泵加工行业、汽车加工行业等。

第 3 章 机械加工工艺规程设计

（Design of Machining Process Planning）

在实际生产中，由于零件的生产类型、材料、结构、形状、尺寸和技术要求不同，一个零件往往不是单独在一种机床上、用一种加工方法就能完成的，而是要经过一定的工艺过程才能完成其加工。

在对具体零件加工时，可以采用不同的工艺方案进行。虽然这些方案都可能加工出合格零件，但从生产效率和经济效益来看，应该选择切实可行并且加工容易的最合理的加工方法。为了正确地进行机器零件的加工，不仅需要选择组成零件的每一个表面的加工方法及其所用的机床，而且需要合理地选择定位基准和安排各表面的加工顺序，即合理地制订零件的切削加工工艺过程，以确保零件加工质量，提高生产率和降低成本。

3.1 机械加工工艺规程的基本概念（Fundamental Concept of Machining Process Planning）

3.1.1 机械加工工艺过程的概念及组成（Concept and Composition of Mechanical Machining Process）

1. 机械加工工艺过程的概念

制造机械产品时，将原材料制成各种零件并装配成机器的全过程称为生产过程。其中包括原材料的运输、保管、生产准备、制造毛坯、切削加工、装配、检验及试车、涂装和包装等。

在生产过程中，直接改变生产对象的形状、尺寸、表面质量、性质及相对位置使其成为成品或半成品的过程称为工艺过程。零件毛坯的制造（铸造、锻压、焊接等）、机械加工、热处理和装配等都属于工艺过程。工艺过程是生产过程的核心组成部分。

采用机械加工的方法按一定顺序直接改变毛坯的形状、尺寸及表面质量，使其成为合格零件的工艺过程称为机械加工工艺过程。它是生产过程的重要内容。

2. 机械加工工艺过程的组成

零件的机械加工工艺过程由许多工序组合而成，每个工序又由一个或若干个安装、工位、工步和进给等组成。

（1）工序　工序是机械加工工艺过程的基本单元。工序是指由一个或一组工人在同一台机床或同一个工作地，对一个或同时对几个工件所连续完成的一部分工艺过程。

工作地、工人、工件与连续作业构成了工序的四个要素，若其中任一要素发生变更，则构成了另一道工序。

一个工艺过程需要包括哪些工序是由被加工零件的结构复杂程度、加工精度要求及生产类型所决定的。如图 3-1 所示的阶梯轴的加工，因不同的生产批量，就有不同的工艺过程及工序，见表 3-1 和表 3-2。

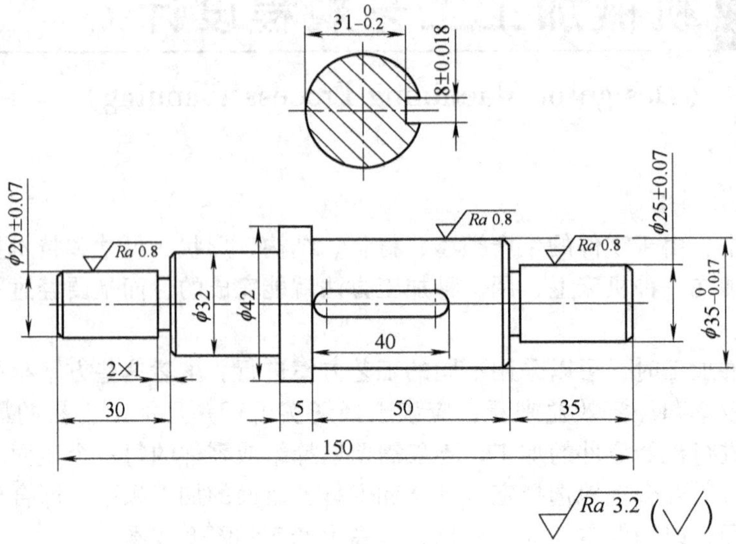

图 3-1　阶梯轴的加工

表 3-1　单件生产阶梯轴的工艺过程

工序号	工序名称和内容	设　备
1	车端面，钻中心孔，车外圆，切退刀槽，倒角	车床
2	铣键槽	铣床
3	磨外圆	磨床
4	去毛刺	钳工台

表 3-2　大批量生产阶梯轴的工艺过程

工序号	工序名称和内容	设　备
1	铣端面，钻中心孔	铣钻联合机床
2	粗车外圆	车床
3	精车外圆，倒角，切退刀槽	车床
4	铣键槽	铣床
5	磨外圆	磨床
6	去毛刺	钳工台

（2）安装　安装是指工件每经一次装夹后所完成的部分工序。

在一道工序中，工件在加工位置上至少要装夹一次，但有的工件也可能会装夹几次。如表 3-2 中的第 2、3 及 5 工序，需掉头经过两次安装才能完成其工序的全部内容。

在实际生产中应尽可能减少装夹次数。因为多一次装夹就多一次安装误差，同时增加了装卸辅助时间。

（3）工位　工位是指工件在机床上占据每一个位置所完成的那部分工序。

为减少装夹次数，常采用多工位夹具或回转工作台，使工件在一次安装中先后经过若干个不同位置顺次进行加工。在回转工作台上一次安装完成零件的装卸、钻孔、扩孔、铰孔的加工实例如图3-2所示。Ⅰ为装卸工位，Ⅱ为钻孔工位，Ⅲ为扩孔工位，Ⅳ为铰孔工位。

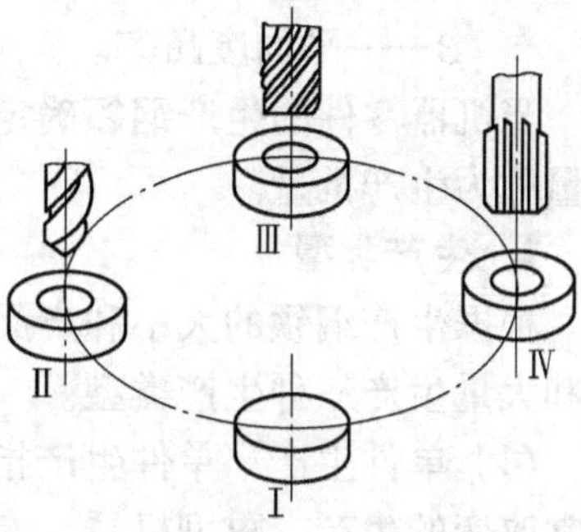

图3-2　多工位加工

（4）工步　工步是指在同一个工序中，加工表面、切削刀具和切削用量（仅指主轴转速和进给量）都不变的情况下所完成的一部分工艺过程。变化其中的一个就是另一个工步。

如图3-3所示车削阶梯轴 ϕ85mm 外圆面为第一工步，车削 ϕ65mm 外圆面为第二工步。有时为了提高生产率，用几把刀具同时加工几个待加工表面，这也可看做一个工步，称为复合工步，如图3-4所示。

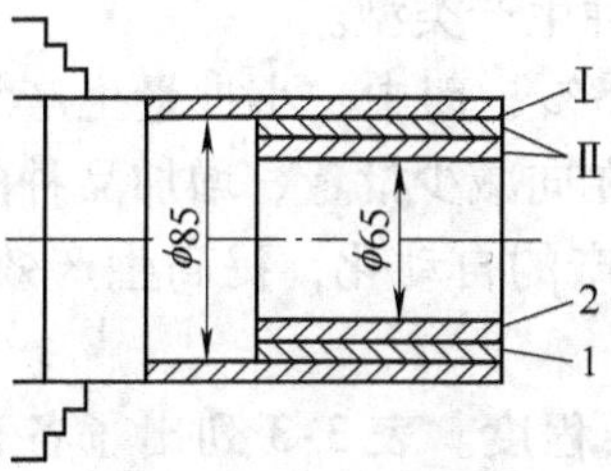

图3-3　车削阶梯轴
Ⅰ—第一工频（在 ϕ85mm）
Ⅱ—第二工步（在 ϕ65mm）
1—第二工步第一次进给
2—第二工步第二次进给

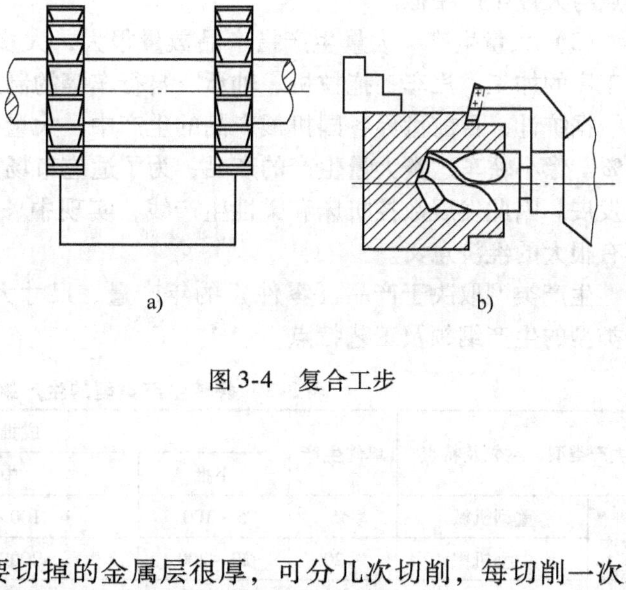

图3-4　复合工步

（5）进给　在一个工步中，如果要切掉的金属层很厚，可分几次切削，每切削一次就称为一次进给。如图3-3所示车削阶梯轴的第二工步中，就包含了两次进给。

3.1.2　生产纲领与生产类型（Production Program and Type）

1. 生产纲领

生产纲领是指企业在计划期内应当生产的产品产量和进度计划，一般指年产量。机器产品中某零件的生产纲领除了该产品在计划期内的产量外，还需包括一定的备品率和平均废品率。机器零件的生产纲领可按下式计算。即

$$N_{零} = Nn\ (1+\alpha+\beta)$$

式中　$N_{零}$——机器零件的生产纲领；

N——机器产品在计划期内的产量；

n——每台机器产品中该零件的数量；

α——备品率；

β——平均废品率。

当机器零件的生产纲领确定后，还要根据车间的情况按一定期限分批投产，每批投产的数量称为生产批量。

2. 生产类型

根据生产纲领的大小和产品品种的多少，机械制造企业的生产可分为单件生产、成批生产和大量生产三种生产类型。

（1）单件生产　单件生产指加工的产品产量很小，很少重复生产，工作地点的加工对象经常改变的生产。重型机器、专用设备或新产品试制都属于单件生产。

（2）成批生产　一年中分批地制造相同的产品，生产周期性地重复，这种生产属于成批生产。普通机床、纺织机械等的制造多属此种生产类型。

每批所制造的相同产品的数量称为批量。按照批量的大小，成批生产又可分为小批生产、中批生产和大批生产三种类型。小批生产的工艺特点与单件生产相似，大批生产的工艺特点与大量生产相似。

（3）大量生产　大量生产指产品数量很大，大多数工作地点长期进行某一零件的某一道工序的加工。汽车、拖拉机、轴承、自行车等的制造多属此种生产类型。

据统计，目前世界各国机械产品的生产中，大量生产仅占5%，而中、小批量生产约占70%。像小轿车这类大量生产的产品，为了适应市场需要，也在向减少批量、增加品种的方向发展。因此发展数控机床和柔性生产线，实现中、小批量生产的自动化，提高生产效率，具有很大的经济意义。

生产类型取决于产品（零件）的年产量、尺寸大小及复杂程度。表3-3列出了各种生产类型的生产纲领及工艺特点。

表3-3　各种生产类型的生产纲领及工艺特点　（单位：件）

<table>
<tr><th colspan="2" rowspan="2">生产类型、纲领及特点</th><th rowspan="2">单件生产</th><th colspan="3">成批生产</th><th rowspan="2">大量生产</th></tr>
<tr><th>小批</th><th>中批</th><th>大批</th></tr>
<tr><td rowspan="3">生产类型</td><td>重型机械</td><td><5</td><td>5~100</td><td>100~300</td><td>300~1000</td><td>>1000</td></tr>
<tr><td>中型机械</td><td><20</td><td>20~200</td><td>200~500</td><td>500~5000</td><td>>5000</td></tr>
<tr><td>轻型机械</td><td><100</td><td>100~500</td><td>500~5000</td><td>5000~50000</td><td>>50000</td></tr>
<tr><td rowspan="4">工艺特点</td><td>毛坯的制造方法及加工余量</td><td colspan="2">自由锻造，木模手工造型；毛坯精度低，余量大</td><td>部分采用模锻，金属模造型；毛坯精度及余量中等</td><td colspan="2">广泛采用模锻、机器造型等高效方法；毛坯精度高，余量小</td></tr>
<tr><td>机床设备及机床布置</td><td colspan="2">通用机床按机群式排列；部分采用数控机床及柔性制造单元</td><td>通用机床和部分专用机床及高效自动机床；机床按零件类别分工段排列</td><td colspan="2">高效专用夹具；定程及自动测量控制尺寸</td></tr>
<tr><td>夹具及尺寸保证</td><td colspan="2">通用夹具，标准附件或组合夹具；划线试切保证尺寸</td><td>通用夹具，专用或组合夹具；定程法保证尺寸</td><td colspan="2">高效专用夹具；定程及自动测量控制尺寸</td></tr>
<tr><td>刀具、量具</td><td colspan="2">通用刀具，标准量具</td><td>专用或标准刀具、量具</td><td colspan="2">专用刀具、量具，自动测量</td></tr>
</table>

（续）

生产类型、纲领及特点		单件生产	成批生产			大量生产
			小批	中批	大批	
工艺特点	零件的互换性	配对制造，互换性低，多采用钳工修配		多数互换，部分试配或修配		全部互换，高精度偶件采用分组装配、配磨
	工艺文件的要求	编制简单的工艺过程卡片		编制详细的工艺过程卡片及关键工序的工序卡片		编制详细的工艺过程、工序卡片及调整卡片
	生产率	用传统加工方法，生产率低，用数控机床可提高生产率		中等		高
	成本	较高		中等		低
	对工人的技术要求	需要技术熟练的工人		需要一定熟练程度的技术工人		对操作工人的技术要求较低，对调整工人的技术要求较高
	发展趋势	采用成组工艺、数控机床、加工中心及柔性制造单元		采用成组工艺，用柔性制造系统或柔性自动线		用计算机控制的自动化制造系统、车间或无人工厂，实现自适应控制

3.1.3 机械加工工艺规程（Machining Process Planning）

1. 机械加工工艺规程的概念

零件机械加工工艺规程是规定零件机械加工工艺过程和方法的工艺文件。它是在具体的生产条件下，将最合理或较合理的工艺过程用图表（或文字）的形式制成文本，用来指导生产、管理生产的文件。

2. 机械加工工艺规程的内容

工艺规程一般包括零件的加工工艺路线、各工序基本加工内容、切削用量、工时定额及采用的机床和工艺装备（刀具、夹具、量具、模具）等。

3. 机械加工工艺规程的作用

1）工艺规程是指导生产的主要技术文件。合理的工艺规程是建立在正确的工艺原理和实践基础上的，是科学技术和实践经验的结晶。因此，它是获得合格产品的技术保证，一切生产和管理人员必须严格遵守。

2）工艺规程是生产组织管理工作、计划工作的依据。原材料的准备、毛坯的制造、设备和工具的购置、专用工艺装备的设计制造、劳动力的组织、生产进度计划的安排等工作都是依据工艺规程来进行的。

3）工艺规程是新建或扩建工厂或车间的基本资料。在新建、扩建或改造工厂、车间时，需依据产品的生产类型及工艺规程来确定机床和设备的数量及种类，工人的工种、数量及技术等级，车间面积及机床的布置等。

常用加工工艺文件包括加工工艺过程卡片、工序卡片、综合卡片，如表3-4、表3-5和表3-6所示。

表3-4 机械加工工艺过程卡片

	机械加工工艺过程卡片	产品型号		零件图号			
		产品名称		零件名称		共 页	第 页

材料牌号	(1)	毛坯种类	(2)	毛坯外形尺寸	(3)	每毛坯可制件数	(4)	每台件数	(5)	备注	(6)

工序号	工序名称	工序内容	车间	工段	设备	工艺装备	工时	
							准终	单件
(7)	(8)	(9)	(10)	(11)	(12)	(13)	(14)	(15)

描图
描校
底图号
装订号

										设计（日期）	审核（日期）	标准化（日期）	会签（日期）	
标记	处数	更改文件号	签字	日期	标记	处数	更改文件号	签字	日期					

表3-5 机械加工工序卡片

机械加工工序卡片	产品型号		零件图号		
	产品名称		零件名称		共 页 第 页

车间	工序号	工序名称	材料牌号
(1)	(2)	(3)	(4)
毛坯种类	毛坯外形尺寸	每毛坯可制件数	每台件数
(5)	(6)	(7)	(8)
设备名称	设备型号	设备编号	同时加工件数
(9)	(10)	(11)	(12)

夹具编号	夹具名称	切削液	
(13)	(14)	(15)	
工件器具编号	工件器具名称	工序工时	
		准终	单件
(16)	(17)	(18)	(19)

工号		工步内容	工艺设备	主轴转速 /(r/min)	切削速度 /(m/min)	进给量 /(mm/r)	背吃刀量 /mm	进给次数	工步工时	
									机动	辅助
(20)		(21)	(22)	(23)	(24)	(25)	(26)	(27)	(28)	(29)

描 图							
描 校							
底图号							
装订号							

标记	处数	更改文件号	签字	日期	标记	处数	更改文件号	签字	日期	设计（日期）	审核（日期）	标准化（日期）	会签（日期）	

表3-6 机械加工工艺综合卡片

<table>
<tr><td colspan="3" rowspan="2">工 厂</td><td colspan="4" rowspan="2">机械加工工艺综合卡片</td><td>产品型号</td><td></td><td colspan="2">零（部）件图号</td><td colspan="3"></td><td colspan="2">共 页</td></tr>
<tr><td>产品名称</td><td></td><td colspan="2">零（部）件名称</td><td colspan="3"></td><td colspan="2">第 页</td></tr>
<tr><td colspan="3">材料牌号</td><td></td><td>毛坯种类</td><td></td><td>毛坯外形尺寸</td><td colspan="2"></td><td>每毛坯件数</td><td></td><td colspan="2">每合件数</td><td></td><td>备注</td><td></td></tr>
<tr><td rowspan="2">工序</td><td rowspan="2">装夹</td><td rowspan="2">工步</td><td rowspan="2">工序内容</td><td rowspan="2">同时加工零件数</td><td colspan="4">切削用量</td><td rowspan="2">设备名称及编号</td><td colspan="3">工艺装备名称及编号</td><td rowspan="2">技术等级</td><td colspan="2">工时定额</td></tr>
<tr><td>背吃刀量/mm</td><td>切削速度/(m/min)</td><td>每分钟转数或往复次数</td><td>进给量/(mm或mm/双行程)</td><td>夹具</td><td>刀具</td><td>量具</td><td>单件</td><td>准终</td></tr>
<tr><td></td><td></td><td></td><td></td><td></td><td></td><td></td><td></td><td></td><td></td><td></td><td></td><td></td><td></td><td></td><td></td></tr>
<tr><td></td><td></td><td></td><td></td><td></td><td></td><td></td><td></td><td></td><td></td><td>编制（日期）</td><td>审核（日期）</td><td colspan="3">会签（日期）</td><td></td></tr>
<tr><td></td><td></td><td></td><td></td><td></td><td></td><td></td><td></td><td></td><td></td><td rowspan="2"></td><td rowspan="2"></td><td colspan="3" rowspan="2"></td><td rowspan="2"></td></tr>
<tr><td>标记</td><td>处数</td><td>更改文件号</td><td>签字</td><td>日期</td><td>标记</td><td>处数</td><td>更改文件号</td><td>签字</td><td>日期</td></tr>
</table>

3.2 零件工艺性分析与毛坯的选择（Process Analysis of Workpiece and Selection of Blank）

3.2.1 零件的工艺分析（Process Analysis of Workpiece）

在制订零件的机械加工工艺规程之前，首先应对该零件的工艺性进行分析。零件的结构工艺性是指所设计的零件在满足要求的前提下，其制造的可行性和经济性。良好的结构工艺性是指在现有工艺条件下既能方便地制造，又有较低的制造成本。

关于切削零件的结构工艺性分析主要包括以下几个方面的内容：

1. 合理确定零件的技术要求

不需要加工的表面，不要设计成加工面；要求不高的表面，不应设计为高精度和表面粗糙度 Ra 值低的表面，否则会使成本提高。

2. 遵循零件结构设计的标准化

（1）尽量采用标准化参数　在确定零件的孔径、锥度、螺纹孔径和螺距、齿轮模数和压力角、圆弧半径、沟槽等参数时，尽量选用有关标准推荐的数值，这样可使用标准的刀具、夹具、量具，减少专用工装的设计、制造周期和费用。

（2）尽量采用标准件　螺钉、螺母、轴承、垫圈、弹簧、密封圈等零件一般由标准件厂生产，可根据需要选用，这样，不仅可缩短设计制造周期，使用和维修也方便，而且较经济。

（3）尽量采用标准型材　只要能满足使用要求，在进行零件毛坯选择时尽量采用标准型材，这样不仅可减少毛坯制造的工作量，而且可减少切削加工的工时及节省材料。

3. 合理标注尺寸

对于零件图上的尺寸，其标注的合理性对保证产品的使用性能和零件机械加工的难易程度有很大的影响。

对需要满足结构设计要求的尺寸（通常是影响装配精度的尺寸），应按装配尺寸链计算出的尺寸及公差进行标注，其余的尺寸则应按工艺要求标注。标注时应注意以下几个问题：

1）按加工顺序标注尺寸，尽量减少尺寸换算，便于方便、准确地进行测量。

2）从实际存在的和易测量的表面标注尺寸，在加工时应尽量使工艺基准与设计基准重合。

3）零件各非加工面的位置尺寸应直接标注，而非加工面与加工面之间只能有一个联系尺寸。

4. 零件结构要便于加工

1）设计的零件结构要便于安装，定位准确，加工稳定、可靠。

2）结构设计要能减小毛坯余量，选用可加工性好的材料。

3）各要素的形状应尽量简单，加工面积要尽量小，规格应尽量统一。

4）零件结构尽量能采用标准刀具进行加工，且刀具易进入、退出和顺利通过加工表面。

5）零件加工时应使刀具有良好的切削条件，以减少刀具磨损，并保证加工质量。

表3-7对零件的结构工艺性优劣进行了对比，以供参考。

表 3-7 零件结构工艺性优劣对比

零件结构		
工艺性不好	工艺性好	说明
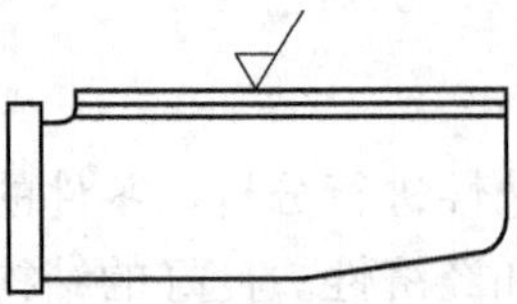	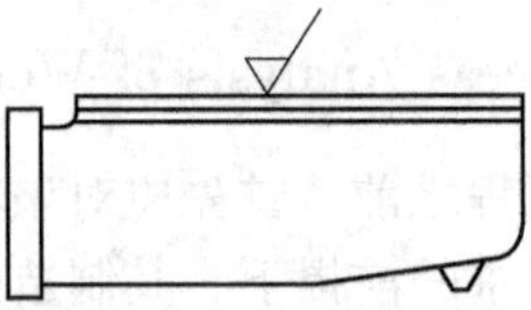	便于安装找正，增加工艺凸台，可在精加工后切除
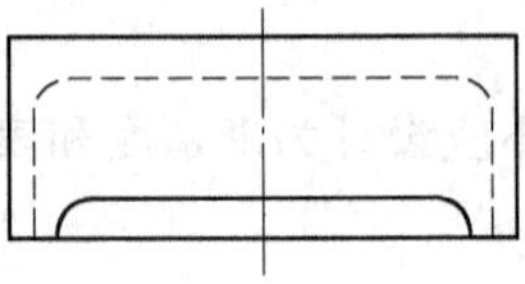	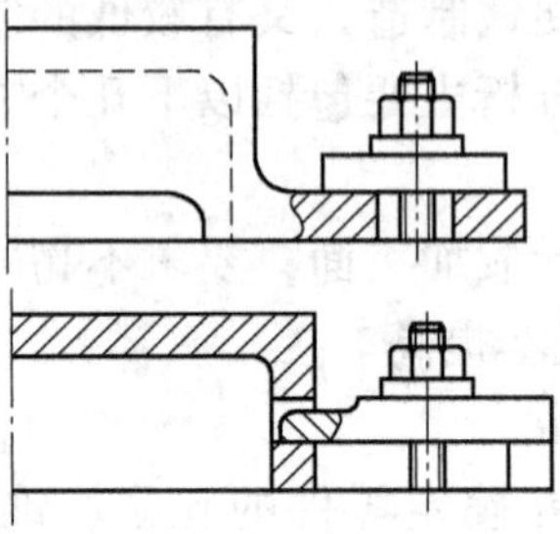	在平板侧面增设装夹用的凸缘或孔，便于可靠地夹紧，也便于吊装和搬运
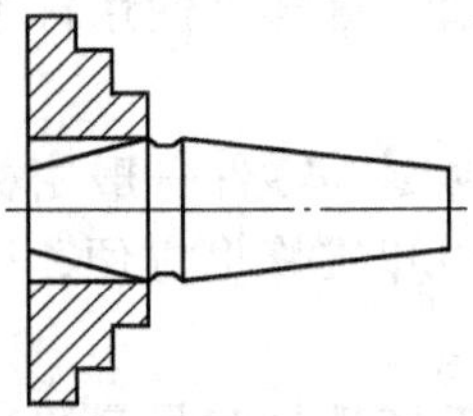	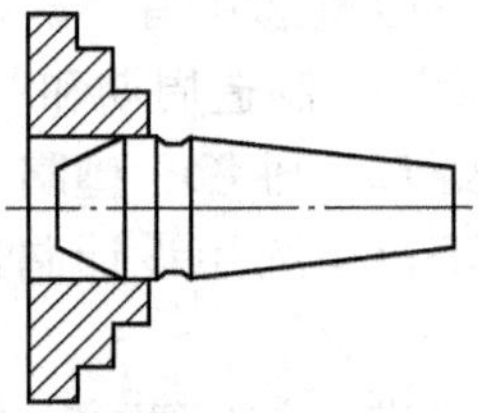	工件与卡爪的接触面积增大，安装较易
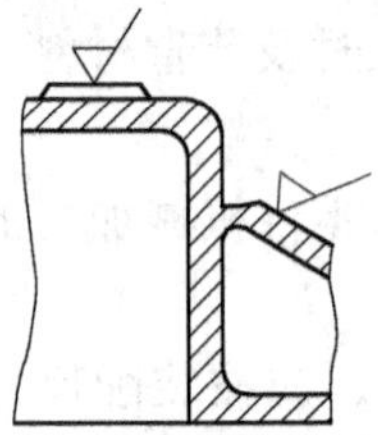	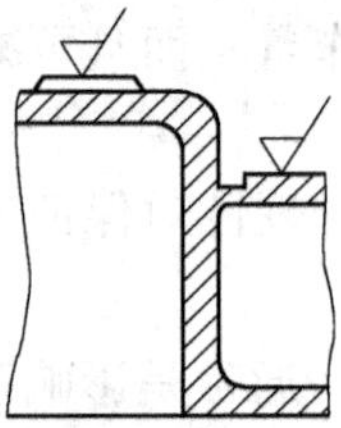	一次安装可同时加工几个表面
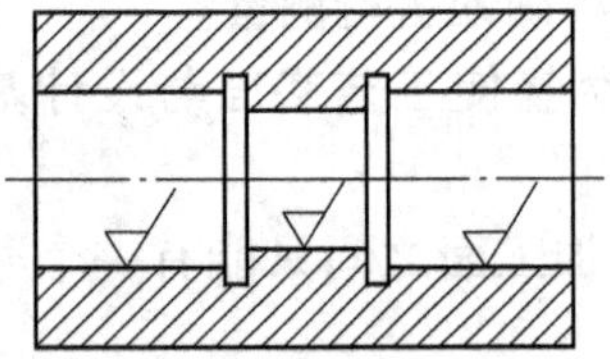	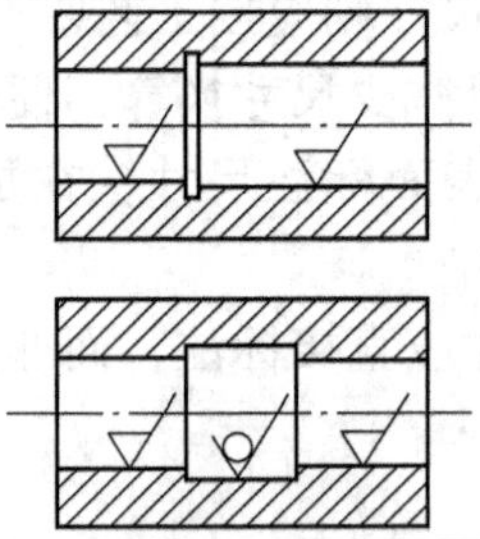	改进后可在一次安装中加工出来
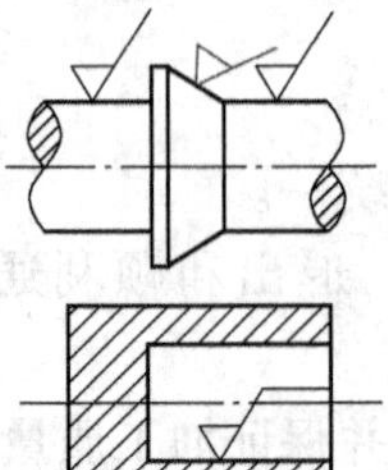	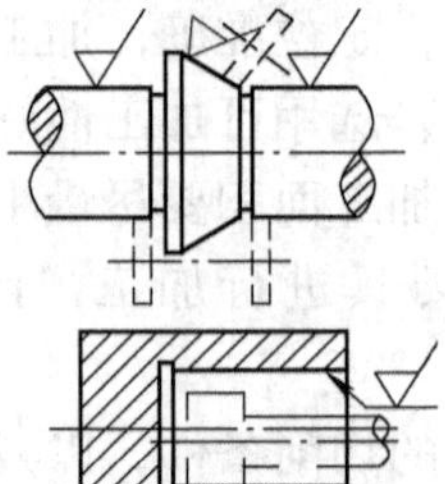	磨削时，各表面间的过渡部分应设计出越程槽

（续）

零件结构		
工艺性不好	工艺性好	说　明
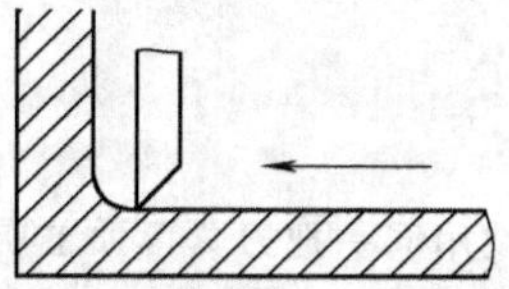	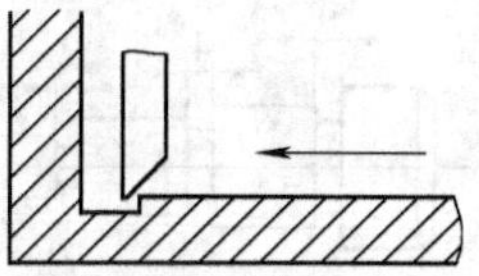	刨削时，在平面的前端要有让刀的部位
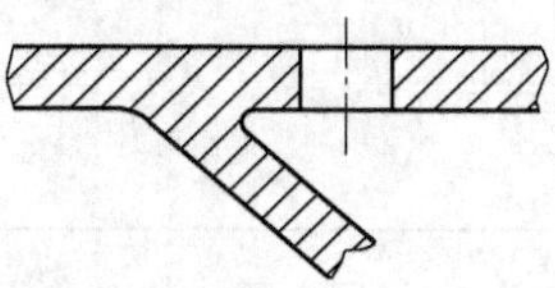	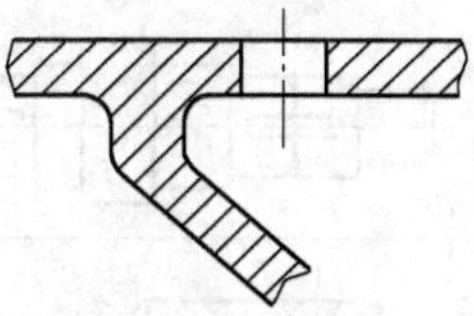	留有较大的空间，以保证快速钻削的正常进行
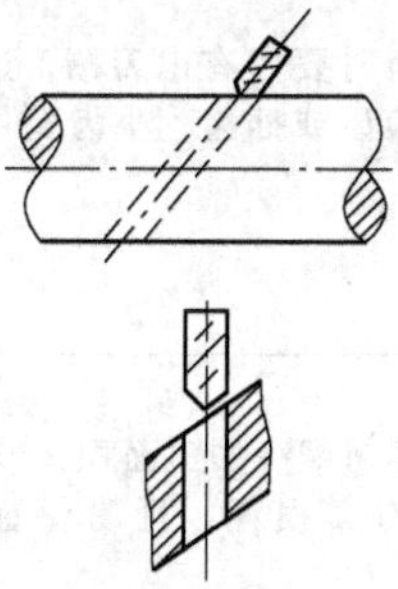	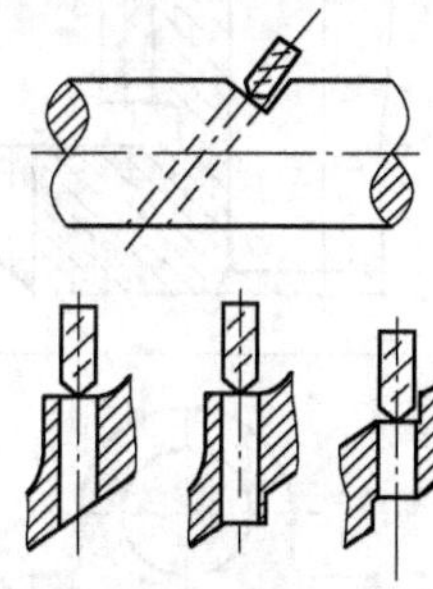	避免在曲面或斜壁上钻孔，以免钻头单边切削
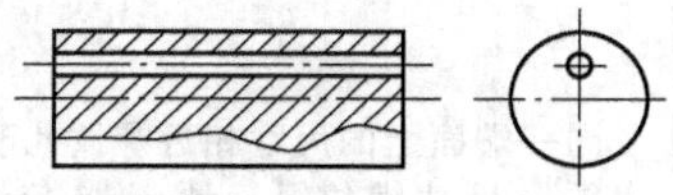	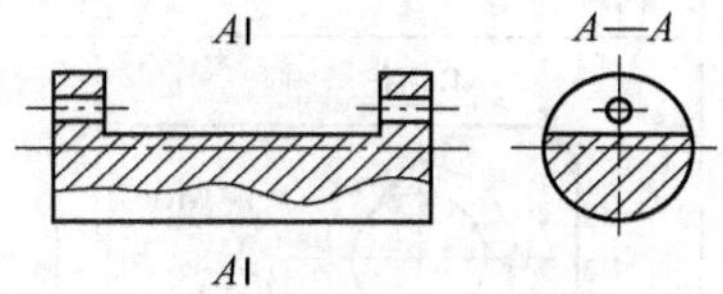	避免深孔钻削，效率低，散热排屑条件差
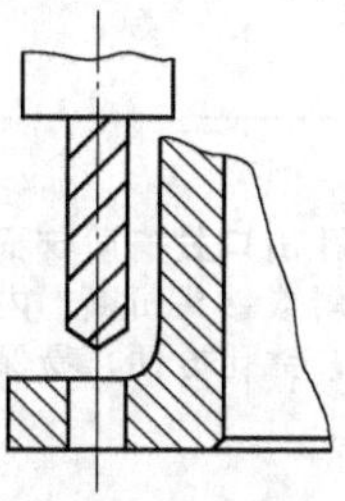	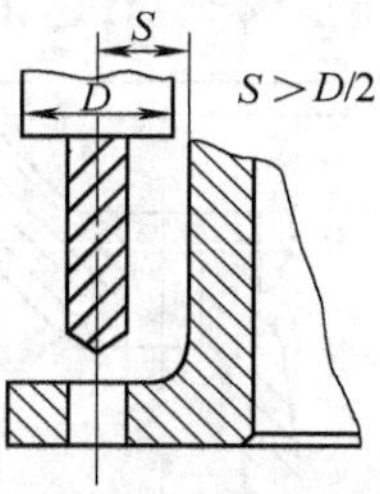	孔的位置不能距壁太近，改进后可采用标准刀具，并保证加工精度
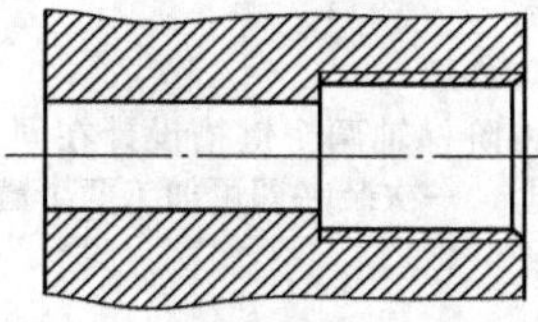	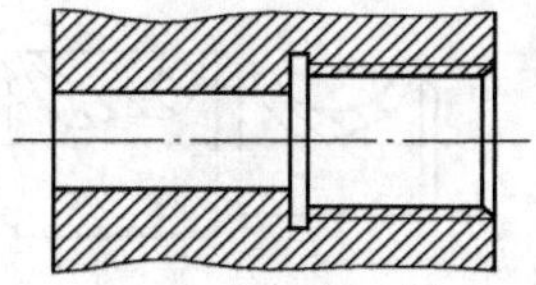	车螺纹时，要留有退刀槽，可使螺纹清根，操作相对容易，避免打刀
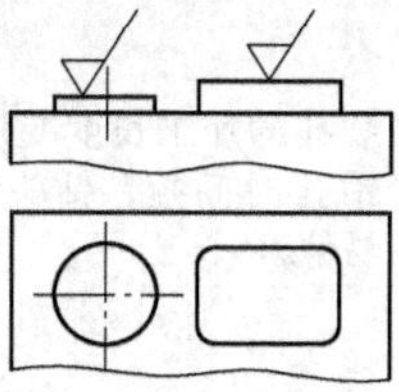	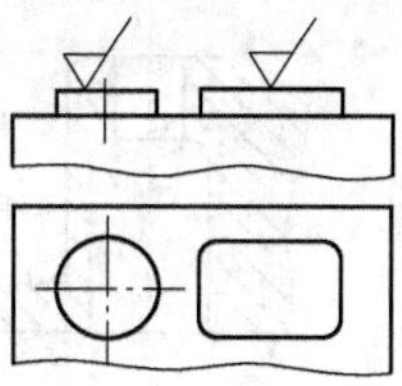	加工面在同一高度，一次调整刀具，可加工两个平面，生产率高，易保证精度

（续）

零件结构		
工艺性不好	工艺性好	说明
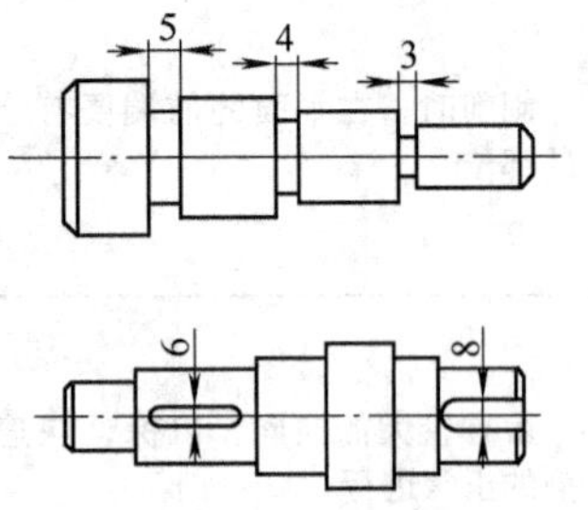	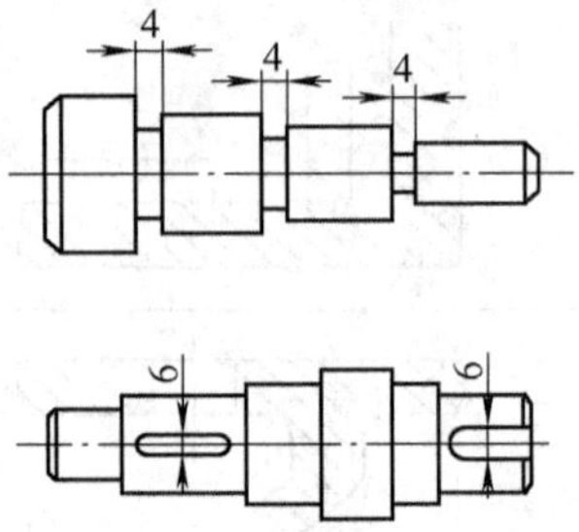	使用同一把刀具可加工所有空刀槽
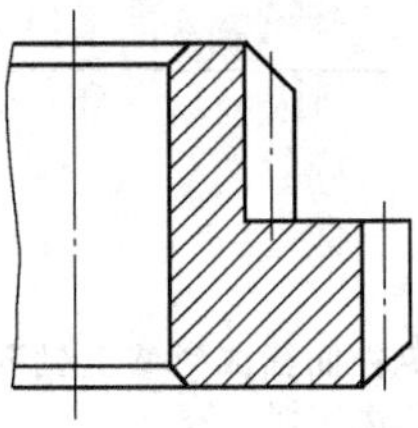	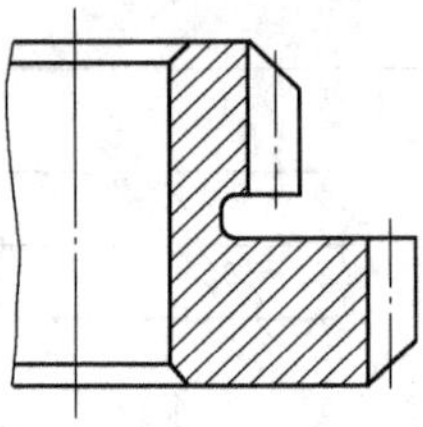	插齿时要留有退刀槽，这样大齿轮可滚齿或插齿，小齿轮可以插齿加工
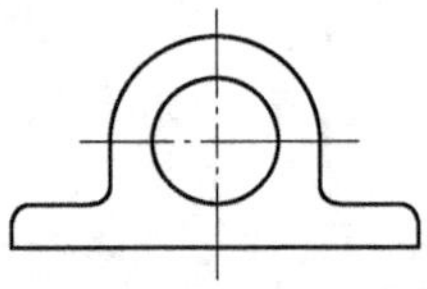	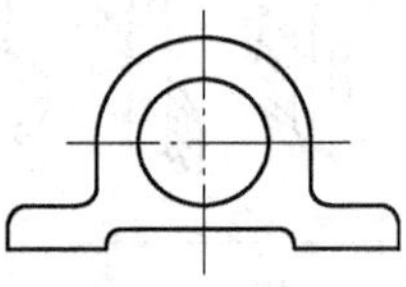	应尽量减少加工面积，节省工时，减少刀具损耗，且易保证平面度要求
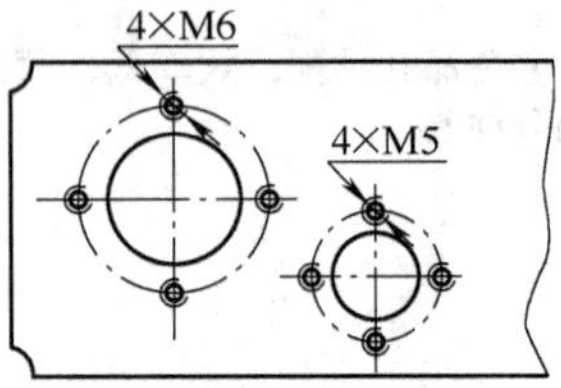	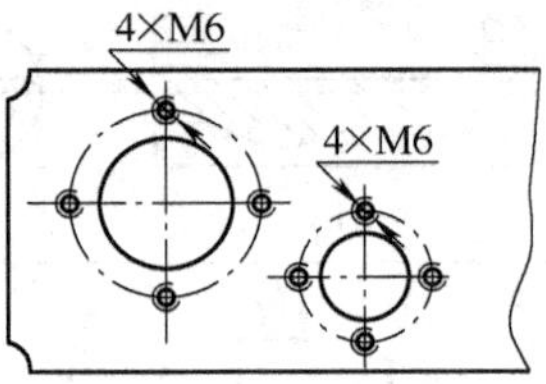	同一端面上的尺寸相近螺纹孔改为同一尺寸螺纹孔，便于加工和装配
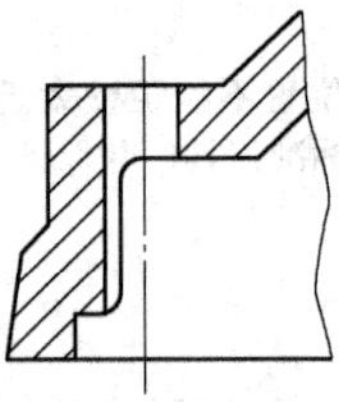	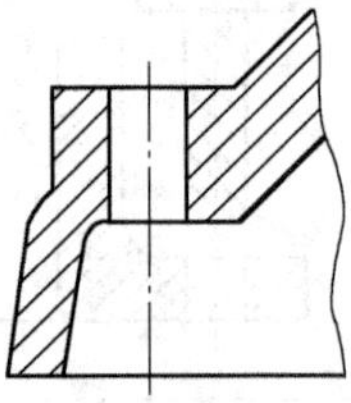	内壁孔出口处有阶梯面，钻孔时孔易偏斜或钻头折断，内壁孔出口处平整，钻孔方便，易保证孔中心位置度
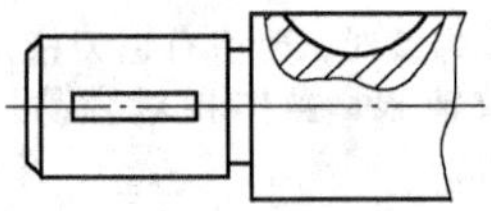	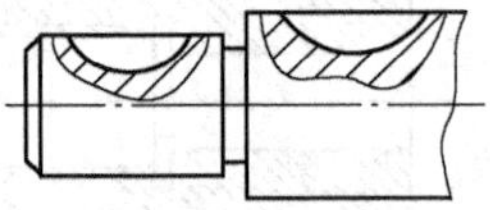	将阶梯轴两个键槽设计在同一方向上，一次装夹即可加工两个键槽
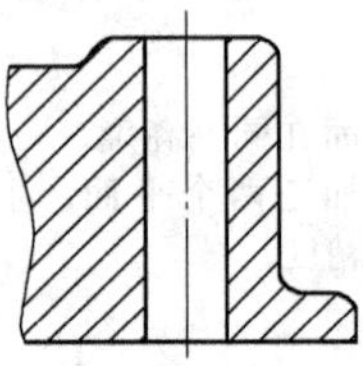	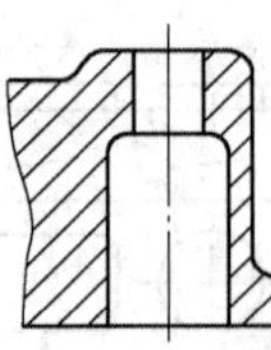	使安装孔的加工长度变短，下端空刀，钻孔时间短，钻头寿命长，钻头不易偏斜

（续）

零件结构		说　明
工艺性不好	工艺性好	
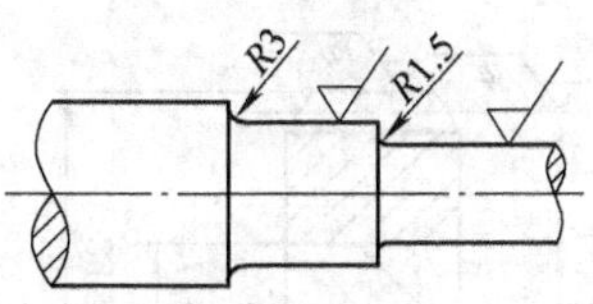	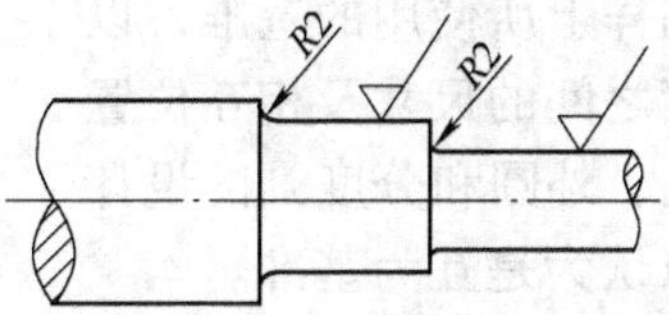	轴上的过渡圆角尽量一致，便于加工
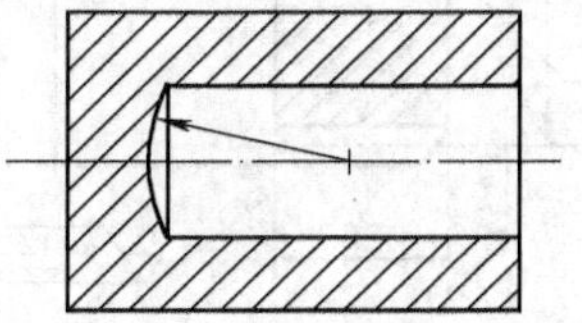	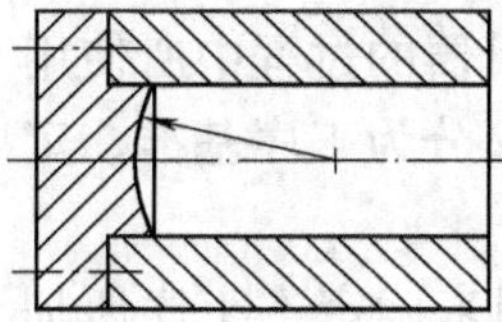	改进后可用两种材料，并改善了热处理工艺性

3.2.2 毛坯的选择（Selection of Blank）

机械加工的加工质量、生产效率和经济效益在很大程度上取决于所选用的工件毛坯。常用的毛坯类型有型材、铸件、锻件、冲压件和焊接件等。影响毛坯选择的因素很多，如零件的材料、结构和尺寸，零件的力学性能要求和加工成本等。毛坯的选择主要依据以下几方面的因素：

1）零件材料及其力学性能。零件材料决定了所用毛坯的种类。例如，材料为铸铁，就应该选择铸造毛坯；对于钢质材料的零件，尺寸适中时可选用型材；当零件的力学性能要求较高时，要选用锻造毛坯；有色金属常用型材或铸造毛坯。

2）零件的结构形状及其尺寸。直径相差不大的阶梯轴零件可选用棒料作毛坯；直径相差较大时，为节省材料，减少机械加工量，可采用锻造毛坯；尺寸较大的钢件可采用自由锻造毛坯；形状复杂的钢质零件需采用模锻。对于箱体、支架等零件，一般采用铸造毛坯，大型设备的支架可采用焊接结构。

3）生产类型。大量生产时，应采用精度高、生产率高的毛坯制造方法，如机器造型、熔模铸造、冷轧、冷拔、冲压加工等。单件小批生产则采用木模手工造型、焊接、自由锻等。

4）现有条件。应根据毛坯车间现有生产条件及技术水平来选用毛坯类型，或者通过外协获得各种毛坯。

5）选择毛坯还应考虑利用新工艺、新技术和新材料的可能性，如精铸、精锻、冷轧、冷挤压、粉末冶金和工程塑料等。应用这些毛坯制造方法后，可大大减少机械加工量，有时甚至可不再进行机械加工，其经济效果非常显著。

3.3 定位基准的选择（Selection of Location Datum）

3.3.1 基准的概念及分类（Concept and Classification of Datum）

在零件的设计和加工过程中，经常要用到某些点、线、面来确定其要素间的几何关系，这些作为依据的点、线、面称为基准。

基准按作用不同分为设计基准和工艺基准两大类。

1. 设计基准

设计基准是设计时在零件图样上所使用的基准，以设计基准为依据确定各几何要素之间的尺寸及相互位置关系，如图 3-5 所示。齿轮内孔、外圆和分度圆的设计基准是齿轮的轴线，两端面可以认为是互为基准。

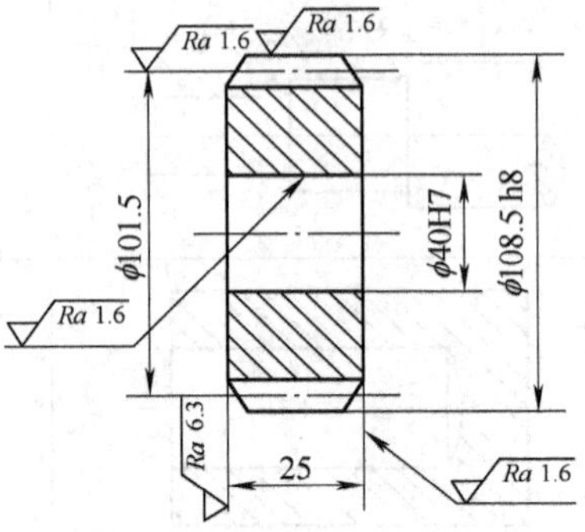

图 3-5　设计基准

2. 工艺基准

工艺基准是在制造零件和装配机器的过程中所使用的基准。按其用途不同，工艺基准又分为工序基准、定位基准、测量基准和装配基准。

1）工序基准。在工序图上，用来确定本工序所加工表面加工后的尺寸、位置的基准，称为工序基准。工序基准可以采用工件上的实际点、线、面，也可以是工件表面的几何中心、对称面或对称线等。图 3-6 所示工件，加工表面为 ϕD 孔，要求其中心线与 A 面垂直，并且 C 面和 B 面距离尺寸为 L_1 和 L_2，因此表面 A、B、C 均为本工序的工序基准。

2）定位基准。定位基准是指工件在加工时用来确定工件对于机床及刀具相对位置的表面。

例如，车削图 3-5 所示齿轮轮坯的外圆和左端面时，若用已经加工过的内孔将工件安装在心轴上，则孔的轴线就是外圆和左端面的定位基准。

必须指出的是，工件上作为定位基准的点或线，总是由具体表面来体现的，这个表面称为定位基准面。例如，图 3-5 所示齿轮孔的轴线，并不具体存在，而是由内孔表面来体现的，所以确切地说，上例中的内孔是加工外圆和左端面的定位基准面。

3）测量基准。在测量时所用的基准，称为测量基准。如图 3-7 所示，根据不同工序要求测量已加工表面位置时所使用的两个不同测量基准，一是小圆的上母线，二是大圆的下母线。

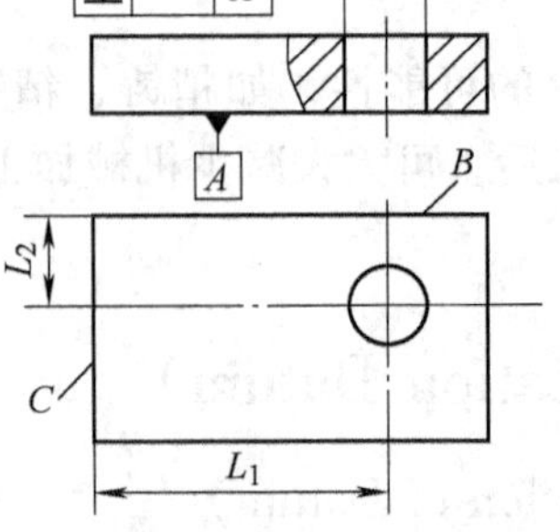

图 3-6　工序基准

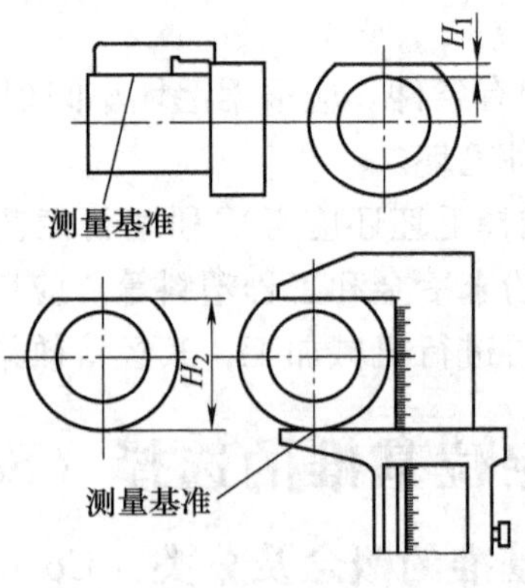

图 3-7　已加工表面的测量基准

4）装配基准。机器装配时，用来确定零件或部件在产品中相对位置所采用的基准，称为装配基准。

3.3.2 精基准的选择原则（Selection Principle of Precision Datum）

为了保证工件加工表面之间的相互位置精度，应从有相互位置精度要求的表面中选择定位基准。

在对零件进行机械加工时，第一道工序中只能用毛坯上未经加工的表面作为定位基准，这种基准面称为粗基准。在其后各工序加工时，所用的定位基准是已加工的表面，称为精基准。精基准的选择应保证加工精度和装夹可靠方便。精基准选择的具体原则如下：

1）基准重合原则。尽可能选用设计基准作为定位基准，这样可以避免定位基准与设计基准不重合而产生的定位误差。

2）基准统一原则。零件上的某些精确表面，其相互位置精度往往有较高的要求，在精加工这些表面时要尽可能选用同一定位基准，以保证各表面间的相互位置精度。

3）互为基准原则。工件上两个加工表面之间的位置精度要求比较高时，可以采用两个加工表面互为基准进行反复加工。

4）自为基准原则。当有的表面精加工工序要求余量小而均匀（如导轨面磨削）时，可利用被加工表面本身作为定位基准，这叫做自为基准原则。此时的位置精度应由先行工序保证。

在生产实际中，工件上定位基准面的选择不一定能完全符合上述原则，这就要根据具体情况进行分析，并加以灵活运用。

3.3.3 粗基准的选择原则（Selection Principle of Rough Datum）

粗基准的选择应保证所有加工表面都具有足够的加工余量，而且各加工表面对不加工表面具有一定的位置精度。粗基准选择的具体原则如下：

1）选取不加工的表面作粗基准。如果零件上有好几个不加工的表面，则应选择与加工表面相互位置精度要求高的表面作粗基准。

如图3-8所示，以不加工的外圆表面作为粗基准，既可在一次安装中把绝大部分要加工的表面加工出来，又能够保证外圆面与内孔同轴、端面与孔轴线垂直。

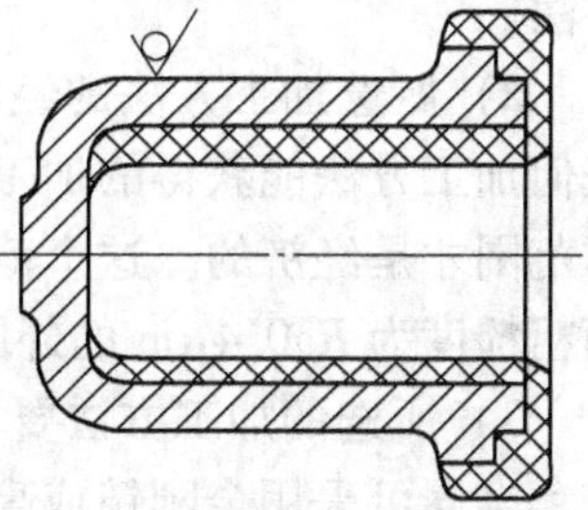

图3-8 套筒法兰加工实例

2）选取要求加工余量均匀的表面为粗基准，这样可以保证作为粗基准的表面加工时余量均匀。

例如车床床身（图3-9），要求导轨面耐磨性好，希望在加工时只切去较少而均匀的一层余量，使其表层保留均匀一致的金相组织和物理力学性能。若先选择导轨面作粗基准，加工床腿的底平面（图3-9a），然后再以床腿的底平面为基准加工导轨面（图3-9b），这样就能达到目的。

3）对于所有表面都要加工的零件，应选择余量和公差最小的表面作粗基准，以避免因余量不足而造成废品。

图3-10所示为阶梯轴的加工，表面 B 加工余量最小，应选择表面 B 作为粗基准。

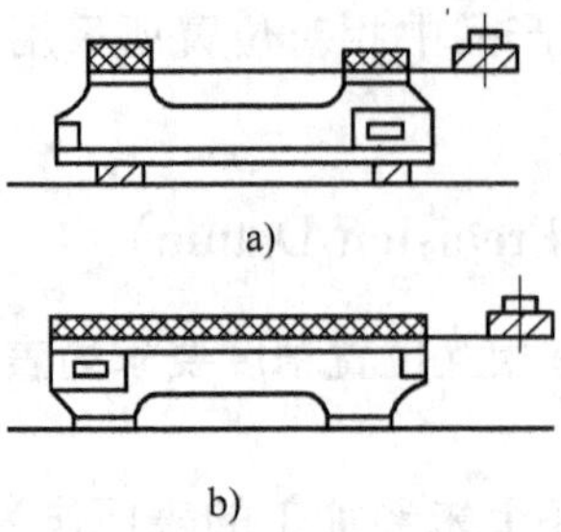

图 3-9　床身加工的粗基准

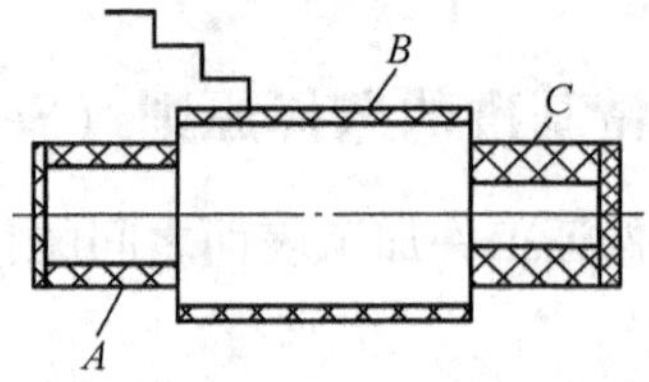

图 3-10　阶梯轴的加工

4）为使工件定位稳定，夹紧可靠，要求所选用的粗基准尽可能平整、光洁，不允许有锻造飞边、铸造浇冒口切痕或其他缺陷，并有足够的支撑面积。

5）在同一尺寸方向上，粗基准通常只允许使用一次。这是因为粗基准一般都很粗糙，重复使用同一粗基准，所加工的两组表面之间的位置误差会相当大，因此，粗基准一般不得重复使用。

3.4　机械加工工艺路线的拟定（Formulation of Mechanical Processing Route）

3.4.1　表面加工方法的选择（Selection of Surface Processing Method）

零件表面的加工方法，首先取决于加工表面的技术要求。但应注意，这些技术要求不一定就是零件图所规定的要求，有时由于工艺上的原因而在某些方面高于零件图上的要求。如由于基准不重合而提高对某些表面的加工要求，或由于被作为精基准而可能对其提出更高加工要求。

所选择的加工方法，应满足零件的质量、良好的加工经济性和高生产率的要求。为此，应考虑以下因素：

1）选择加工方案要首先选定它的最终加工方法，然后再逐一选定各前道工序的加工方法。

2）所选加工方法的经济精度、表面粗糙度要与加工表面的技术要求相适应。这是由于任何加工方法能获得的加工精度和表面粗糙度都有一个相当大的范围，但只有在某一个较窄的范围才是经济的。这个范围的加工精度就是经济加工精度。例如，公差等级为 IT7 级和表面粗糙度为 $Ra0.4\mu m$ 的外圆面加工，采用磨削方法比采用精细车方法要经济得多。

3）所选的加工方法要与被加工材料的性质相适应。比如淬火钢一般采用磨削加工，而有色金属可采用金刚镗或高速精细车削加工。

4）所选的加工方法要与产品的生产类型相适应。例如，大批量生产一般采用高效的先进工艺；对于平面和孔，可用拉削代替普通的铣、刨和镗孔；采用粉末冶金制造油泵齿轮；采用失蜡铸造柴油机上的小零件。这些方法都有利于提高生产效率。

5）所选的加工方法要与本厂条件相适应。应该充分利用现有设备，挖掘企业潜力，必要时改进现有加工方法和设备，并要考虑设备负荷平衡。外圆面加工方案及经济精度见表 3-8。

表 3-8 外圆面加工方案及经济精度

加工方案	经济精度公差等级	表面粗糙度 $Ra/\mu m$	适用范围
粗车 └→半精车 └→精车 └→滚压（或抛光）	IT11～IT13 IT8～IT9 IT7～IT8 IT6～IT7	50～100 3.2～6.3 0.8～1.6 0.08～2.0	适用于除淬火钢以外的金属材料
粗车→半精车→磨削 └→粗磨→精磨 └→超精磨	IT6～IT7 IT5～IT7 IT5	0.4～0.8 0.1～0.4 0.012～0.1	除不宜用于有色金属外，主要适用于淬火钢加工
粗车→半精车→精车→金刚石车	IT5～IT6	0.025～0.40	主要用于有色金属
粗车→半精车→粗磨→精磨→镜面磨 └→精车→精磨→研磨 └→粗研→抛光	IT5 以上 IT5 以上 IT5 以上	0.025～0.2 0.05～0.10 0.025～0.4	用于高精度要求的钢件加工

3.4.2 加工阶段的划分（Division of Process Stage）

对于那些加工质量要求高或比较复杂的零件，通常将整个工艺路线划分为以下几个阶段：

1）粗加工阶段。粗加工阶段的主要任务是切除毛坯上大部分余量并加工出精基准。该阶段的关键问题是如何提高生产率。

2）半精加工阶段。半精加工阶段的任务是减小粗加工留下的误差，完成次要表面加工（钻、攻螺纹、铣键槽等），主要表面达到一定要求，为精加工做好余量准备。半精加工阶段安排在热处理前。

3）精加工阶段。精加工阶段的任务是保证各主要表面达到图样规定要求。这一阶段的主要问题是如何保证加工质量。

4）光整加工阶段。光整加工阶段主要任务是减小表面粗糙度值和进一步提高精度。

有时由于毛坯余量特别大，表面十分粗糙，在粗加工前还需要去黑皮的加工阶段，称为荒加工阶段。为了及时发现毛坯的缺陷和减少运输工作量，通常把荒加工放在毛坯车间中进行。

生产中划分加工阶段的好处如下：

1）保证加工质量。按先粗后精的顺序进行机械加工，可以合理地分配加工余量、合理地选择切削用量。粗加工阶段切削用量大，产生的切削力和切削热大，所需夹紧力也大，所以零件残余内应力和工艺系统的受力变形、热变形、应力变形都比较大。粗加工所产生的加工误差，可通过半精加工和精加工逐步消除，从而保证加工精度。

2）合理使用设备。粗加工时要求设备功率大、刚性好、生产率高，对设备的精度要求不高；精加工则要求精度高的设备。划分加工阶段，可以充分发挥粗加工机床的效率，长期保持精加工机床的精度。

3）有利于安排热处理工序，使冷热加工工序更好地配合。例如，粗加工后零件残余应力大，可安排时效处理，消除残余应力；在热处理过程中引起的变形可在精加工中消除。

4）便于及时发现问题。毛坯的各种缺陷（如气孔、砂眼和加工余量不足等）在粗加工后即可发现，便于及时修补或决定是否报废，避免工时浪费，增加成本。

5）精加工和光整加工的表面安排在最后加工，可保护零件少受磕碰、划伤等损坏。

3.4.3 工序的集中与分散（Centralization and Decentralization of Procedure）

1. 概念

同一个工件，同样的加工内容，可以安排两种不同形式的工艺规程：一种是工序集中，另一种是工序分散。所谓工序集中，是使每个工序中包括尽可能多的工步内容，因而使总的工序数目减少，夹具的数目和工件的安装次数也相应地减少。所谓工序分散，是将工艺路线中的工步内容分散在更多的工序中去完成，因而每道工序的工步少，工艺路线长。

2. 工序分散的特点

1）所使用的机床设备和工艺设备都比较简单、容易调整，工人易于操作，易于适应更换产品。

2）有利于选用最合理的切削用量，减少机动工时。

3）缺点是机床设备数量多，生产面积大，工艺路线长。

3. 工序集中的特点

1）有利于采用高效的专用设备和工艺装备，提高生产率。

2）减少了工序数目，缩短了工艺过程，简化了生产计划和生产组织工作。

3）减少了设备数量，减少了操作工人数量和生产面积，工艺路线短。

4）减少了工件装夹次数，所以缩短了辅助时间，而且由于一次装夹加工较多的表面，就容易保证它们之间的位置精度。

5）缺点是专用设备投资大，生产准备工作量大，转为新产品的生产也比较困难。

4. 工序集中和工序分散的选择

工序集中和工序分散各有特点，必须根据生产规模、零件的结构特点和技术要求、机床设备等具体生产条件综合分析，以便决定采用哪种原则来组合工序。

传统的流水线、自动生产线多采用工序分散的组织形式，可以实现高效生产，但适应性较差（工人下岗、转产困难等）。

采用高效自动化机床，以工序集中的形式组织生产，如加工中心。这种方式生产适应性强，转产相对容易。

零件的加工精度要求比较高时，常把工艺过程划分为不同的加工阶段，这种情况下必须比较分散。

3.4.4 工序顺序的安排（Arrangement of Procedures Order）

工序顺序的安排对保证加工质量、提高生产率和降低成本都有重要作用，是拟定工艺路线的关键之一。加工顺序的安排可按下列原则进行：

1. 切削加工顺序的安排

（1）先基准后其他　选作精基准的表面应在一开始的工序中就加工出来，以便为后续工序的加工提供定位基准。

（2）先粗后精　在加工时应先安排粗加工，中间安排半精加工，最后安排精加工。

（3）先主后次　先安排零件的装配基面和工作表面等主要表面的加工，后安排如键槽、紧固用的光孔和螺纹孔等次要表面的加工。因为这些次要表面加工余量小，一般都与主要表面有相互位置要求。

（4）先面后孔　对于箱体、支架、连杆、底座等零件，一般先加工用作定位的平面和孔的端面，然后再加工孔。

精密偶件需装配后加工。

2. 热处理工序的安排

零件加工过程中的热处理可分为预备热处理和最终热处理。

（1）预备热处理　预备热处理的目的是改善切削加工性能，消除内应力，为最终热处理做准备。它包括退火、正火、调质和时效处理。铸件和锻件在机械加工前应进行退火或正火处理；对大而复杂的铸造毛坯件（如机架、床身等）及刚度较差的精密零件（如精密丝杠），在粗加工之前及粗加工与半精加工之间安排多次时效处理；对于要求不高的零件，仅在毛坯制造以后安排一次时效处理。

（2）最终热处理　最终热处理的目的主要是提高零件材料的强度、硬度及耐磨性。它包括淬火、渗碳及氮化等。淬火及渗碳淬火通常安排在半精加工之后、精加工之前进行；氮化处理由于变形较小，通常安排在精加工之后。

3. 辅助工序的安排

辅助工序包括检验、清洗、去飞边、防锈、去磁及平衡去重等。其中检验是最主要的、也是必不可少的辅助工序。零件加工过程中除了安排工序自检之外，还应在下列场合安排检验工序：粗加工全部结束之后、精加工之前；重要工序加工前后；工件转入、转出车间前后；特种检验（如磁力探伤、密封性检验、动平衡实验等）之前；全部加工工序完成后。

在特种检验中，X射线探伤或超声波探伤用于检验毛坯的内部质量，应安排在机械加工之前；磁力探伤、荧光检验用于检验工件表层质量，通常安排在精加工阶段；密封性检验、零件的平衡和零件的质量检验等一般安排在工艺过程的末尾。

在工艺过程中还要考虑安排去飞边、倒棱、去磁、清洗等辅助工序，忽视辅助工序将会给后续加工和装配工作带来困难。例如，工件上的飞边和尖角棱边，容易割破工人的手指，还会给装配带来困难；研磨、珩磨等光整加工后的零件，不经清洗就去装配，残留在工件上的砂粒会加剧零件的磨损。在采用磁力夹紧的平面磨工序后面，一定要安排去磁工序，避免进入装配的零件带有磁性。

3.4.5 机床设备及工艺装备的选择（Selection of Machine Tool and Equipment）

1. 机床设备的选择

机械加工所选择的机床精度应与工件要求的加工精度相适应；所选择的机床生产率与生产类型相适应；机床的规格与加工工件的尺寸相适应；机床的选择应结合现场的实际情况；合理选用数控机床。一般情况下，单件小批生产时选择通用机床和工装；大批、大量生产时选择专用机床、组合机床和专用工装；数控机床可用于各种生产类型。

2. 工艺装备的选择

（1）夹具的选择　单件小批生产时，可采用各种通用夹具和机床附件，如卡盘、台虎钳、分度头等，有组合夹具站的，可采用组合夹具；大批大量生产时，为提高劳动生产率，应采用专用高效夹具；多品种中、小批生产时，可采用可调夹具或成组夹具；采用数控加工时，夹具要敞开，其定位、夹紧元件不能影响加工进给。

（2）刀具的选择　生产中一般优先采用标准刀具。若加工工序集中时，应采用各种高效的专用刀具、复合刀具和多刃刀具。刀具的类型、规格和精度等级应符合加工要求。数控加工对刀具的刚性及寿命要求较普通加工严格，应合理选择各种刀具、辅具（刀柄、刀套、夹头）。

（3）量具的选择　单件小批生产应广泛采用通用量具，如游标卡尺、外径千分尺和千分表等；大批大量生产应采用各种量规、高效的专用检验夹具和量仪等。量具的精度必须与加工精度相适应。

思考与练习题（Question and Excercise）

3-1　什么是工艺过程、工序和安装？

3-2　生产类型有哪几种？汽车、电视机、金属切削机床、大型轧钢机的生产各属于哪种生产类型？各有何特征？

3-3　何谓基准？根据作用的不同，基准分为哪几种？

3-4　零件的工艺分析有哪几方面内容？

3-5　何谓粗基准和精基准？粗、精基准的选择原则各是什么？

3-6　机械加工工艺规程的内容和作用是什么？

3-7　划分加工阶段有什么好处？

3-8　试分析图3-11所示零件结构工艺性的好坏，并加以改进。

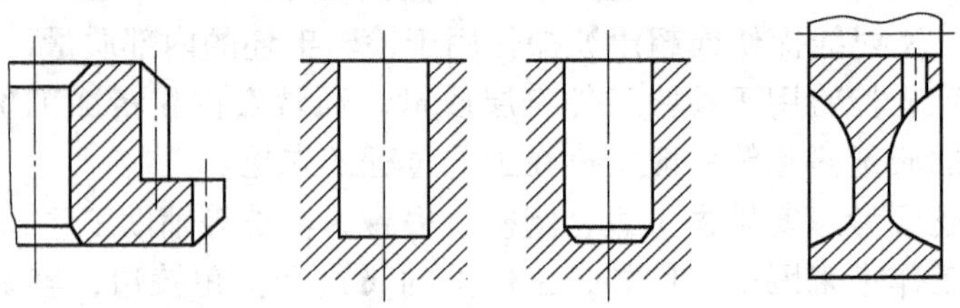

a)　　b)　　c)

图3-11　题3-8图

综合实训（Comprehensive Training）

3-1　图3-12所示小轴零件，毛坯为普通精度的热轧圆钢，装夹在车床前、后顶尖间加工。试设计合理的加工工艺路线。精加工外圆面时，定位精基准是什么？

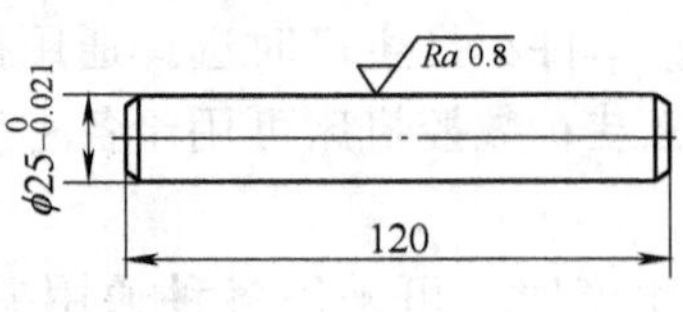

图3-12　实训3-1图

第4章 机床夹具

(Machine Tool Fixture)

4.1 机床夹具概述（Introduction to Machine Tool Fixture）

在对工件进行切削之前，必须把工件准确、可靠地装夹在机床上。工件的安装将直接影响零件的加工质量和生产效率。用于装夹工件（和引导刀具）的装置称为夹具。

4.1.1 工件装夹的基本概念（Basic Concept of Workpiece Clamping）

工件在机床上的装夹方式，取决于生产批量、工件大小、复杂程度、加工精度要求及定位的特点等。归纳其形式主要有三种：直接找正装夹、划线找正装夹和使用夹具装夹。

1. 直接找正装夹

直接找正装夹是将工件装在机床上，然后按工件的某个（或某些）表面，用划针或用百分表等量具进行找正，以获得工件在机床上的正确位置。直接找正装夹效率较低，但找正精度可以很高，单件小批生产或加工精度要求特别高，而又没有专用的高精度装备时可以采用这种方式。但必须由技术娴熟的操作者使用高精度的量具仔细地操作。

2. 划线找正装夹

划线找正装夹方法是按加工表面的要求在工件上划线，装夹工件时，按线找正工件的位置，并夹紧工件。划线找正装夹不需要专用设备，通用性好，但定位精度比较低。通常划线找正精度只能达到0.1~0.5mm。此方法多用于单件小批生产精度较低以及大型零件的粗加工工序。

3. 使用夹具装夹

为了提高效率和定位精度，降低操作者劳动强度，大多数零件的加工都要采用夹具装夹。使用夹具装夹，工件在夹具中可迅速而正确地定位和夹紧。

4.1.2 机床夹具的分类（Classification of Machine Fixture）

1. 通用夹具

通用夹具包括车床上的自定心卡盘、单动卡盘，铣床上的平口钳、分度头、回转盘，平面磨床上的电磁吸盘等。这些夹具通用性强，现已标准化，应用十分广泛，作为机床的附件而由专业厂生产。其使用特点是操作费时，生产率较低，主要适用于单件、小批生产。

2. 专用夹具

专用夹具是为某一工件的某一工序加工要求而专门设计和制造的。它的特点是结构紧凑，操作方便、快捷，易保证精度要求，又利于提高效率。专用夹具广泛应用于成批以上生产及单件小批生产的关键工序中。但夹具的设计、制造和维修，需要一定的投资和时间。

3. 成组可调夹具

在多品种小批量生产中，根据成组技术原理，将零件按形状、尺寸和工艺特征等进行分组，并对每一组零件设计一套可调整的专用夹具，称为成组可调夹具。使用成组可调夹具加工组内工件时，只需对夹具的个别定位、夹紧元件等进行调整或更换。它适用于批量较小，而使用通用夹具又不能满足加工质量或生产率要求的场合。

4. 组合夹具

组合夹具由一套预先制造好的标准元件组合而成。这些元件具有各种不同形状、尺寸和规格，并具有较好的互换性、耐磨性和较高的精度。它根据工件的工艺要求组装成各种专用夹具，使用完毕后，可方便地拆开元件，洗净后存放起来，待需要时重新组装成新的夹具，元件能重复多次使用，并具有可减少专用夹具数量等优点。组合夹具是一种模块化夹具，并已商品化。

5. 自动化生产用夹具

自动化生产用夹具主要有随行夹具（自动线夹具）。在自动线上随被装夹的工件一起由一个工位移到另一个工位的夹具，称为随行夹具。它是一种移动式夹具，担负装夹工件和输送工件两方面的任务。

4.1.3 机床夹具的组成（Composition of Machine Fixture）

机床夹具虽然可以分成各种不同的类型，但它们都由下列基本部分所组成：

1. 定位装置

定位装置用于确定工件在夹具中的位置。它由各种定位元件构成。常用的定位元件有V形块、定位销和定位块等，如图4-1中的定位销。

2. 夹紧机构

夹紧装置用于保持工件在夹具中的既定位置。它通常包括夹紧元件（如压板、压脚）、增力元件（如杠杆、螺杆、凸轮）及动力源（如气缸、液压缸）等。图4-1中夹紧机构由开口垫圈、螺母及定位销上的螺栓等构成。

3. 导向元件

导向元件用来引导刀具进入正确加工位置的零件，如图4-1中的钻套。

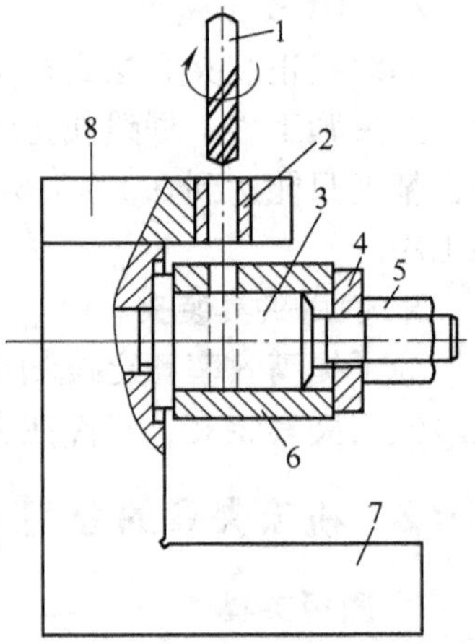

图4-1 夹紧机构
1—钻头 2—钻套 3—定位销
4—开口垫圈 5—螺母
6—工件 7—夹具体 8—钻模板

4. 夹具体

夹具体用于连接夹具上各个元件或装置，使之成为一个整体，并通过它将夹具安装在机床上。

5. 其他元件和装置

根据需要，夹具上还可以有其他组成部分，如分度装置、自动上下料装置、平衡铁、操作件等。

4.1.4　机床夹具在机械加工中的作用（Effect of Machine Tool Fixture in Mechanical Manufacturing）

机床夹具是机械加工中不可缺少的工艺装备。其作用可归纳为以下四方面：

1）保证加工质量。采用夹具后，工件各加工表面间的相互位置精度是由夹具保证的，而不是依靠工人的技术水平与熟练程度，所以产品质量容易保证。

2）提高效率和降低成本。使用夹具使工件安装迅速方便，从而大大缩短了辅助时间，提高了生产率，特别是对于加工时间短、辅助时间长的中小零件，效果更为显著。

3）扩大机床的加工范围。在机床上安装某些夹具可以扩大机床的加工范围。如在铣床上加一个回转台或分度装置，就可以加工有等分要求的零件。

4）减轻劳动强度，保证生产安全。

4.2　工件定位的基本原理（Basic Principle of Workpiece Localization）

工件在加工前，必须使它在夹具、机床和刀具组成的工艺系统之间保持正确的相对位置。这包括工件在夹具中的定位，夹具在机床上的安装，以及夹具相对于刀具和整个工艺系统的位置等。工件在夹具中的定位是指同一批工件在夹具中占有一致的正确加工位置。

4.2.1　六点定位原理（The Six Points Location Theory）

1. 工件的自由度与定位

任何一个工件，在其位置尚未确定前，均具有六个自由度，即沿空间三个直角坐标轴 x、y、z 方向的移动及绕它们的转动，分别以 $\vec{x}$、$\vec{y}$、$\vec{z}$ 和 $\overset{\frown}{x}$、$\overset{\frown}{y}$、$\overset{\frown}{z}$ 表示。要使工件在机床夹具中正确定位，必须限制或约束工件的这些自由度，如图 4-2 所示。工件在夹具中定位的实质就是限制工件的自由度，即用定位元件来阻止工件的移动或转动。

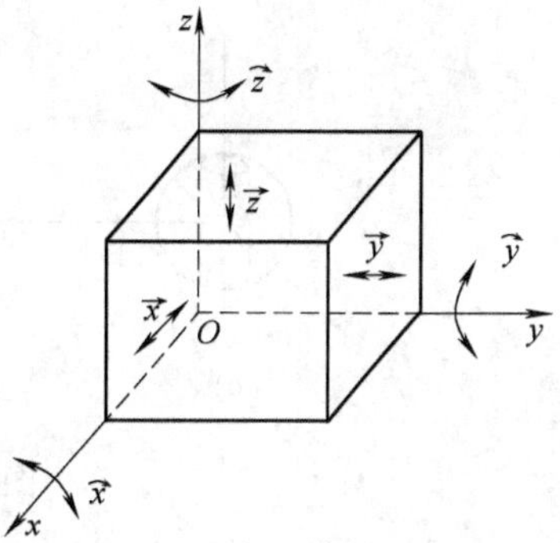

图 4-2　工件沿空间三个直角坐标轴的自由度

2. 六点定位原则

在机械加工中，要完全确定工件在夹具中的正确位置，理论上必须用合理分布的六个支承点与工件的定位基准相接触来限制工件的六个自由度，使工件的位置完全确定，称为“六点定位原则”，简称“六点定则”。如图 4-3 所示，将六个支承钉分布在三个互相垂直的坐标平面内。在 xOy 平面上有三个支承钉，可限制 $\overset{\frown}{x}$、$\overset{\frown}{y}$ 和 $\vec{z}$ 共三个自由度；在 xOz 平面内分布两个支承钉，可限制 $\vec{x}$ 和 $\overset{\frown}{z}$ 这两个自由度；在 yOz 平面内分布一个支承钉，限制自由度 $\vec{x}$。按以上分析可知，工件只要同时与夹具中的六个支承点确切地接

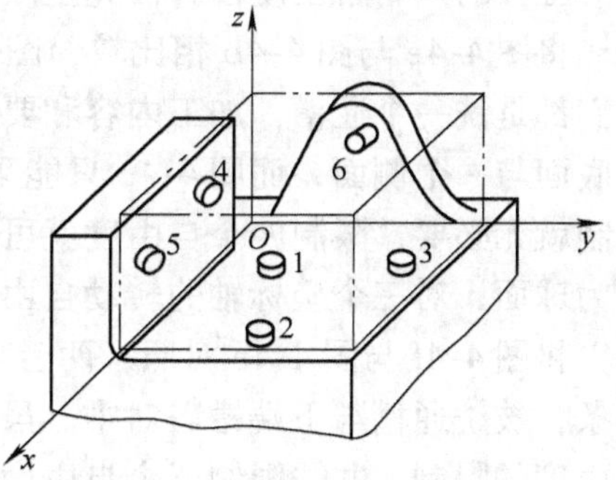

图 4-3　工件的六点定位原则

触，就可以相对于夹具在空间占据一个确定的位置。

4.2.2 限制工件自由度与加工要求的关系（Relationship Between Restricted Degree of Freedom and Processing Requirement）

在工件定位时，需要限制哪几个自由度，首先与工序的加工内容及要求有关，其次还与所用的工件定位基面的形状有关。

1. 完全定位

加工时，工件的六个自由度被完全限制了称为完全定位。

图 4-4a 所示为在长方体工件上铣削上平面的工序，要求保证 z 方向上的高度尺寸及上平面与底面的平行度，只需限制 $\widehat{x}$、$\widehat{y}$ 和 $\vec{z}$ 三个自由度即可。而图 4-4b 所示为铣削一个通槽，需限制除了 $\vec{x}$ 外的其他五个自由度。图 4-4c 所示在同样的长方体工件上铣削一个一定长度的键槽，在三个坐标轴的移动和转动方向上均有尺寸及相互位置的要求，因此这种情况必须限制全部六个自由度，即完全定位。

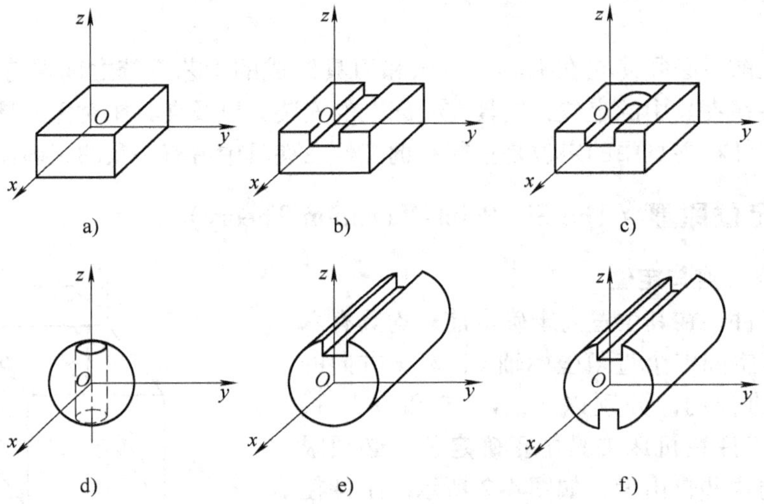

图 4-4　工件应限制自由度的确定

2. 不完全定位

工件的六个自由度没有被完全限制的现象称为不完全定位。

将图 4-4e 与图 4-4b 相比较，图 4-4e 为圆柱体的工件，而图 4-4b 为长方体工件。虽然它们都是铣一个通槽，加工内容和要求相同。但是，加工定位时，图 4-4b 的定位基面是一个底面与一个侧面，而图 4-4e 只能采用外圆柱面作为定位基面。因此，图 4-4e 对于 $\widehat{x}$ 的限制就无必要，限制四个自由度就可以了。再如图 4-4d 所示过球体中心打一通孔，定位基面为球面，对三个坐标轴的转动自由度均无必要限制，所以限制 $\vec{x}$、$\vec{y}$ 两个自由度就够了。

将图 4-4f 与图 4-4e 对照，两者均在圆柱体工件上铣通槽，但图 4-4f 的加工要求增加了一条，被铣通槽与下端槽需对中。虽然它们的定位基面仍是外圆面，但图 4-4f 需增加对 $\widehat{x}$ 自由度的限制，共需限制五个自由度才正确。

3. 过定位

工件的某个自由度被重复限制的现象称为过定位。过定位是应当尽量避免的。

图 4-5a 所示为加工连杆小头孔时的定位方式。一个端面与支承板 3 接触，限制了三个自由度（$\widehat{x}$、$\widehat{y}$ 和 $\vec{z}$），大头孔内设一短圆柱销 1，限制了两个自由度（$\vec{x}$、$\vec{y}$），杆身靠在挡销 2 上，限制 $\widehat{z}$ 自由度。若将孔中的短圆柱销改成长圆柱销，而且配合间隙较小，则长圆柱销实际上可限制连杆的四个自由度（$\vec{x}$、$\vec{y}$、$\widehat{x}$、$\widehat{y}$）。此时，孔中心线的方向由长圆柱销决定，而不由支承板的平面决定。若连杆孔中心线与端面有垂直度误差，连杆套上长圆柱销后，端面将因不能完全与支承板的平面接触而翘起（图 4-5b）。此时端面只能限制工件的一个自由度。如果一定要端面限制三个自由度，夹紧时就必须将翘起的部分强行压向支承板，从而使连杆或者定位销产生变形，严重地影响加工精度。这种误差是由于工件的 $\widehat{x}$ 和 $\widehat{y}$ 自由度被支承板和长圆柱销重复限制造成的。

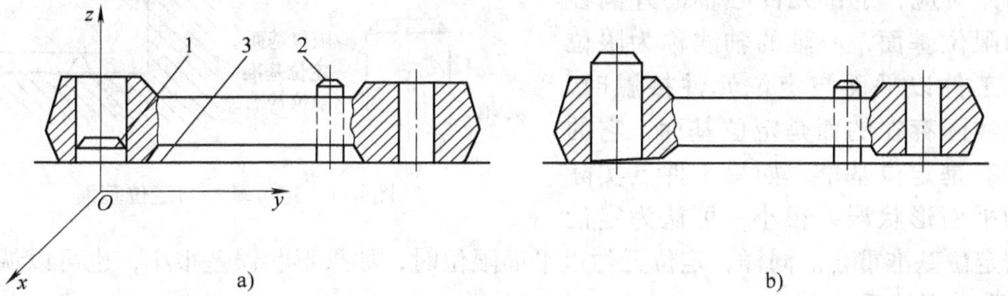

图 4-5 加工连杆小头孔时的定位方式
1—圆柱销 2—挡销 3—支承板

图 4-6 所示为平面的过定位分析。工件以底平面定位，要求限制三个自由度 $\widehat{x}$、$\widehat{y}$ 和 $\vec{z}$。图 4-6a 采用了四个支承钉，属过定位。若工件定位面较粗糙，该定位面实际只能与三个支承钉接触，造成定位不稳。如施加夹紧力，强行使工件定位面与四个支承钉接触，则必然导致工件变形，影响加工精度。

为避免过定位，既可将支承钉改为三个，也可将四个支承钉中的一个改为辅助支承。辅助支承只起支承作用，而不起定位作用。

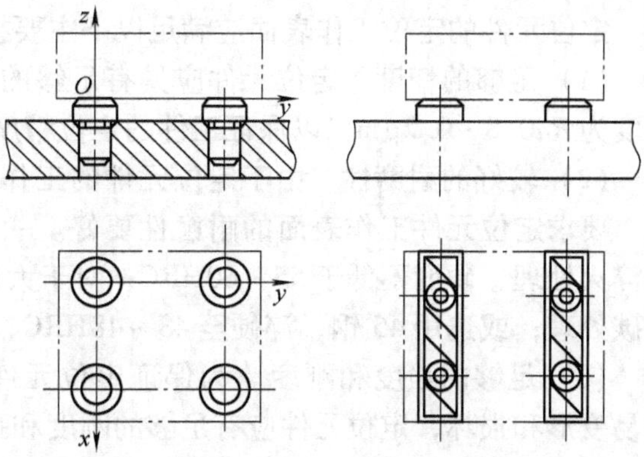

图 4-6 平面的过定位分析

如果工件的定位面是已加工面，且很规整，就完全可以采用四个支承钉，而不会影响定位精度，反而能增强支承刚度，有利于减小工件的受力变形。此时，还可用支承板代替支承钉（图 4-6b），或用一个大平面代替支承钉（如平面磨床的磁性工作台）。

可见，在某些条件下，过定位的现象不仅允许，而且是必要的。此时应当采取适当的措施提高定位基准之间及定位元件之间的位置精度，以免产生干涉。

4. 欠定位

在满足加工要求的前提下，采用不完全定位是允许的。但是根据加工要求，没有限制应该限制的自由度是不允许的，这种情况不能保证加工要求，这种现象称为欠定位。

4.3 定位方式与定位元件（Location Method and Device）

生产中通过工件定位表面与夹具上定位元件的配合或接触来实现工件的定位。定位基准是确定工件位置时所依据的基准，它通过定位基面体现。如图4-7所示，轴套工件通过圆孔在心轴上定位，工件的内圆面称为定位基面，它的轴线称为定位基准；与此对应，定位元件心轴的外圆柱面称为限位基面，心轴的轴线称为限位基准。工件以平面与定位元件接触时，工件上实际存在的面是定位基面，它的理想状态是定位基准。如果工件上实际存在的平面形状误差很小，可认为定位基面与定位基准重合。同样，定位元件以平面限位时，如果形状误差很小，也可以认为限位基面与限位基准重合。

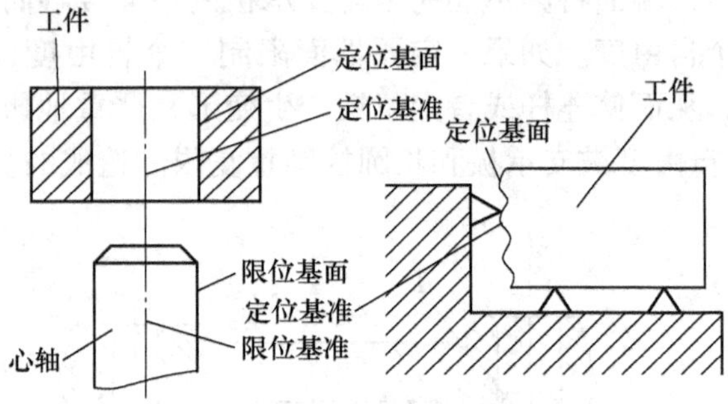

图4-7 定位基准与定位基面

工件在夹具上定位时，理论上定位基准与限位基准应重合，定位基面与限位基面应接触。定位基面与限位基面合称为定位副。当工件有几个定位基面时，限制自由度最多的称为主要定位面，相应的限位基面称为主要限位面。

定位元件的定位工作表面应满足以下主要技术要求：

（1）足够的精度　定位元件应具有足够的精度，如尺寸精度不低于IT8～IT6，表面粗糙度为Ra0.8～0.2μm，以保证工件的定位精度。

（2）较好的耐磨性　由于定位元件的工作表面经常与工件接触和摩擦，容易磨损，为此，要求定位元件工作表面的耐磨性要好。一般选用碳素工具钢T8Mn、T8A、T10等，采用淬火处理，硬度不低于55～60HRC；对于大尺寸定位元件，选用渗碳钢20、20Cr等进行渗碳处理；或选用45钢，淬硬至43～48HRC，以保持使用寿命和定位精度。

（3）足够的强度和刚度　为保证定位元件在受工件重力、夹紧力和切削力的作用时，不易变形和损坏，定位元件应有足够的刚度和强度。

（4）较好的工艺性　定位元件应便于制造、装配和维修。

（5）便于清除切屑　定位元件的工作表面形状应有利于清除切屑，以防切屑嵌入影响精度。

4.3.1 工件以平面定位（Workpiece Located With Flat Surface）

平面定位是工件定位中应用最普遍的定位形式，表现方式主要为支承定位。

1. 固定支承

固定支承有支承钉和支承板两种形式。图4-8所示为国家标准规定的三种支承钉，其中

图 4-8a所示的平头支承钉（A 型）耐磨性较好，多用于精基准面的定位；图 4-8b 所示的球头支承钉（B 型）易与工件的定位基面接触，但容易磨损，多用于粗基准面的定位；图 4-8c 所示的网纹顶面支承钉，又称齿纹头支承钉（C 型），多用于工件侧面的定位。一般情况下一个支承钉相当于一个约束点，限制一个自由度。

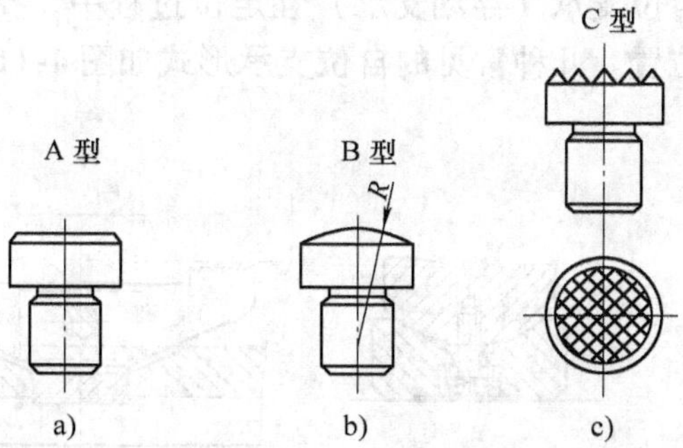

图 4-8　固定支承钉

图 4-9 所示为国家标准规定的两种平板支承板。A 型用于底面定位时，由于不利于清除切屑，常用于侧面定位；B 型为斜槽式支承板，用作精基准，适用于底面定位。

在实际应用中，还可以根据需要设计非标准结构的支承钉和支承板，如台阶式支承板、圆形支承板、三角形支承板。

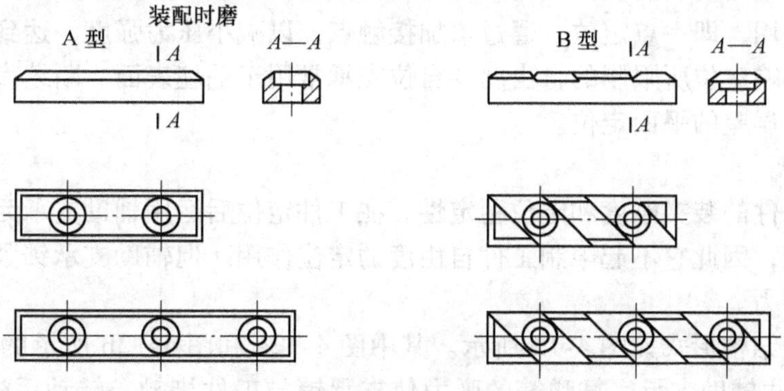

图 4-9　固定支承板

2. 可调支承

支承点位置可以调整的支承称为可调支承。图 4-10 所示为几种常见的可调支承。可调支承用于工件定位表面不规整（未加工过）、不同批次尺寸有变化或同一批工件加工余量不同时的平面，以调节补偿各批毛坯尺寸的误差。一般不是对每一个加工工件进行一次调整，而是一批毛坯调整一次。所有的可调支承的高度调整好后都必须锁紧，以防止加工中松动。有时，可调支承也可用作成组夹具的调整元件。

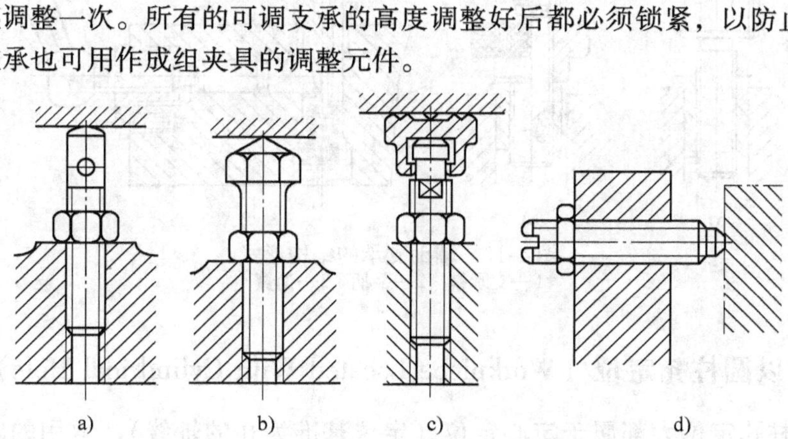

图 4-10　常见的可调支承

3. 自位支承（浮动支承）

自位支承（浮动支承）在定位过程中，支承本身可以随工件定位基准面的变化而自动调整位置。几种常见的自位支承形式如图 4-11 所示。

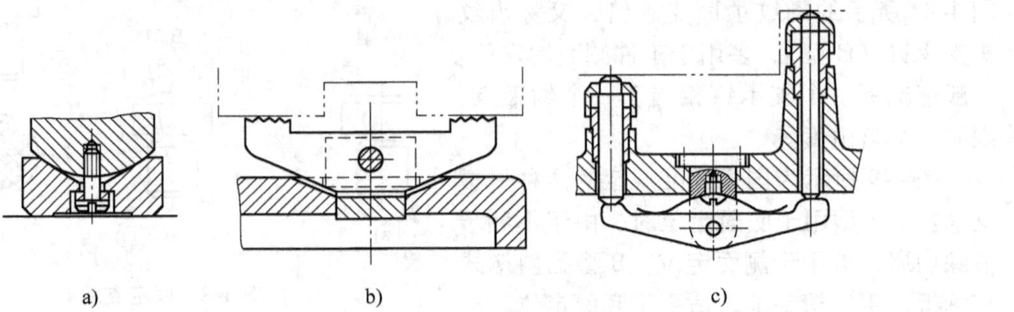

图 4-11 常见的自位支承形式

由于自位支承是活动的或浮动的，无论结构上是两点或三点支承，其实质只起限制一个自由度的定位作用，即一点定位，通过增加接触点，以减小压力强度，达到增强工件刚度的目的，但又不影响定位所限制的自由度。自位支承常用于毛坯表面、断续表面、阶梯表面的定位以及有角度误差的平面定位。

4. 辅助支承

为了提高工件的装夹刚度和定位稳定性，在工件定位后运用辅助支承元件，由于其高度是由工件确定的，因此它不起限制工件自由度的定位作用。但辅助支承锁紧后就成为固定支承，能承受切削力。

辅助支承的结构形式如图 4-12 所示。其中图 4-12a 和图 4-12b 所示的结构简单；图 4-12c 所示为自位式辅助支承，靠弹簧的弹力使支承销与工件接触，转动手柄将支承销锁紧。因弹簧力可以调整，所以作用力能适当而稳定地自动调整，从而避免了因操作失误而将工件顶起的情况发生。

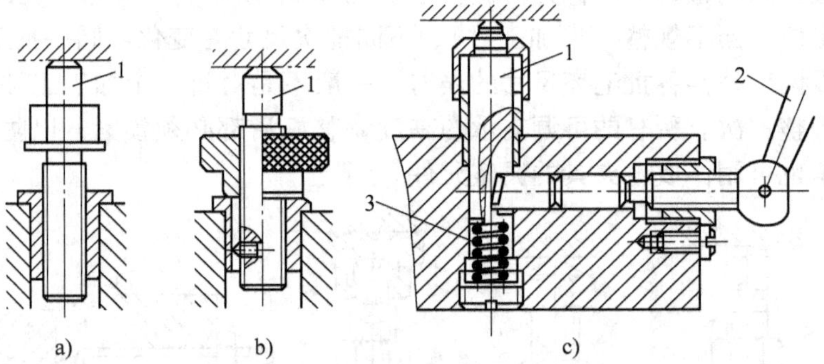

图 4-12 辅助支承的结构形式
1—支承销 2—手柄 3—弹簧

4.3.2 工件以圆柱孔定位（Workpiece Located With Cylindrical Hole）

工件以圆柱孔定位大都属于定心定位（定位基准为孔的轴线），常用的定位元件有心轴、圆柱定位销及圆锥销等。

1. 心轴

心轴主要用于加工盘类或套类零件的定位。心轴结构形式很多，图 4-13 所示为几种常见的刚性心轴。其中图 4-13a 所示为间隙配合心轴，与端面配合能限制五个自由度。使用中，拆卸方便，但定心精度低。图 4-13b 所示为过盈配合心轴，可以约束四个自由度。其特点是定心精度高，但拆卸麻烦，常用于精度要求较高的场合。

图 4-13c 所示为小锥度心轴。小锥度心轴的锥度为 1/5000～1/1000。工件安装时轻轻敲入或压入，通过孔和心轴接触表面的弹性变形来夹紧，并可带动工件转动。使用小锥度心轴定位可获得较高的定位精度。由于工件定位孔的直径在其公差范围内变动，工件在心轴上的位置是变化的，所以它只能约束工件的四个自由度。

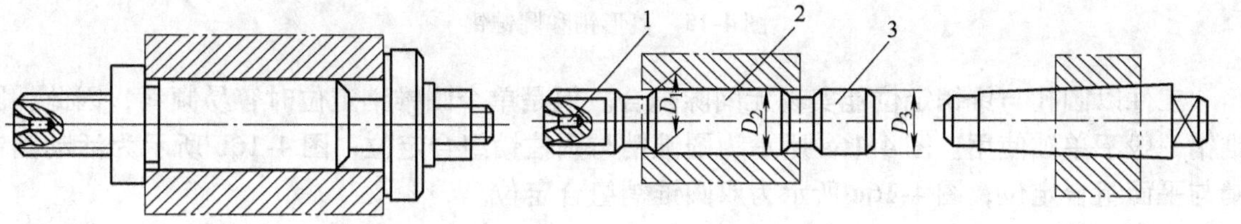

图 4-13 刚性心轴
1—传动部分 2—工作部分 3—导向部分

除了刚性心轴以外，在生产中还经常采用弹性心轴、液塑心轴、自动定心心轴等。这些心轴在工件定位的同时将工件夹紧，使用起来很方便。

2. 圆柱定位销

圆柱定位销分为固定式定位销和可换式定位销。定位销又可分为圆柱销和菱形销两种。图 4-14 所示为国家标准规定的圆柱定位销，它们主要用于工件上的小孔定位。圆柱定位销通常限制工件的两个移动自由度。

根据需要也可以自行设计非标准定位销。长圆柱销能约束工件的四个自由度，长菱形销能约束工件的两个自由度。

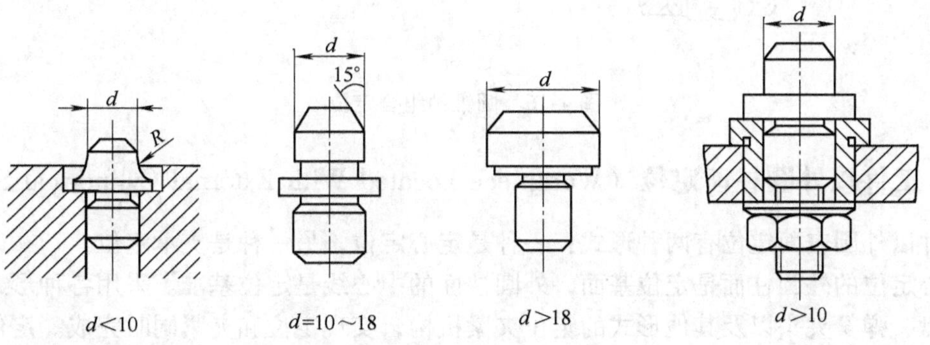

图 4-14 圆柱定位销

当要求孔销配合只在一个方向上限制工件自由度时，可用菱形销，如图 4-15a 所示。

圆锥销又称锥头销，常用于工件孔端的定位，如图 4-15b 和图 4-15c 所示。其中图 4-15b多用于毛坯孔定位，图 4-15c 多用于光孔定位。圆锥销定位限制了工件的三个移动自由度。

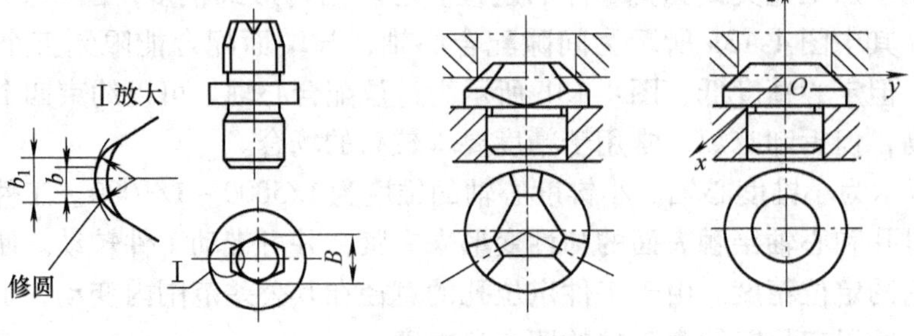

a)　　b)　　c)

图 4-15　菱形销和圆锥销

工件以圆孔与锥销定位能实现无间隙配合。但是单个圆锥销定位时容易倾斜，因此，圆锥销一般不单独使用。图 4-16a 所示为圆锥销与圆柱销组合定位；图 4-16b 所示为活动圆锥销与平面组合定位；图 4-16c 所示为双圆锥销组合定位。

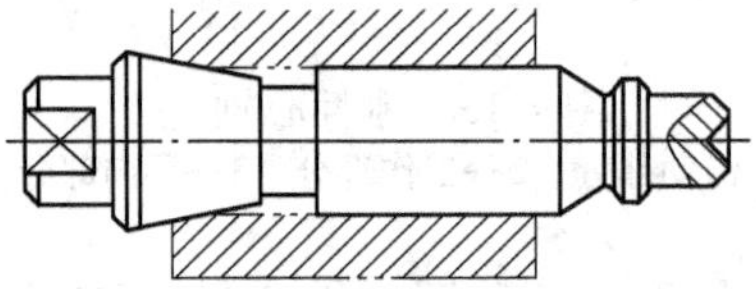

a)

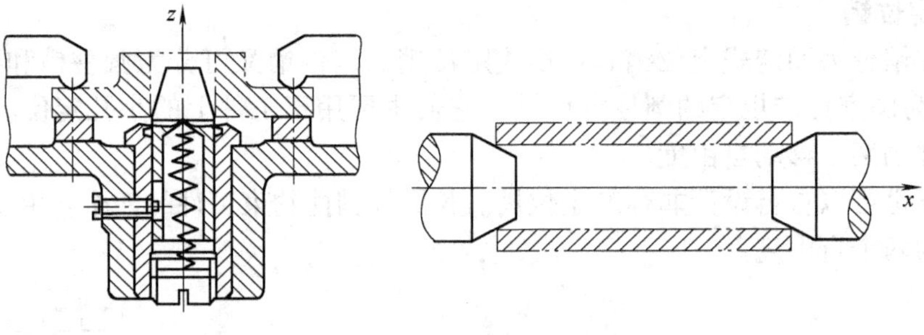

b)　　c)

图 4-16　圆锥销组合定位

4.3.3　工件以外圆柱面定位（Workpiece Located With External Cylindrical Surface）

工件以外圆表面定位有两种形式：一种是定心定位，另一种是支承定位。

定心定位的外圆柱面是定位基面，外圆柱面的中心线是定位基准。采用各种形式的定心夹紧卡盘、弹簧夹头以及其他形式的定位夹紧机构，实现定位和夹紧同时完成。定位套筒也常用于外圆柱面的定位。

在夹具设计中，常用套筒或卡盘代替心轴或柱销，以锥套代替锥销进行外圆表面定心定位，如图 4-17 所示。

工件的外圆表面以 V 形块支承定位是常用的定位方式。V 形块两斜面之间的夹角一般取 60°、90°或 120°，其中以 90°V 形块使用最为广泛。

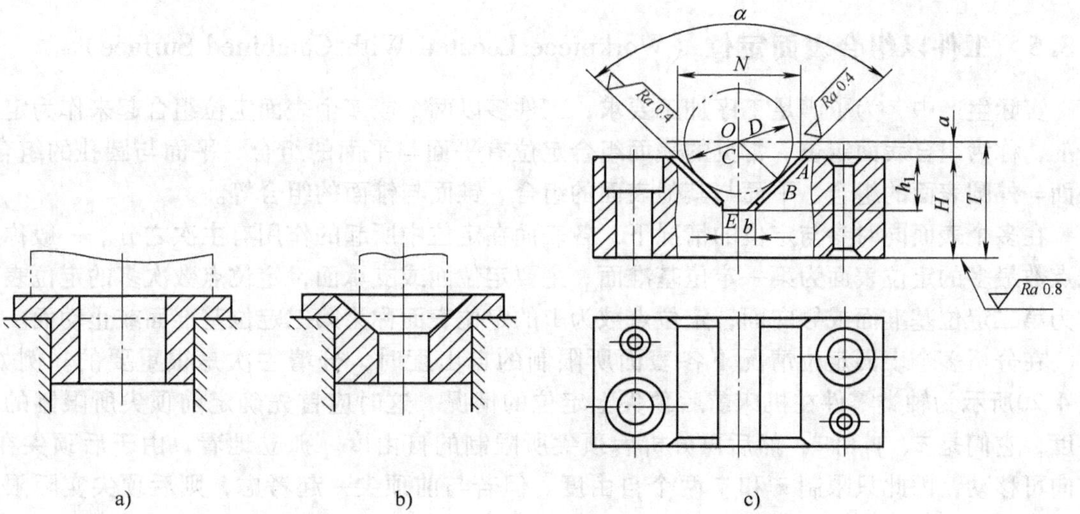

图 4-17 工件外圆以套筒、锥套和 V 形块定位

图 4-18 所示为常见 V 形块的外形结构。“整体式” V 形块用于较短工件的精基面外圆定位；“间断式” V 形块由于其斜面有倒角，与工件的接触面积较小，一般用于较长工件的粗基准定位；“分开式” V 形块由两个短 V 形块组成，一块固定在夹具体上，另一块可在夹具体上根据工件的长短进行调整。

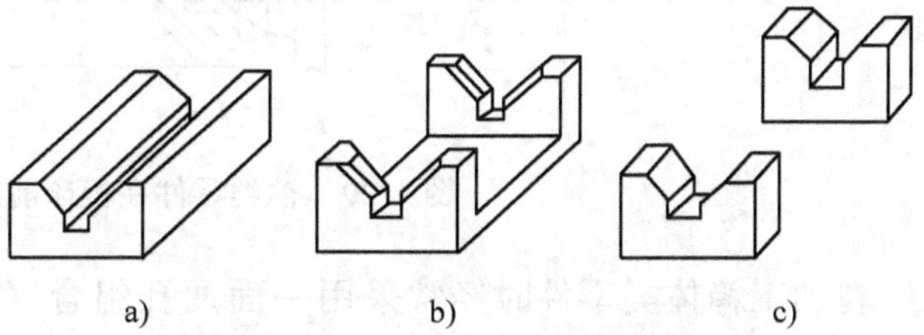

图 4-18 常见 V 形块的外形结构
a）整体式 b）间断式 c）分开式

4.3.4 工件以其他表面定位（Workpiece Located With Other Surface）

工件除了以平面、圆孔和外圆表面定位外，有时也以锥孔、渐开面等其他形式的表面定位。图 4-19所示为工件（齿轮）以渐开线齿面定位。图 4-19a显示了三个定位圆柱均布（或近似均布）插入齿间以实现分度圆定位。图 4-19b 所示为实际的夹具结构，该夹具广泛应用于齿轮热处理后的磨孔工序中，可保证齿轮孔与齿面之间获得较高的同轴度。

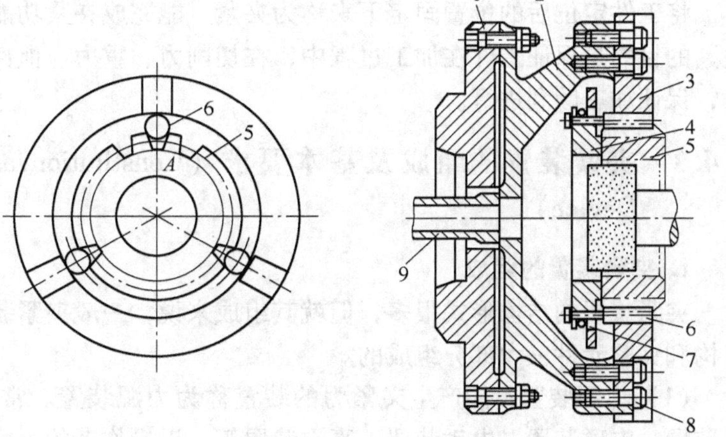

图 4-19 工件以渐开线齿面定位
1—夹具体 2—弹性薄膜盘 3—卡爪 4—保持架
5—工件（齿轮） 6—定心圆柱 7—弹簧 8—螺钉 9—推杠

4.3.5 工件以组合表面定位（Workpiece Located With Combined Surface）

实际生产中，为了满足工序加工要求，工件多以两个或多个表面定位组合起来作为定位基准，称为组合表面定位。常见的表面组合定位有平面与平面的组合、平面与圆孔的组合、平面与外圆表面的组合、平面与其他表面的组合、锥面与锥面的组合等。

在多个表面同时参与定位的情况下，各表面在定位中所起的作用有主次之分。一般称定位点数最多的定位表面为第一定位基准面、主要定位面或支承面，定位点数次多的定位表面称为第二定位基准面或导向面，定位点数为 1 的定位表面称为第三定位基准面或止动面。

在分析多个表面定位情况下各表面所限制的自由度时，分清主次是很重要的。例如，图 4-20所示为轴类零件在机床前后顶尖上定位的情况。这时应首先确定前顶尖所限制的自由度，它们是 $\vec{x}$、$\vec{y}$ 和 $\vec{z}$；然后再分析后顶尖所限制的自由度。孤立地看，由于后顶尖在 z 方向可移动，因此只限制 $\vec{x}$ 和 $\vec{y}$ 两个自由度。但若与前顶尖一起考虑，则后顶尖实际限制的是工件的 $\widehat{x}$ 和 $\widehat{y}$ 自由度。

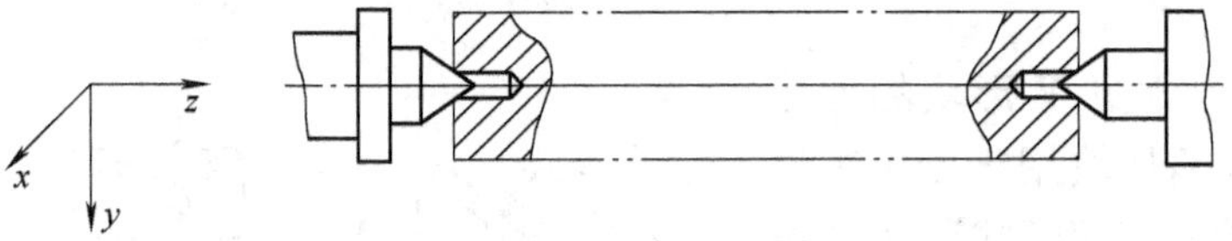

图 4-20 轴类零件在机床前后顶尖上的定位

在加工箱体类零件时经常采用一面两孔组合（一个大平面及与该平面相垂直的两个圆孔组合）定位，夹具上相应的定位元件是一面两销。为了避免由于过定位而引起工件安装时产生干涉，两销中应采用一个菱形销。

4.4 夹紧装置（Clamping Device）

将工件定位后的位置固定下来称为夹紧，能完成夹紧功能的装置称为夹紧装置。将工件夹紧的目的是保证工件在加工过程中，在切削力、重力、惯性力等的作用下不产生位移或振动，保证加工顺利进行。

4.4.1 夹紧装置的组成及基本要求（Constitution and Requirement of Clamping Device）

1. 夹紧装置的组成

夹紧装置的结构形式很多，但就其组成来说，一般夹紧装置都是由力源装置、中间传力机构和夹紧元件三大部分组成的。

（1）力源装置 能产生夹紧力的装置称为力源装置。常用的力源装置有液压装置、气动装置、电磁装置、电动装置、真空装置等。以操作者的人力为力源时，称为手动夹紧。

（2）中间传力机构 中间传力机构是将力源装置产生的力以一定的大小和方向传递给夹紧元件的机构。

（3）夹紧元件 夹紧元件是夹紧装置的最终执行元件（即夹紧件），它与工件直接接触，最终完成夹紧任务。

图4-21所示为液压夹紧铣床夹具，其夹紧装置就是由液压缸4（力源装置）、压板1（夹紧元件）和连杆2（中间传力机构）所组成的。

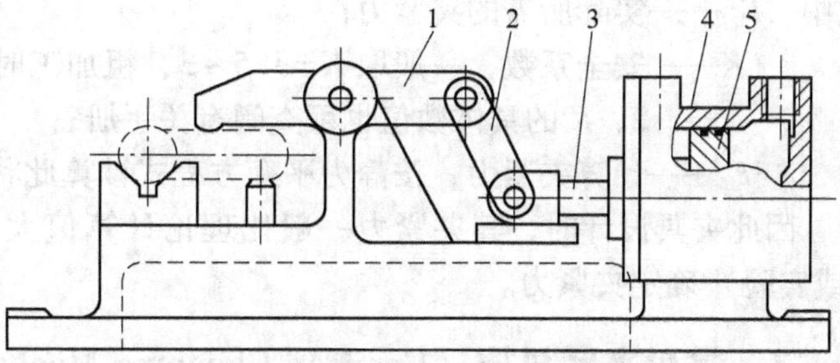

图4-21 液压夹紧铣床夹具
1—压板 2—连杆 3—活塞杆 4—液压缸 5—活塞

2. 对夹紧装置的基本要求

1）夹紧准确而可靠。在夹具定位元件上所获得的夹紧力的大小、方向和作用位置要准确合理。

2）夹紧力大小适当、稳定。既要保证工件夹紧，又要保证夹后工件的变形和表面压伤程度在加工精度的允许范围内。

3）结构工艺性好。夹紧装置兼顾结构简单、紧凑，尽可能采用标准化元件，便于制造和维修。

4）使用性好。夹紧动作迅速，操作方便、安全、省力。

4.4.2 夹紧力的确定（Determination of Clamping Force）

夹紧力的确定就是确定夹紧力的方向、作用点和大小。在确定夹紧力的三要素时，要分析工件的结构特点、加工要求、切削力及其他外力作用于工件的情况，而且必须考虑定位装置的结构形式和布置方式。

1. 夹紧力方向的选择

1）夹紧力应朝向主要定位基准面。要求夹紧力应垂直指向主要定位面。

2）夹紧力应朝向工件刚度好的方向。

3）力求实现“三力”同向。当夹紧力、切削力、工件自身重力方向相同时，加工过程中的夹紧力最小。

2. 夹紧力作用点的选择

夹紧力作用点的选择是指在夹紧力作用方向已定的情况下，确定夹紧元件与工件接触点的位置和接触点的数目，选择原则如下：

1）作用点应落实在定位元件的支承区域内。夹紧力作用点应正对支承元件或位于支承元件所形成的支承面内，以保证工件已获得的定位不变。

2）作用点应尽量接近加工部位。夹紧力作用点尽量靠近被加工表面，可减小切削力对工件造成的翻转力矩，如有必要，可在工件刚度差的部位增加辅助支承并施加夹紧力，能有效减小切削过程中的振动和变形。

3）作用点尽量在工件刚度好的部位。针对薄壁零件，减小工件夹紧变形的有效方法是增加均布作用点的数目，使夹紧力均匀分布，防止工件的局部压陷。

3. 夹紧力大小的估算

夹紧力的大小要适当。在实际加工中，切削力是变化的，夹紧力的计算是很复杂的，通常只能在静态下进行粗略估算。为安全起见，将计算夹紧力乘以一适当的安全系数 K 即可得到所需要的夹紧力。即

$$F_{jc}=KF_j$$

式中 F_{jc}——实际所需的夹紧力；

K——安全系数，一般取 $K=1.5\sim3$，粗加工时，$K=2.5\sim3$，精加工时，$K=1.5\sim2$，K的具体数值也可查阅有关手册；

F_j——计算夹紧力，按静力平衡方程式计算此状态下所需的夹紧力即为计算夹紧力。

因此夹具设计时，其夹紧力一般比理论计算值大 2 ~3 倍。在生产中经常采用类比法（或实验）确定夹紧力。

4.4.3 常用夹紧机构（Common Clamping Mechanism）

1. 斜楔夹紧机构

斜楔夹紧机构是最基本的夹紧机构。斜楔机构一般都是和其他机构联合使用的。图 4-22a所示为在工件上钻互相垂直的 ϕ8mm、ϕ5mm 两组孔的夹紧机构。工件装入后，锤击斜楔大头，夹紧工件；加工完毕后，锤击斜楔小头，松开工件。显然，斜楔是利用其斜面移动时所产生的楔紧作用夹紧工件的。由于使用斜楔直接夹紧工件时不仅夹紧力小，而且费时费力，所以在生产实践中多是将斜楔和其他机构联合使用。图 4-22b 所示为将斜楔与滑柱合成的夹紧机构，一般用气压或液压驱动。图 4-22c 所示为由端面斜楔与压板组合而成的夹紧机构。

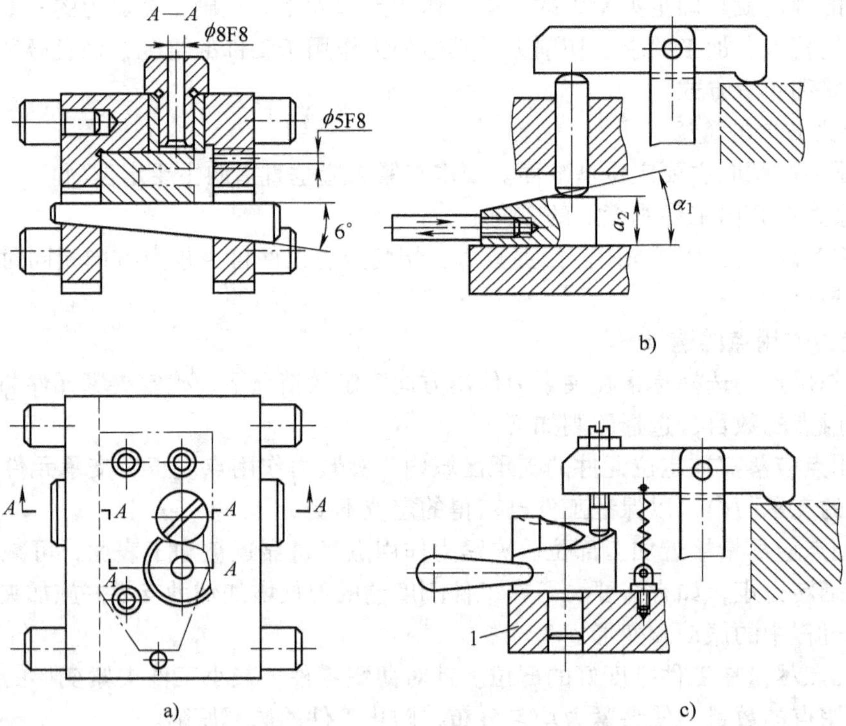

图 4-22 斜楔夹紧机构

2. 螺旋夹紧机构

采用螺旋直接夹紧或采用螺旋与其他元件组合实现夹紧的机构称为螺旋夹紧机构。

（1）单个螺旋夹紧机构　直接用螺钉或螺母夹紧工件的机构称为单个螺旋夹紧机构。单个螺旋夹紧时，螺钉直接与工件表面接触，螺钉转动时，易损伤工件表面或带动工件旋转。生产中常在螺钉头部安装不同种类的摆动压块，如图 4-23 所示。已加工表面的夹紧，可选择图 4-23a 中端面光滑的光面压块；粗糙表面的夹紧，可选择图 4-23b 中端面有齿纹的槽面压块；当要求螺钉只移动不转动时，可采用图 4-23c 所示的圆压块。

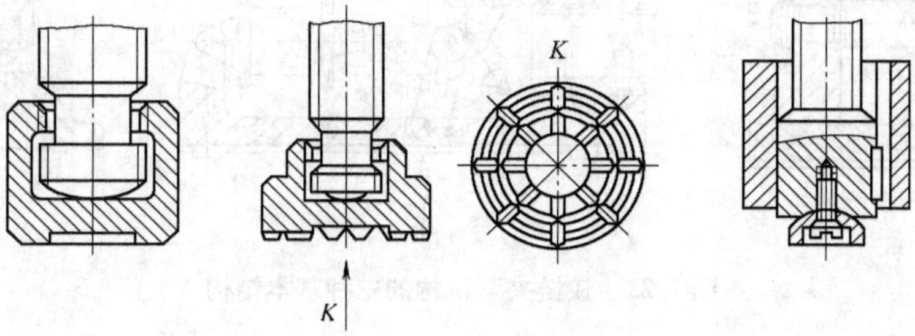

图 4-23　摆动压块

单个螺旋夹紧机构夹紧动作慢，装卸工件费时，因此实用中常采用快速螺旋夹紧机构。

（2）螺旋压板夹紧机构　在夹紧装置中，螺旋压板夹紧机构形式变化最多，应用最为广泛。图 4-24 所示为常见的螺旋压板典型夹紧机构。其中，图 4-24a 和图 4-24b 为移动压板；图 4-24c 和图 4-24d 为回转压板。

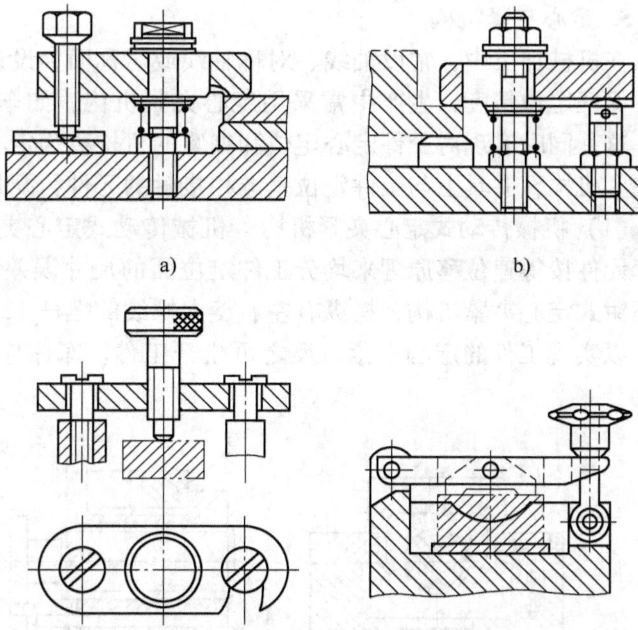

图 4-24　螺旋压板典型夹紧机构

螺旋夹紧装置不仅结构简单，易于制造，而且大部分元件均已标准化，故设计选用方便，应用较广。但其夹紧动作迟缓，效率低，辅助时间长。

3. 偏心夹紧机构

用偏心件直接或间接夹紧工件的机构称为偏心夹紧机构。偏心夹紧机构操作方便、夹紧迅速，但夹紧力和行程较小，一般用于切削力不大、振动小、夹压面公差小的场合。

4. 铰链夹紧机构

图 4-25 所示为常用铰链夹紧机构的三种基本结构。其中，图 4-25a 为单臂铰链夹紧机构；图 4-25b 为双臂单作用铰链夹紧机构；图 4-25c 为双臂双作用铰链夹紧机构。在铰链夹紧机构中，由气缸带动铰链臂及压板转动夹紧或松开工件。

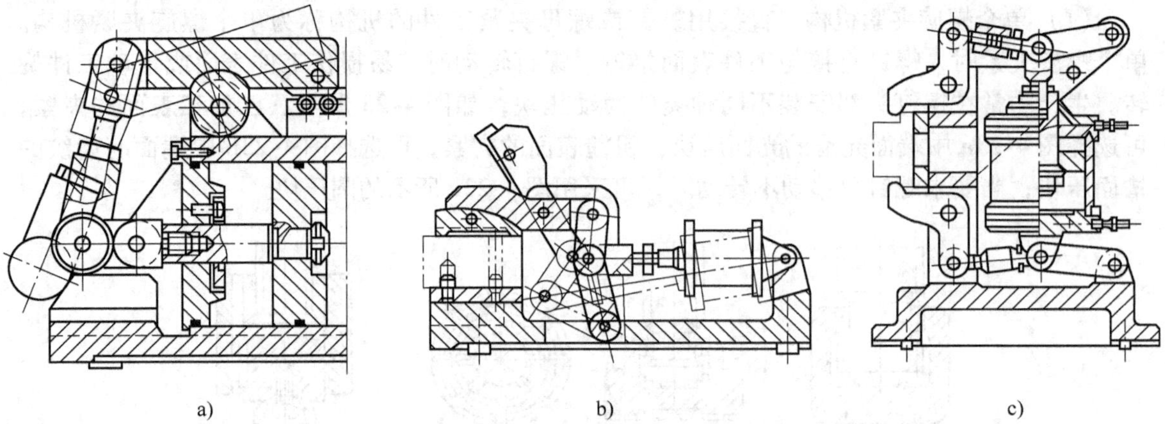

图 4-25　铰链夹紧机构的三种基本结构

铰链夹紧机构是一种增力机构，其结构简单，增力比大，摩擦损失小，但一般不具备自锁功能，常与具有自锁功能的机构组成复合夹紧机构。铰链夹紧机构适用于多点、多件夹紧，在气动、液压夹具中有广泛应用。

5. 定心夹紧机构

在机械加工中，常以轴线、对称轴线或对称面为设计基准，为使定位基准与设计基准重合，保证定位精度，生产中常采用定心夹紧机构，如车床上常用的自定心卡盘、弹簧卡头等，这种同时实现对工件定心定位和夹紧的机构称为定心夹紧机构。定心夹紧机构是一种特殊夹紧机构，夹具上与工件定位基准相接触的元件，既是定位元件，又是夹紧元件。

（1）机械传动式定心夹紧机构　机械传动式定心夹紧机构利用机械传动装置驱使定位夹紧元件按等速位移原理来均分工件定位面的尺寸误差，实现定心和对中。图 4-26 所示为台虎钳式定心夹紧机构，操纵有左右旋向螺纹的螺杆 1，可以使左、右 V 形块作双向等速移动，以实现工件的定心夹紧，反之可松开工件。车床应用的自定心卡盘就属于此类的典型实例。

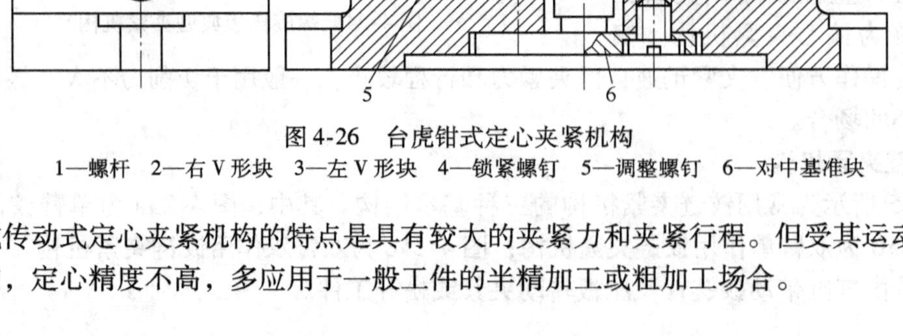

图 4-26　台虎钳式定心夹紧机构

1—螺杆　2—右 V 形块　3—左 V 形块　4—锁紧螺钉　5—调整螺钉　6—对中基准块

机械传动式定心夹紧机构的特点是具有较大的夹紧力和夹紧行程。但受其运动副配合间隙的影响，定心精度不高，多应用于一般工件的半精加工或粗加工场合。

（2）弹簧心轴与弹簧夹头　弹簧心轴与弹簧夹头的定位夹紧元件按均匀弹性变形原理实现定心夹紧，工作中利用弹性筒夹的涨、缩，实现定心并夹紧功能。如各种弹簧心轴、弹簧夹头、液性塑料夹头等。

6. 联动夹紧机构

利用单一力源实现单件或多件的多点、多向同时夹紧的机构称为联动夹紧机构。联动夹紧机构主要用于需要同时多点夹紧工件或多件夹紧时，能集中操作、简化程序、减少机动时间、提高生产效率，在大批量生产中应用广泛。

4.5　典型机床夹具（Typical Machine Fixture）

4.5.1　钻床夹具（Drilling Fixture）

在钻床上用来钻、扩、铰孔的机床夹具称为钻床夹具。钻床夹具的特点是装有钻套和安装钻套用的钻模板，故习惯上将钻床夹具简称为钻模。

1. 盖板式钻模

盖板式钻模没有夹具体，只有一块钻模板，在钻模板上除了装钻套外，还有定位元件和夹紧装置。图4-27所示为加工车床溜板箱上有多个小孔的盖板式钻模。加工时，钻模板盖在工件上定位、夹紧即可。

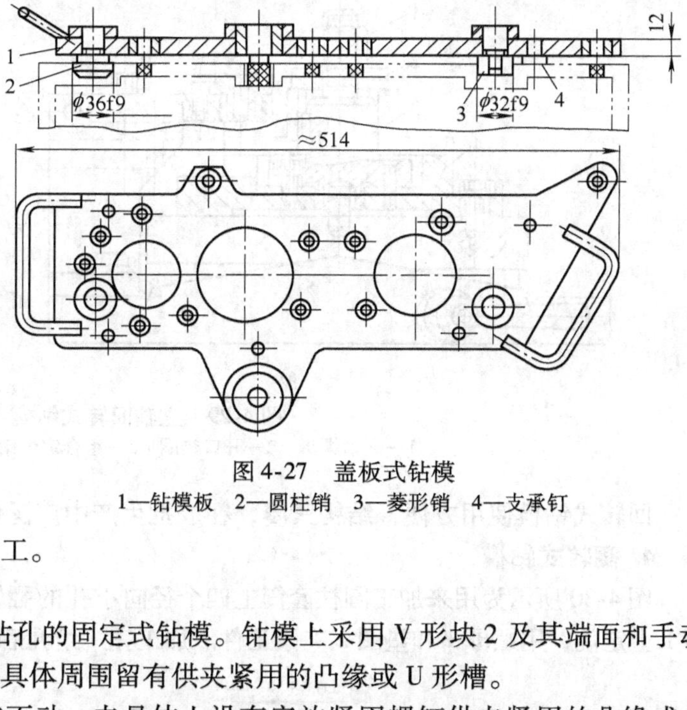

图4-27　盖板式钻模

1—钻模板　2—圆柱销　3—菱形销　4—支承钉

盖板式钻模的特点是定位元件、夹紧装置及钻套均设在钻模板上，钻模板在工件上装夹，结构简单，制造方便，成本低廉，加工孔的位置精度较高。常用于床身、箱体等大型工件上的小孔加工。

2. 固定式钻模

图4-28所示为在阶梯轴大端钻孔的固定式钻模。钻模上采用V形块2及其端面和手动拔销5定位，用偏心压板夹紧，夹具体周围留有供夹紧用的凸缘或U形槽。

固定式钻模在加工过程中固定不动，夹具体上设有安放紧固螺钉供夹紧用的凸缘或U形槽将其固定在钻床工作台上。固定式钻模主要用于立式钻床加工单孔或在摇臂钻床上加工平行孔系。

3. 回转式钻模

回转式钻模用于加工工件上同一圆周上平行孔系或加工分布在同一圆周上的径向孔系。回转式钻模有立轴、卧轴和倾斜轴回转三种基本形式。工件在一次装夹中，靠钻模依次回转加工各孔。图4-29所示为立轴回转式钻模，用于加工图4-29b所示工件ϕ70mm圆周上均布的6×ϕ10mm孔。工件以底面、ϕ40H7孔及键槽侧面为定位基准，利用组合定位销3和定位盘4及键来定位。

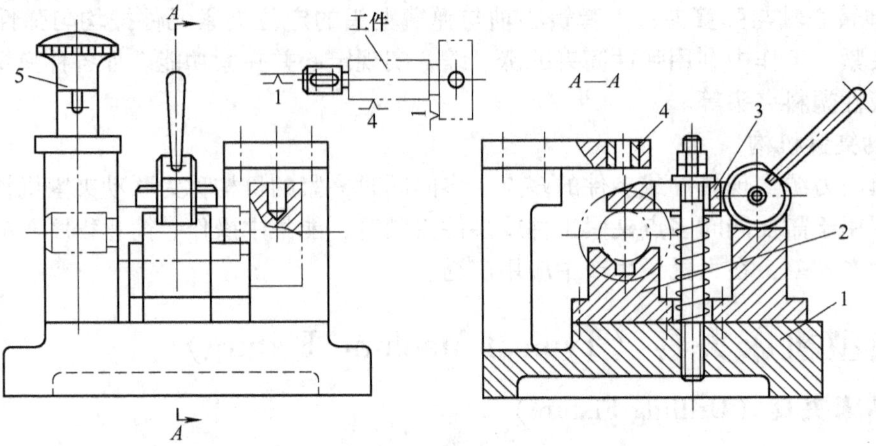

图 4-28　固定式钻模

1—夹具体　2—V 形块　3—偏心压板　4—钻套　5—手动拔销

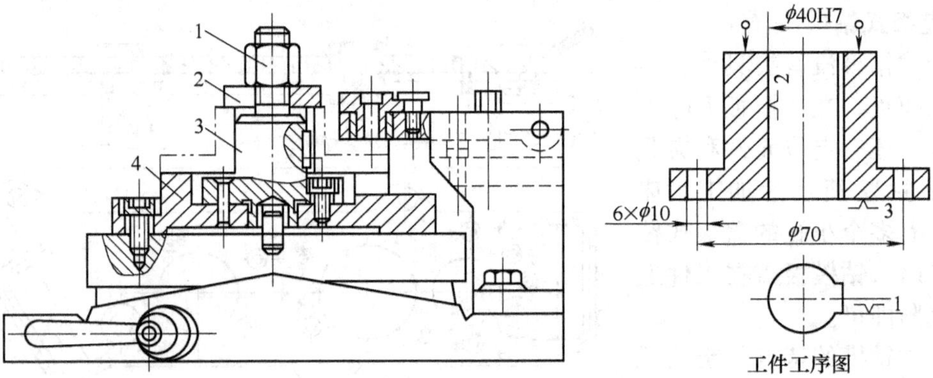

a)　　　b)

图 4-29　立轴回转式钻模

1—夹紧螺母　2—开口垫圈　3—组合定位销　4—定位盘

回转式钻模使用方便，结构紧凑，在成批生产中广泛使用。

4. 翻转式钻模

图 4-30 所示为用来加工圆柱套筒上四个径向小孔的翻转式钻模。工件以端面和孔在定位销 1 上定位，用螺母 3 和垫圈 2 夹紧工件。加工完一组孔后，手动将钻模转动 60°钻另一组孔。

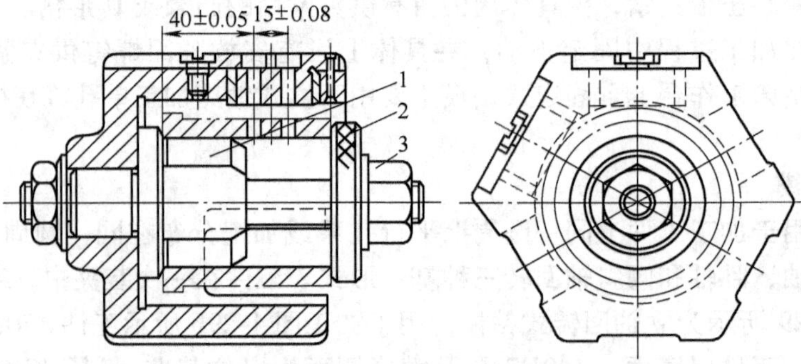

图 4-30　翻转式钻模

1—定位销　2—垫圈　3—螺母

翻转式钻模主要用于加工小型工件上几个方向分布的孔，这样可减少工件的装夹次数，提高工件上各孔之间的位置精度。翻转式钻模是一种没有固定回转轴的回转钻模。在使用过程中，需要用手进行翻转，因此夹具连同工件的质量不能太重，一般不超过10kg。

4.5.2 铣床夹具（Milling Fixture）

铣床夹具主要用在铣床上加工平面、凹槽及各种成形表面。铣床夹具主要由定位元件、夹紧装置、夹具体、定位键和对刀装置（对刀块和塞尺）组成。

1. 直线进给式铣床夹具

直线进给式铣床夹具应用最多。在铣削过程中夹具同工作台一起作直线进给运动。按一次装夹工件数目的不同，直线进给式铣床夹具可分为单件铣床夹具和多件铣床夹具。图4-31所示为多件加工的直线进给式铣床夹具，用于在小轴上铣通槽。

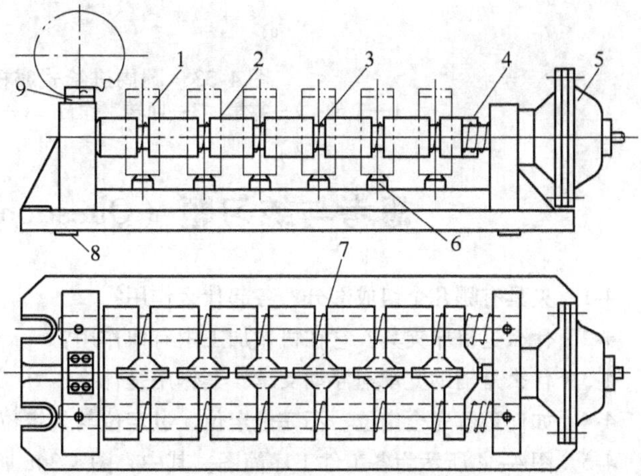

图4-31 多件加工的直线进给式铣床夹具
1—小轴 2—活动V形块 3—弹簧
4—夹紧元件 5—薄膜式气缸 6—支承钉
7—导向柱 8—定位键 9—对刀块

在批量不太大的生产中使用单件夹具较多，而在大批量的中小型零件加工中，多件夹具应用广泛。

2. 圆周进给式铣床夹具

圆周进给式铣床夹具多在有回转工作台或回转鼓轮的铣床上应用，也可在组合机床上使用。图4-32所示为圆周进给式铣床夹具。回转工作台2带动工件4作圆周连续进给运动，将工件依次送入切削区，在非切削区“拆旧装新”，实现“不停车”连续铣削。

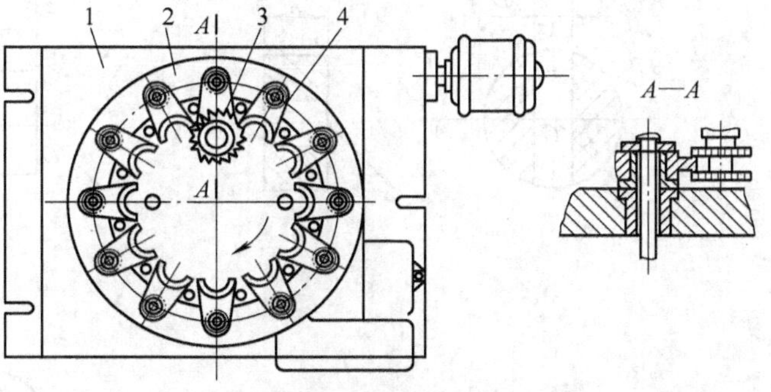

图4-32 圆周进给式铣床夹具
1—夹具 2—回转工作台 3—铣刀 4—工件

3. 仿形靠模式铣床夹具

仿形靠模式铣床夹具是一种带有靠模的铣床夹具，适用于在专用或通用铣床上加工各种非圆曲面。按照进给运动方式不同，可分为直线进给式和圆周进给式两种。图4-33所示为圆周进给式靠模铣床夹具，靠模送进的进给运动由一个直线或圆周运动和附加仿形送进运动合成，靠模的形状、加工面的轮廓、滚子直径、铣刀直径之间遵循包络面形成的基本规律。

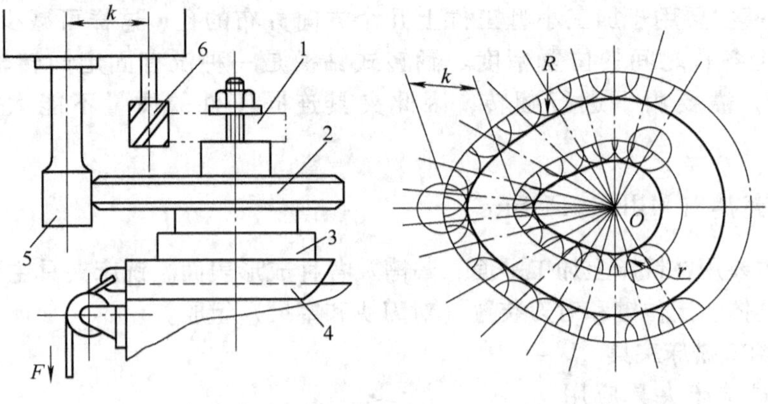

a)　　　　b)

图4-33　圆周进给式靠模铣床夹具

1—工件　2—靠模　3—回转工作台　4—滑座　5—滚子　6—铣刀

思考与练习题（Question and Excercise）

4-1　夹具有哪几个组成部分？各起什么作用？

4-2　什么是机床夹具？它在机械加工中有何作用？

4-3　什么是辅助支承与浮动支承？其作用是什么？

4-4　如何理解完全定位、不完全定位、过定位与欠定位？试举例说明。

4-5　图4-34所示为各工件工序简图。其中，图4-34a所示为过球心钻一孔；图4-34b所示为加工齿坯两端面，要求保证尺寸 A 及两端面与孔的垂直度；图4-34c所示为在小轴上铣槽，保证尺寸 H 和 L；图4-34d所示为过轴心钻通孔，保证尺寸 L；图4-34e所示为在支承工件上加工两小孔，保证尺寸 A 和 H。试分析加工各个工件所必须限制的自由度。选择定位基准和定位元件（在图4-34中画出示意图），确定夹紧力的作用点和方向（在图4-34中标出）。

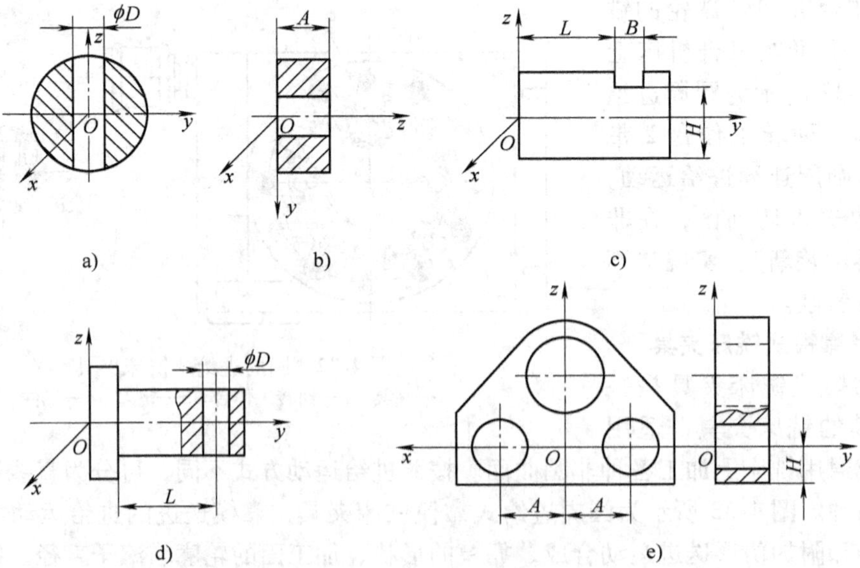

a)　b)　c)　d)　e)

图4-34　题4-5图

4-6 定位元件的定位工作表面应满足哪些主要技术要求？

4-7 设计夹紧装置时，对夹紧力三要素有何要求？

4-8 在图4-35所示工件上要求由组合机床一次加工孔 O_1、O_2、O_3，加工要求如图4-35所示，试确定定位方案并绘制定位方案简图。

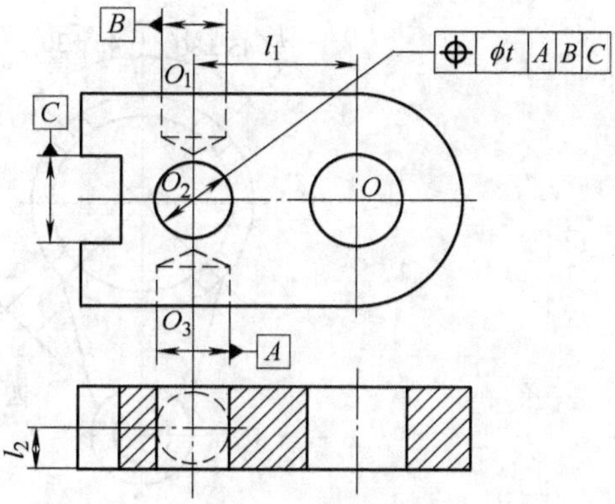

图4-35 题4-8图

4-9 夹紧力作用点与作用方向的选择应考虑哪些问题？

4-10 何谓定心夹紧机构？它有什么特点？

4-11 偏心夹紧机构的特点是什么？

4-12 钻床夹具（钻模）的主要结构形式（类型）有哪些？

4-13 根据铣削进给方式不同，铣床夹具分为哪些类型？

4-14 图4-36b所示钻模用于加工图4-36a所示工件的两个 $\phi 8^{+0.036}_{0}$ mm孔。试指出该钻模设计中的不当之处，并提出改进意见。

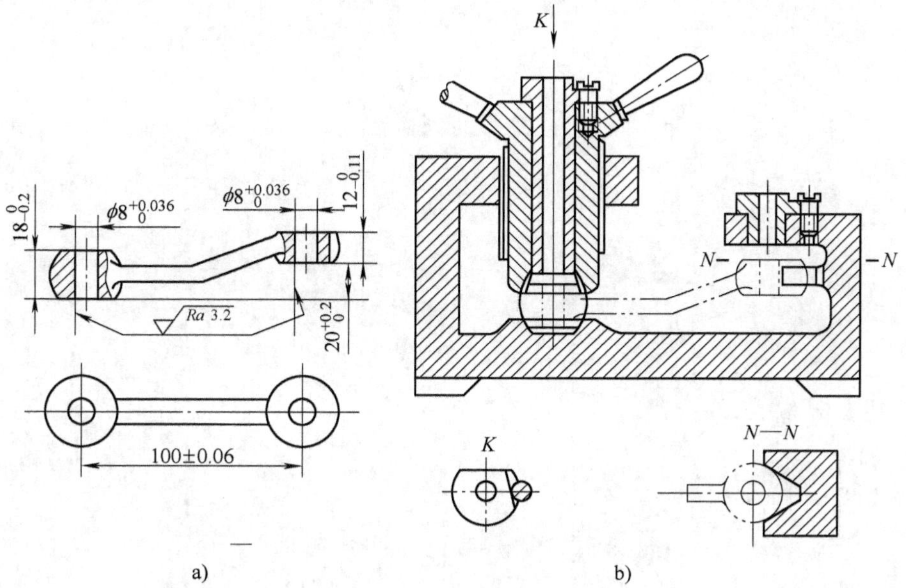

图4-36 题4-14图

综合实训（Comprehensive Training）

4-1 图4-37所示为连杆零件图，零件材料为45钢，生产类型为成批生产，所用机床为万能升降台铣床。本工序要求铣工件两端面处的八个槽，槽宽 $10^{+0.2}_{0}$ mm，槽深 $3.2^{+0.4}_{0}$ mm，表面粗糙度 Ra 值为 6.3μm；槽的中心线与两孔中心连线夹角为 45° ±30′，且通过孔 $\phi 42.6^{+0.1}_{0}$ mm 的中心。工件两孔 $\phi 42.6^{+0.1}_{0}$ mm 和 $\phi 15.3^{+0.1}_{0}$ mm 及厚度为 $14.3^{\ 0}_{-0.1}$ mm 的两个端面均已在先行工序加工完毕，两孔的中心距为（57 ± 0.06）mm，两端面间的平行度公差为 0.03/100。

要求：根据零件加工工艺的要求，拟定夹具设计方案，进行必要的定位误差计算，最终设计出符合工序加工要求、使用方便、经济实用的夹具。

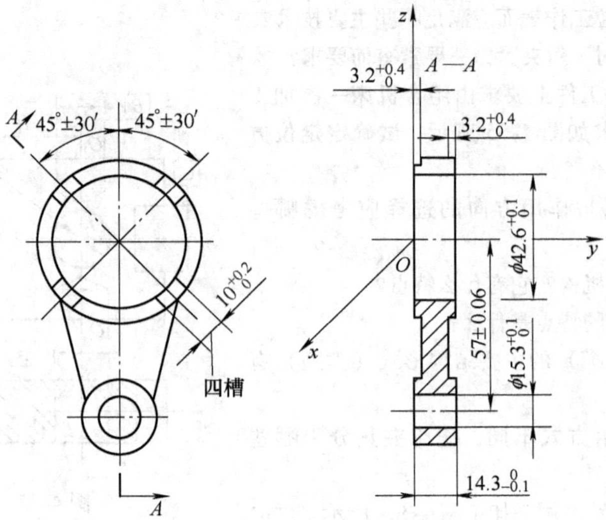

A
45°±30′
45°±30′
$10^{+0.2}_{0}$
四槽
A
z
$3.2^{+0.4}_{0}$
A—A
$3.2^{+0.4}_{0}$
$\phi42.6^{+0.1}_{0}$
y
O
57±0.06
$\phi15.3^{+0.1}_{0}$
x
$14.3^{0}_{-0.1}$

图 4-37　实训 4-1 图

第 5 章 精密、超精密加工与特种加工

(Precision Machining, Ultra-precision Machining and Non-traditional Machining)

第二次世界大战后，特别是进入 20 世纪 50 年代以来，随着生产发展和科学实验的需要，很多工业部门要求产品向高精度、高速度、高温、高压、大功率、小型化等方向发展，所用的材料越来越难加工，零件形状越来越复杂，精度和某些特殊要求也越来越高。新的发展和需求对机械制造技术提出新的要求：

1）解决各种难切削材料的加工问题。生产中如硬质合金、钛合金、耐热钢、不锈钢、淬硬钢、金刚石、宝石、石英以及锗、硅等各种高硬度、高强度、高韧性、高脆性的金属及非金属材料的加工用传统的方法很难解决。

2）解决各种特殊复杂表面的加工问题。如喷气涡轮机叶片、整体涡轮、喷丝头上的小孔、窄缝等特殊复杂表面的加工需要更加方便和精密的加工方法。

3）解决各种超精、光整或具有特殊要求的零件的加工问题。对表面质量和精度要求很高的航天航空陀螺仪、精密光学透镜、激光核聚变用的曲面镜、高灵敏度的红外传感器等零件的精细表面加工，大规模集成电路、光盘基片、复印机和打印机的感光鼓、微型机械和机器人零件、细长轴、薄壁零件等低刚度零件需要有效的精密、超精密加工方法。

依靠传统的切削加工方法很难满足一些特殊零件的加工需要，人们在探索研究新的加工方法，精密、超精密加工和特种加工就是在这种前提条件下产生和发展起来的。

5.1 精密与超精密加工（Precision Machining and Ultra-precision Machining）

5.1.1 概述（Introduction）

精密与超精密加工技术的发展直接影响到一个国家尖端技术和国防工业的发展。随着航空航天、高精密仪器仪表、惯导平台、光学和激光等技术的迅猛发展和多领域的广泛应用，各种高精度复杂零件、光学零件、高精度平面、曲面和复杂形状等都需要进行精密或超精密加工。精密加工与超精密加工技术也开始进入了国民经济和人民生活的各个领域，而且从单件小批量生产走向大批量生产，例如计算机的软盘、复印机的磁鼓、激光打印机的多面镜等。精密或超精密加工可以提高零件的制造精度，可提高产品的性能和质量，特别是提高产品的稳定性和可靠性，可促进产品的小型化，增强零件的互换性，提高装配生产率并促进自动化程度。

精密加工是指加工精度和表面质量达到极高精度的加工工艺，超精密加工是指加工精度

和表面质量达到最高精度的加工工艺。通常加工精度为在0.3～3μm，加工表面粗糙度 *Ra* 在0.03～0.3μm之间的加工方法称为精密加工；而将加工精度在0.03～0.3μm，加工表面粗糙度 *Ra* 在0.005～0.03μm的加工方法称为超精密加工或亚微米加工；精度高于0.03μm，表面粗糙度优于0.005μm以上的则称为纳米（nm）加工。

精密与超精密加工从加工成形的原理和特点来分类，可以分为去除加工、结合加工和变形加工三大类，见表5-1。

表5-1　精密与超精密加工分类

<table>
<tr><th colspan="2">分　类</th><th>加工成形原理</th><th>主要加工方法</th></tr>
<tr><td colspan="2">去除加工</td><td>从工件上去除多余的材料</td><td>金刚石刀具精密车削、精密磨削、电火花加工、电解加工、超声加工、电子束加工、激光加工等</td></tr>
<tr><td rowspan="3">结合加工（利用理化方法将不同材料结合在一起）</td><td>附着加工（Deposition）</td><td>在工件表面上覆盖一层物质，属于弱结合</td><td>电镀、真空蒸镀、气相沉积等</td></tr>
<tr><td>注入加工（Injection）</td><td>在工件的表层注入某些元素，使之与工件基体材料产生物化反应，以改变工件表层材料的力学、机械性质，属于强结合</td><td>氧化、表面渗碳、离子注入等</td></tr>
<tr><td>连接加工（Jointed）</td><td>将两种相同或不同的材料通过物化方法连接在一起</td><td>焊接、粘结、快速成形加工等</td></tr>
<tr><td colspan="2">变形加工</td><td>利用力、热、分子运动等手段使工件产生变形，改变其尺寸、形状和性能</td><td>锻造、铸造、注射、液晶定向等</td></tr>
</table>

根据加工方式不同，精密、超精密加工可以分为传统加工、非传统加工和复合加工。传统加工是指使用刀具进行的切削加工以及磨削加工，如精密超精密金刚石车削、精密超精密金刚石铣削、精密超精密金刚石镗削、精密超精密磨削和精密超精密研磨；非传统加工是指利用机、光、电、声、热、化学、磁和原子能等能源来进行加工的特种加工方法，如电子束加工、离子束加工和光刻加工；复合加工是指采用多种加工方法的复合作用，其中包括传统加工和非传统加工方式的复合、非传统加工与非传统加工方式的复合，如超声研磨、电解磨削和化学抛光等。现在比较常用的有精密超精密切削和精密超精密磨削。

精密与超精密加工技术不是一种孤立的加工方法和单纯的工艺问题，而是一项系统工程，涉及多种学科和新兴技术，不仅需要精密的机床设备和工具、高质量的工件材料、稳定的环境条件，还需要在加工中运用计算技术进行实时检测和反馈补偿，只有将各个领域（系统论、方法论、计算机技术、信息技术、传感器技术和数字控制技术等）的技术成果集成起来，才有可能实现和发展精密、超精密加工。

1. 精密加工机床

精密加工机床是实现精密加工最重要、最基本的加工设备。目前主要研究方向是提高机床主轴的回转精度、工作台的直线运动精度以及刀具的微量进给精度。精密机床的构成模块如图5-1所示。为了进一步提高这些模块的性能，同精度的模块装配、研磨、刮研、检测等工序是不可缺少的。

（1）主轴轴承　精密机床主轴轴承要求具有极高的回转精度，转动平稳，无振动。早

- 机械要素
  - 主轴系统
    - 轴承方式
      - 滚珠轴承
      - 空气静压轴承
      - 油静压轴承
      - 磁力轴承
      - 水静压轴承
    - 驱动方式
      - 电动机内装方式（感应电动机）
      - AC 伺服电动机
      - 带驱动方式
      - 空气涡轮驱动方式
      - 磁性联轴器方式
  - 进给系统
    - 轴承方式
      - 滚动导轨（有限型 V−V 滚动导轨）
      - V−V 滚动导轨
      - 空气静压导轨
      - 油静压导轨
      - 水静压导轨
    - 驱动方式
      - 进给丝杠——（介入空气、油、静压）
      - 接头的驱动方式（介入平行弹簧）
      - 摩擦驱动方式
      - 带、钢丝驱动方式
      - 直线电动机驱动方式
  - 结构件
    - 铸铁
    - 花岗岩
    - 环氧混凝土

图 5-1　精密机床的构成模块

期的精密主轴采用超精密级的滚动轴承，但是高精度的滚动轴承制造困难。目前的精密主轴轴承多使用液体静压轴承和空气静压轴承。制造空气静压轴承的材料采用经表面氮化和低温稳定处理的 38CrMoAl 氮化钢、不锈钢、多孔石墨和轴承钢。

（2）平面导轨结构　工作台的直线运动精度是由导轨决定的。超精密机床常采用的平面导轨结构为液体静压导轨、空气静压导轨和滚动导轨。床身和导轨材料应具有尺寸稳定性好、热膨胀系数小、振动衰减能力强、耐磨性好和加工工艺性好等特性。

优质耐磨铸铁是传统的制造床身和导轨的材料。优质耐磨铸铁工艺性好，耐磨性好，热膨胀系数低，振动衰减能力强，经过时效处理消除内应力后可以制作精密机床的床身和导轨。优质耐磨铸铁的缺点是抗腐蚀能力不强，易生锈。

花岗岩现在已成为制造精密机床床身和导轨的首选材料。与铸铁相比，花岗岩在尺寸稳定性、热膨胀系数、振动衰减能力、硬度、耐磨性和抗腐蚀性等方面都有着更优的性能。花岗岩的主要缺点是具有吸湿性，吸湿后会产生微量变形，同时花岗岩的加工也很困难。

人造花岗岩是由花岗岩碎粒用树脂粘接而成的。用不同粒度的花岗岩组合可提高人造花岗岩的体积，使人造花岗岩具有优良的性能，不仅可铸造成形，吸湿性低，并加强了振动的衰减能力。国外已有公司采用人造花岗岩制成高精度机床床身，效果很好。

（3）微量进给装置　为了提高刀具的进给精度，必须使用微量进给装置。超精密机床的进给系统一般采用精密滚珠丝杠副、液体静压和空气静压丝杠副。高精度微量进给装置有电致伸缩式、弹性变形式、机械传动或液压传动式、热变形式、流体膜变形式、磁致伸缩式等。目前只有弹性变形式和电致伸缩式微量进给机构比较适用，且技术成熟，尤其是电致伸缩微量进给装置，可以进行自动化控制，有较好的动态特性，在精密机床进给系统中得到广泛的应用。目前高精度微量进给装置的分辨率可达到0.001～0.01μm。

2. 精密加工的环境

精密加工必须在稳定的加工环境下进行。稳定的加工环境主要是指温度、振动和空气质量情况。

（1）恒温　在精密加工中，由于热变形引起的加工误差占总误差的40%～70%，因此在精密加工中必须严格控制工件的温升和环境温度的变化，否则无法达到精密加工要求。例如，精密加工100mm长的铝合金零件，温度每变化1℃，将产生2.25μm的误差。若要求确保零件0.1μm的加工精度，则工件及环境温度就必须控制在±0.05℃的范围内。

（2）防振　为了提高精密加工系统的动态稳定性，除了在机床结构设计和制造上采取各种减振措施外，还必须用隔振系统来消除外界振动的影响。

（3）空气净化　精密，超精密加工的加工精度和表面粗糙度要求极高，空气中的尘埃将直接影响加工零件的精度和表面粗糙度，因此必须对加工环境的空气进行净化。净化的方法是对大于某一尺寸的尘埃进行过滤。国外已研制成功了对0.1μm的尘埃有99%净化效率的高效过滤器。

3. 精密加工的检测精度

精密和超精密加工的精度是依靠检测精度来保证的。生产中为了消除误差，进一步提高加工精度，必须使用误差补偿技术。

（1）精密测量技术　精密加工技术离不开精密测量技术，精密加工要求测量精度比加工精度高一个数量级。目前精密加工中所使用的测量仪器多以干涉法和高灵敏度电动测微技术为基础，如激光干涉仪、多次光波干涉显微镜及重复反射干涉仪等。国外广泛发展非接触式测量方法并研究原子级精度的测量技术。Johaness公司生产的多次光波干涉显微镜的分辨率为0.5nm，最近出现的隧道扫描显微镜的分辨率为0.01nm，是目前世界上精度最高的测量仪之一。最新的研究证实，在扫描隧道显微镜下可移动原子，实现精密工程的最终目标——原子级精密加工。

（2）误差补偿技术　普通零件的加工精度一般都是依靠一定精度的机床来保证的，即要求机床的精度高于工件所要求的精度，称为“蜕化”原则或“母性”原则。对于精密和超精密加工，若仍然采用提高机床的制造精度、保证加工环境的稳定性等误差预防措施提高加工精度，这将会使所花费的成本大幅度增加。目前精密与超精密加工是在精度比工件要求低的机床上，利用误差补偿技术，通过消除或抵消误差本身的影响加工出高精度的工件，这就是所谓的“进化”原则或“创造性”原则。现在国外生产的超精密机床都装有双频激光随机检测系统，检测机床运动部件两个坐标方向的位移位置。双频激光随机检测系统与精密数控系统组成反馈控制系统，以保证加工的尺寸精度。精密数控系统现在一般都采用闭环控制，即机床的运动部件的位移用装在机床内部的双频激光干涉测距系统随机精确检测，将数据反馈给精密数控系统，保证位移的高精度。

4. 工件材料

工件材料对精密超精密加工有重要影响。如果工件材料表面出现不纯物、加工工件有残留变形和残留应力，都会影响加工精度，如果工件材料对金刚石刀具有亲和性，加工中会产生粘接现象，也会影响加工精度。

5.1.2　精密与超精密切削（Precision Cutting and Ultra-precision Cutting）

1. 概述

根据加工表面及加工刀具的特点，精密和超精密切削加工可分为四类，见表5-2。

表5-2　精密和超精密切削方法

切削方法	切削刀具	精度/μm	表面粗糙度/μm	被加工材料	应用举例
精密、超精密车削	天然单晶金刚石刀具、人造聚晶金刚石刀具、立方氮化硼刀具、陶瓷刀具、硬质合金刀具	1~0.1	Ra0.05~0.008	有色金属及其合金等软材料，及其他各种材料	球、软盘、反射镜的加工
精密、超精密铣削					多面棱体的加工
精密、超精密镗削					活塞销孔的加工
微孔加工	硬质合金钻头、高速钢钻头	20~10	Ra0.2	低碳钢、钢、铝、石墨、塑料	印制电路板、石墨模具、喷嘴的加工

天然金刚石具有硬度高、强度高、导热性能好、与有色金属间的摩擦因数低等特性，且金刚石刀具可以磨得很锋利，所以应用天然单晶金刚石车刀对铝、铜和其他软金属及其合金进行切削加工可以得到极高的加工精度和极低的表面粗糙度值，从而产生了金刚石精密、超精密车削加工方法。在此基础上，又发展了金刚石精密超精密铣削和镗削。人造聚晶金刚石也在逐步应用于超精密加工用刀具，但其性能远不如天然金刚石。除了金刚石刀具材料外，生产中还发展了复合陶瓷、复方氮化硅和立方氮化硼（CBN）等新型超硬刀具材料，但由于这些刀具加工的表面质量不如天然金刚石好，它们目前主要用于黑色金属的精密加工。

2. 切削机理

精密切削过程和普通金属切削过程一样是工件材料在刀具的作用下，产生剪切断裂、摩擦挤压和滑移变形的过程。

在精密切削中，采用的是微量切削方法，零件最终工序的最小切入深度应等于或小于零件的加工精度（允许的加工误差）。当切入深度很小时，切削刃对工作表面的作用只是弹性滑动或塑性滑动，并没有产生切屑，因此一种加工方法的最小切入深度反映了它的精加工能力。最小切入深度与刀具的刃口半径和刀具与工件材料之间的摩擦因数有密切关系。

在超精密加工中，采用的是超微量切削方法。金属材料是由数微米到数百微米的晶粒组成的，大约1μm的间隙内就有一个位错缺陷，如图5-2所示。切削单位较大时，工件材料通过位错运动形成滑移，所以实际剪切强度远远小于理论剪切强度。但是当切削单位在1μm以下时，其剪切强度接近理论剪切强度，此时，刀具刀尖部分受到的平均应力很大，在单位面积上会产生很大的热量，使刀尖局部区域产生极高的温度。因此，采用微量切削方法进行精密切削，需要采用耐热性高、耐磨性强，有较好的高温硬度和高温强度的刀具材料。天然单晶金刚石被公认为是理想的、不能代替的超精密切削刀具材料。

在微量切削过程中，在刀具刃口圆弧附近的材料，一部分形成切屑被切除，另一部分材料被挤压而产生弹、塑性变形，并沿着切削刃两侧方向塑性流动，形成两侧方向飞边。在刀具接近工件终端面时，由于终端部支承刚度较小，在刀尖的斜下方将产生负剪切区域，称为第Ⅳ变形区，如图5-3所示。当第Ⅰ变形区占主导地位时，被切削层金属将沿 OA 方向滑移，形成切削方向飞边；当第Ⅳ变形区占主导地位时，被切削层金属沿 OE 方向滑移，这将致使工件端部形成切削方向亏缺，如图5-4所示。刀具前角将直接影响切削力的大小和方向，从而影响工件终端的最终形状（飞边或亏缺）。

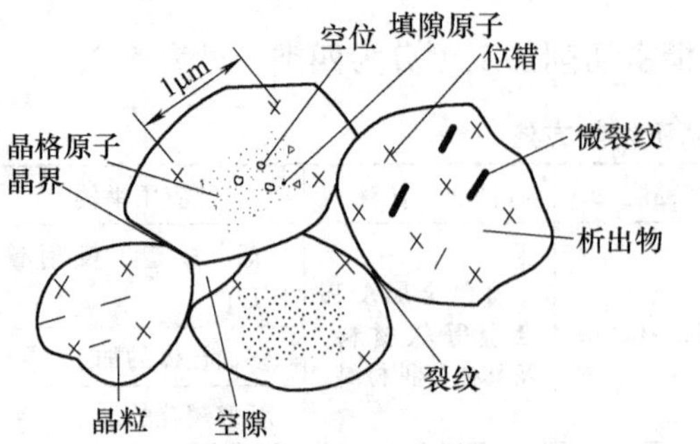

图5-2 材料微观缺陷分布

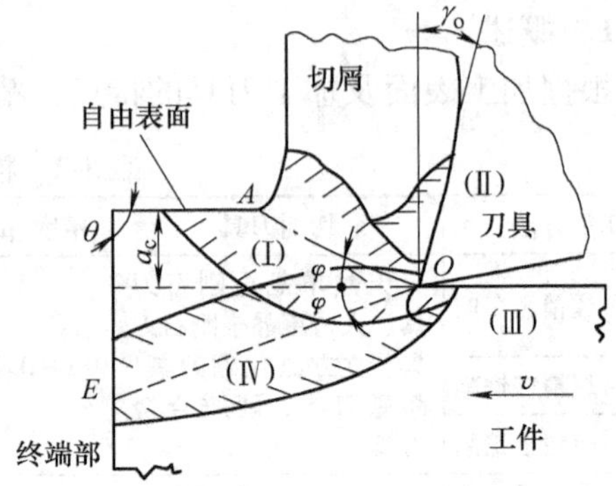

图5-3 刀具切至工件终端时的切削区域

Ⅰ—剪切变形区 Ⅱ—二次变形区

Ⅲ—第三变形区 Ⅳ—负剪切区

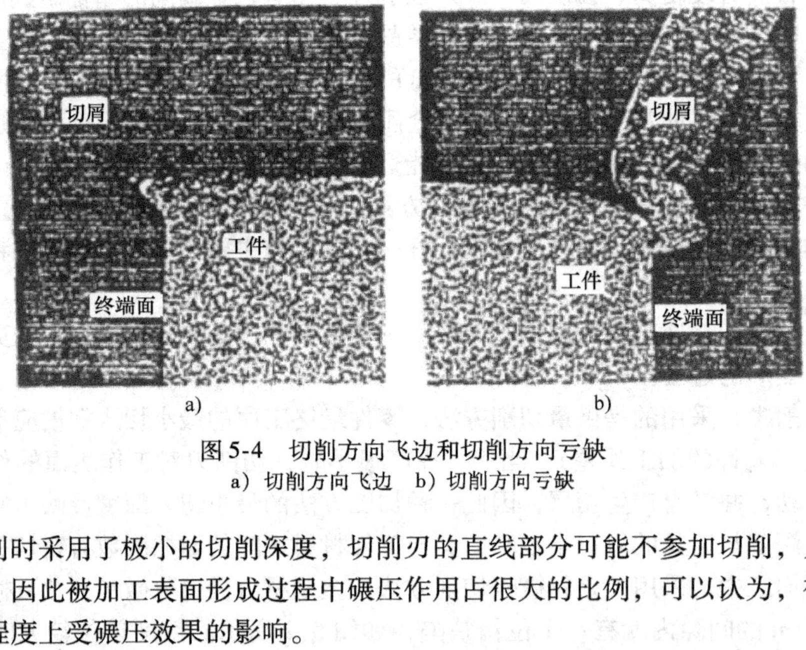

图5-4 切削方向飞边和切削方向亏缺

a）切削方向飞边 b）切削方向亏缺

由于切削时采用了极小的切削深度，切削刃的直线部分可能不参加切削，只是部分圆弧刃参加切削，因此被加工表面形成过程中碾压作用占很大的比例，可以认为，被加工表面的质量在很大程度上受碾压效果的影响。

3. 刀具

天然单晶金刚石是精密切削中最重要的刀具材料，它是目前已知的最硬材料。金刚石晶体属于立方晶系，具有各向异性和解理现象。由晶体学原理可知，立方晶系的金刚石晶体有三个主要晶面，即（100）、（111）和（110）晶面，如图5-5所示。每个晶面上原子排列形式不同，原子密度不同，晶面间距不同，这些决定了金刚石的晶体各向异性，即晶体在不同晶向上，性能差异极大。

金刚石晶体的不同晶面具有不同的耐磨性，而且在同一晶面上的不同方向，耐磨性也有着很大的差别。金刚石刀具设计时应该注意确定切削部分的几何形状，选择合适的晶面作

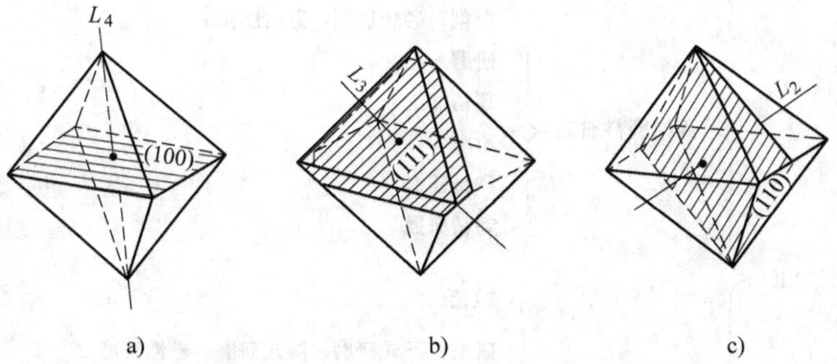

图 5-5 立方晶系的金刚石的晶轴和晶面
a）四次对称轴和（100）晶面 b）三次对称轴和（111）晶面 c）二次对称轴和（110）晶面

为刀具的前后面，确定金刚石在刀具上的固定方法和刀具结构。

（1）修光刃 金刚石刀具刀头一般采用在主切削刃和副切削刃之间加过渡刃——修光刃的形式，以对加工表面起修光作用，获得好的表面加工质量。修光刃有小圆弧修光刃、直线修光刃和圆弧修光刃之分。国内多采用直线修光刃。这种修光刃制造研磨简单，但要求对刀良好，即直线修光刃应严格和进给方向一致。国外标准金刚石刀具多采用圆弧修光刃，推荐的修光刃圆弧半径 R = 0.5 ~ 3mm。采用圆弧修光刃时，对刀容易，使用方便，但刀具制造研磨困难，所以价格也高。

（2）前面、后面的选择 单晶金刚石晶体各方向性能（如硬度、耐磨性和研磨加工的难易程度）相差极为悬殊。因此，前面和后面选择是金刚石刀具设计的一个重要问题。目前国内制造金刚石刀具，一般前面和后面都采用（110）晶面或者和（110）晶面相近的面（±3°~5°），这主要是从晶面易于研磨加工的角度考虑的。

（3）刀具的固定 金刚石车刀通常通过机械夹固、粉末冶金法固定、粘接或钎焊固定，把金刚石固定在小刀头上，小刀头用螺钉或压板固定在刀杆上，或将金刚石直接固定在车刀刀杆上。

实际使用中，天然单晶金刚石刀具只能在机床主轴转动非常平稳的高精度机床上使用，否则由于振动和切削刃碰撞会使金刚石刀具产生切削刃微观崩刃，不能继续使用。在刀具设计时应正确选择金刚石晶体方向，以保证切削刃具有较高的微观强度，减少解理破损的产生概率。

5.1.3 精密与超精密磨削（Precision Milling and Ultra-precision Milling）

1. 概述

金刚石刀具主要适用于对铝、铜及其合金等材料进行超精密切削，而对于黑色金属、硬脆材料的精密与超精密加工，则主要是用细粒度的磨粒和微粉进行磨削加工，以得到高的加工精度和低的表面粗糙度值。精密磨削是指加工精度为 1 ~ 0.1μm、表面粗糙度为 Ra 达到 0.2 ~ 0.025μm 的磨削方法，一般用于机床主轴、轴承、液压滑阀、滚动导轨和量规等的精密加工。

精密、超精密磨料加工可分为固结磨料加工和游离磨料加工两大类，如图 5-6 所示。

2. 磨削机理

精密磨削主要是靠砂轮中具有微刃性和等高性的磨粒实现的。

- 磨料加工
  - 固结磨料加工
    - 磨削：砂轮磨削、砂带磨削
    - 研磨
    - 超精加工
    - 珩磨
    - 砂带研抛
    - 超精研抛
  - 游离磨料加工
    - 抛光
    - 研磨：干式研磨、湿式研磨、磁性研磨
    - 精密研磨
    - 滚磨：回转式、振动式、离心式、主轴式、涡流式
    - 珩磨：挤压珩磨
    - 喷射加工

图 5-6 磨料加工分类

（1）微刃的微切削 生产中通过较小的修整导程（纵向进给量）和修整深度（横向进给量）对砂轮进行精细的修整，可以得到如图 5-7 所示的微刃。经过精细修整的砂轮对工件磨削时，同时参加切削的刃口增多，深度减小，微刃的切削作用形成了表面粗糙度值较小的表面。

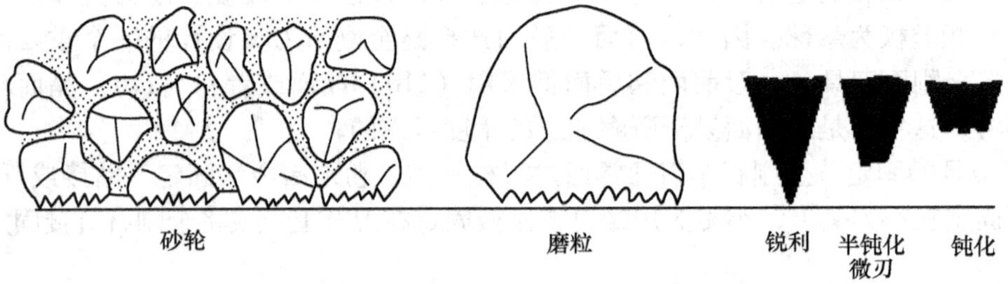

图 5-7 磨粒的微刃和等高性

（2）微刃的等高切削 经过精细修整的砂轮，分布在砂轮表层的同一深度上的微刃数量多、等高性好，磨削后加工表面的残留高度极小，因而形成的表面粗糙度值小。

（3）微刃的滑擦、挤压和抛光 砂轮修整后出现的微刃开始磨削时是比较锐利的，切削作用强，随着磨削时间的增加，微刃逐渐钝化，但是等高性得到改善。这时切削作用减弱，滑擦、挤压和抛光作用加强。磨削区的高温使金属软化，钝化微刃的滑擦和挤压将工件表面凸峰碾平，降低了工件表面粗糙度值。

（4）弹性变形 由于磨削力比较大，弹性变形对于微小的磨削深度来说是不可忽视的。采用无火花磨削可以磨削因弹性变形的回复部分，有利于镜面的形成。

3. 砂轮

精密磨削时所用砂轮的磨料以易于产生和保持微刃及其等高性为原则。粗粒度砂轮经过精细修整形成微刃，以微切削作用为主；细粒度的砂轮经过精细修整形成半钝态微刃，与工件表面的摩擦抛光作用比较显著，可得到质量更高的加工表面和砂轮寿命。在磨削钢件及铸铁件时，以采用刚玉磨料为宜。

在精密、超精密磨削中，磨料除使用刚玉系和碳化物系外，还大量使用超硬磨料。超硬磨料主要是指用金刚石砂轮和立方氮化硼，可加工硬质合金、陶瓷、玻璃、半导体材料及石材等高硬度、高脆性材料。

超硬磨料磨削的特点如下：

1）磨削能力强，耐磨性好，寿命长，易于控制加工尺寸及实现加工自动化。

2）磨削力小，磨削温度低，加工表面质量好，无烧伤、裂纹和组织变化。

3）磨削效率高。在加工硬质合金及非金属硬脆材料时，金刚石砂轮的材料切除率优于立方氮化硼砂轮；但在加工耐热钢、钛合金、模具钢等时，立方氮化硼砂轮远高于金刚石砂轮。

4）加工成本低。金刚石砂轮和立方氮化硼砂轮比较昂贵，但由于其寿命长，加工效率高，所以综合成本低。

4. 砂轮修整

砂轮修整质量对被加工工件的质量、生产率和生产成本有着决定性的影响。砂轮修整是整形和修锐的总称。整形是使砂轮具有一定精度要求的几何形状；修锐是去除磨粒间的结合剂，使磨粒突出结合剂一定高度（一般是磨粒尺寸的 1/3 左右），形成良好的切削刃和足够的容屑空间。普通砂轮修整方法有单粒金刚石修整、金刚石粉末烧结型修整器修整和金刚石超声波修整等。超硬磨料砂轮修整的方法有车削法、磨削法、液压挤轧法、喷射法、电加工法和超声波振动修整法，其中电加工法中的电解在线修锐（ELLD）方法是目前研究的热点和重点。

砂轮的修整用量有修整导程、修整深度、修整次数和光修次数。修整导程一般为 10 ~ 15mm/min，修整深度为 2.5μm/单行程。修整导程（纵向进给）和修整深度越小，工件表面粗糙度值越低。但修整导程过小，容易烧伤工件，产生螺旋形等缺陷。修整深度一般为 0.05mm 即可恢复砂轮的切削性能。修整时一般分为粗修与精修，精修一般为 2 ~ 3 次单行程。光修为无修整深度修整，一般为 1 次单行程，主要是为了去除砂轮表面个别突出微刃，使砂轮表面更加平整。

5. 超精密磨削

超精密磨削是一种亚微米级的加工方法，正向纳米级发展。通常所说的镜面磨削是居于精密磨削和超精密磨削之间范畴的加工。超精密磨削同样是一个系统工程，其加工精度受到许多因素的影响，如超精密磨削机理、被加工材料、砂轮及其修整、超精密磨床、工件的定位夹紧、检测及误差补偿、工作环境、操作水平等。超精密磨削需要一个高稳定性的工艺系统，对力、热、振动、材料组织、工作环境的温度和净化等都有稳定性的要求，并有较强的抗击来自系统内外的各种干扰能力。

5.2 特种加工（Non-traditional Machining）

特种加工主要利用电、化学、光、声、热等能量去除金属材料，加工过程中工具和工件之间不存在显著的机械切削力。特种加工可以加工任何硬度、强度、韧性和脆性的金属或非金属材料，尤其是加工复杂表面、微细表面和低刚度零件。常用特种加工方法分类见表 5-3。

表 5-3 常用特种加工方法分类

特种加工方法		能量来源及形式	作用原理	英文缩写
电火花加工	电火花成形加工	电能、热能	熔化、汽化	EDM
	电火花线切割加工	电能、热能	熔化、汽化	WEDM
电化学加工	电解加工	电化学能	金属离子阳极溶解	ECM（ELM）
	电解磨削	电化学能、机械能	阳极溶解、磨削	EGM（ECG）
	电解研磨	电化学能、机械能	阳极溶解、研磨	ECH
	电铸	电化学能	金属离子阴极沉积	EFM
	涂镀	电化学能	金属离子阴极沉积	EPM
激光加工	激光切割、打孔	光能、热能	熔化、汽化	LBM
	激光打标记	光能、热能	熔化、汽化	LBM
	激光处理、表面改性	光能、热能	熔化、相变	LBT
电子束加工	切割、打孔、焊接	电能、热能	熔化、汽化	EBM
离子束加工	蚀刻、镀覆、注入	电能、动能	原子撞击	IBM
等离子弧加工	切割（喷镀）	电能、热能	熔化、汽化（涂覆）	PAM
超声加工	切割、打孔、雕刻	声能、机械能	磨料高频撞击	USM
化学加工	化学铣削	化学能	腐蚀	CHM
	化学抛光	化学能	腐蚀	CHP
	光刻	光能、化学能	光化学腐蚀	PCM
快速成形	液相固化法	光能、化学能	增材法加工	SL
	粉末烧结法			SLS
	纸片叠层法	光能、机械能		LOM
	熔丝堆积法	电能、热能、机械能		FDM

生产中应用最多的是电火花加工、电解加工、超声波加工和高能束加工。

5.2.1 电火花加工（Electrical Discharge Machining）

电火花加工又称放电加工（Electrical Discharge Machining，EDM），在20世纪50年代开始研究并逐步应用于生产。

1. 电火花加工的原理及特点

（1）电火花加工原理　电火花加工是一种利用工具和工件两极间脉冲放电时局部瞬时产生的高温把金属腐蚀去除，达到对工件进行加工的方法。当脉冲电流作用在工件表面上时，工件表面上导电部位立即熔化。熔化的金属因剧烈飞溅而抛离电极表面，使材料表面形成电腐蚀的坑穴。在这一加工过程中可看到放电过程中伴有火花，因此将这一加工方法称为电火花加工。如适当控制这一过程，就能准确地加工出所需的工件形状。

电火花加工原理如图 5-8 所示。脉冲电源 2 的两极分别接在工具电极 4 与工件 1 上，当两极在工作液 5 中靠近时，极间电压击穿间隙而产生火花放电，在放电通道中瞬时产生大量的热，达到很高的温度（10000℃以上），使工件和工具表面局部材料熔化甚至汽化，被腐蚀形成微小的凹坑。电极不断下降，工具电极的轮廓形状便复制到工件上，这样就完成了工件的加工。

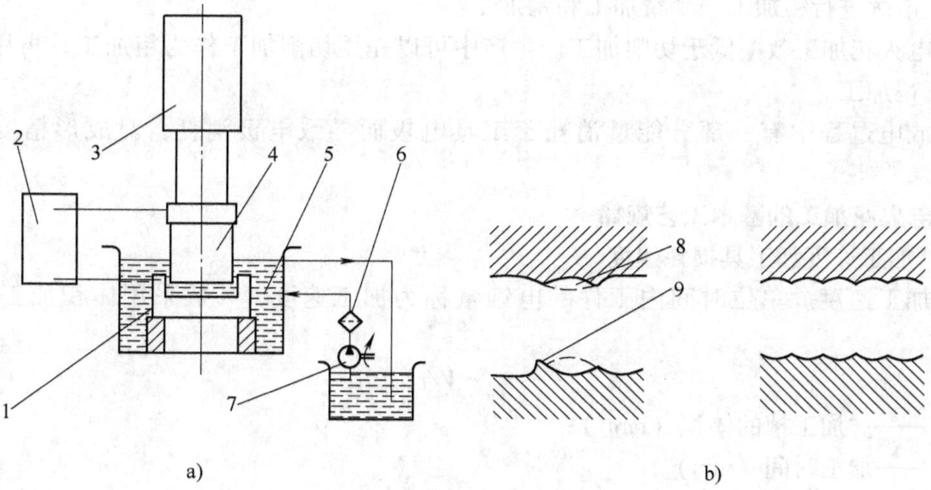

图 5-8 电火花加工原理图
a）电火花加工原理示意图 b）电火花加工表面示意图
1—工件 2—脉冲电源 3—自动进给装置 4—工具电极
5—工作液 6—过滤器 7—工作液泵 8—凹坑 9—凸边

进行电火花加工应具备如下条件：

1）工具和工件被加工面的两极之间要保持一定的放电间隙，通常为几微米到几百微米。如果间隙过大，工作电压击不穿，电流接近于零；如果间隙过小，形成短路接触，极间电压接近于零。这两种情况下电极间均没有功率输出。为此，在电火花加工过程中必须有电极工具的自动进给和调节装置。

2）必须采用脉冲电源。火花放电必须是瞬时的脉冲放电，由于放电的时间短，使放电产生的热来不及传导扩散开去，从而把放电蚀除点局限在很小的范围内。电火花加工采用的脉冲电源的电压波形如图 5-9 所示。

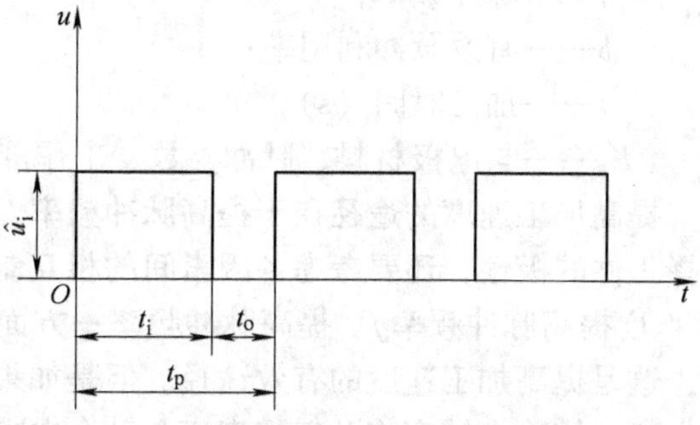

图 5-9 电火花加工采用的脉冲电源的电压波形

3）火花放电必须在一定绝缘性能的液体介质中进行。没有一定的绝缘性能的介质，就不能击穿放电形成火花通道。使用液体介质，一方面是为了能把电火花加工后的金属屑等电蚀产物从放电间隙中悬浮排除出去，另一方面液体对电极表面有较好的冷却作用。

（2）电火花加工的特点

1）可加工高强度、高硬度、高韧性和高熔点的难切削加工的导电材料，如淬火钢、硬质合金、导电陶瓷、立方氮化硼等。在一定条件下，还可加工半导体材料和非导体材料。

2）电火花加工时工具硬度可以低于被加工材料的硬度。

3）加工过程中工具和工件之间不存在显著的机械力，有利于小孔、窄槽、曲线孔及薄壁零件加工。

4）脉冲参数可任意调节。加工中只需更换工具电极或采用阶梯形工具电极就可以在同一机床上连续进行粗加工、半精加工和精加工。

5）电火花加工效率低于切削加工。生产中可以先用切削加工作为粗加工，再用电火花加工进行精加工。

6）放电过程中有一部分能量消耗于工具电极而导致电极消耗，对成形精度有一定影响。

2. 电火花加工的基本工艺规律

（1）加工速度和工具损耗速度

1）加工速度。单位时间内工件的电蚀量称为加工速度，一般采用体积加工速度 v_W 表示。

$$v_W = V/t$$

式中 V——被加工掉的体积（mm^3）；

t——加工时间（min）。

有时为了测量方便，也采用质量加工速度 v_m（g/min）表示。

在电火花加工过程中，无论正极或负极都存在单个脉冲的蚀除量与单个脉冲能量在一定范围内成正比的关系。某一段时间内的总蚀除量约等于这段时间内各单个有效脉冲蚀除量的总和，所以正、负极的蚀除速度与单个脉冲能量、脉冲频率成正比。

$$q_p = K_p W_M f \phi t$$

$$v = q_p/t = K_p W_M f \phi$$

式中 q_p——在 t 时间内的总蚀除量（g 或 mm^3）；

v——蚀除速度（g/min 或 mm^3/min），亦即工件生产率或工具损耗速度；

W_M——单个脉冲能量；

f——脉冲频率；

ϕ——有效脉冲利用率；

t——加工时间（s）；

K_p——与电极材料、脉冲参数、工作液等有关的工艺参数。

提高加工速度的途径在于提高脉冲频率 f、增加单个脉冲能量、提高工艺参数 K_p 及正确选择工件的极性，还要考虑各因素间的相互制约关系。

① 提高脉冲频率 f。提高脉冲频率一方面靠缩小脉冲停歇时间，另一方面靠压缩脉冲宽度，这是提高加工速度的有效途径。但是如果脉冲停歇时间过短，会使加工区工作液来不及消电离、排除电蚀产物及气泡来恢复其介电性能，导致形成破坏性的稳定电弧放电，使电火花加工过程不能正常进行。

② 增加单个脉冲能量。增加单个脉冲能量主要靠加大脉冲电流和增加脉冲宽度。单个脉冲能量的增加可以提高加工速度，但同时又会使表面粗糙度变坏并降低加工精度，因此一般只用于粗加工和半精加工的场合。

③ 提高工艺参数 K_p。合理选用电极材料、电参数和工作液，改善工作液的循环过滤方式，可以提高有效脉冲利用率，提高加工速度。

④ 正确选择工件的极性。正、负极在加工中都要不同程度地受到电热蚀除。当采用窄脉冲、精加工时应选用正极性加工；当采用长脉冲、粗加工时，应采用负极性加工。

2）工具的相对损耗。加工中的工具相对损耗是产生加工误差的主要原因之一。工具相对损耗是指单位时间内工具的电蚀量。在生产实际中用来衡量工具的损耗程度时，不但要考虑工具损耗速度，而且要考虑加工速度。一般采用相对损耗或损耗比来衡量工具电极的损耗程度。

$$\theta = (v_E/v_W) \times 100\%$$

式中 θ——体积相对损耗；

v_E——工具损耗速度（mm^3/min）；

v_W——加工速度（mm^3/min）。

如加工速度 v_W 以 g/min 为单位计算，θ 即为质量相对损耗。

为了降低工具电极的相对损耗，生产中要正确处理好电火花加工过程中的各种效应。

① 极性效应。在电火花放电加工过程中，无论是正极还是负极，都会受到不同程度的电蚀。这种单纯由于正、负极性不同而彼此电蚀量不一样的现象叫做极性效应。

产生极性效应的原因很复杂，一般认为在火花放电过程中，正、负电极表面分别受到负电子和正离子的轰击和瞬时热源的作用，在两极表面所分配到的能量不一样，因而熔化、汽化抛出的电蚀量也不一样。

电极相对损耗与极性、脉宽的关系如图 5-10 所示。试验用的工具电极为 ϕ6mm 的纯铜，加工工件为钢，工作液为煤油，电源为矩形波脉冲，加工电流幅值为 10A。

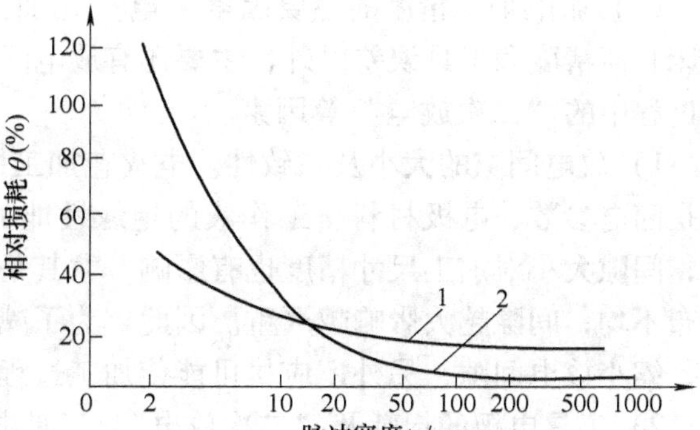

图 5-10 电极相对损耗与极性、脉宽的关系
1—正极性加工 2—负极性加工

如图 5-10 所示，不论是正极性加工还是负极性加工，当峰值电流一定时，随着脉冲宽度的增加，电极相对损耗都在下降。采用负极性加工时，纯铜电极的相对损耗随脉冲宽度的增加而减少，当脉冲宽度大于 120μs 后，电极相对损耗将小于 1%，可以实现低耗加工。如果采用正极性加工，不论采用哪一挡脉冲宽度，电极的相对损耗都难低于 10%。然而在脉宽小于 15μs 的窄脉宽范围内，正极性加工的工具电极相对损耗比负极性加工小。

② 覆盖效应。当采用煤油等碳氢化合物作工作液，电极表面瞬时温度在 400℃左右并持续一定时间时，就会形成一定强度和厚度的化学吸附碳层，一般称为"炭黑膜"。由于碳的熔点和汽化点很高，炭黑膜可对电极起到保护和补偿作用，从而实现"低损耗"加工。

由于炭黑膜只能在正极表面形成，因此，若要利用炭黑膜的补偿作用来实现电极的低损耗，必须采用负极性加工。实验表明，当峰值电流、脉冲间隔一定时，炭黑膜厚度随脉宽的增加而增厚。当脉冲宽度和峰值电流一定时，炭黑膜厚度随脉冲间隔的增大而减薄。随着脉冲间隔的减少，电极损耗随之降低。但过小的脉冲间隔将使放电间隔来不及消除电离和电蚀产物，从而造成拉弧烧伤。

③ 传热效应。从电极表面的温度场分布看，电极表面放电点的瞬时温度与瞬时放电的总热量、放电通道的截面积和电极材料的导热性能有关。在放电初期限制脉冲电流的增长率

将有利于降低电极损耗，由于电流密度不太高，电极表面温度不会过高而遭受较大的损耗。又由于一般采用的工具电极的导热性能比工件好，如果采用较大的脉冲宽度和较小的脉冲电流进行加工，导热作用使工具电极表面温度较低而减少损耗，但工件表面温度仍比较高而得到蚀除。

④ 沉积效应。当选用水或水溶液为工作液（乳化液、自来水）时，因水本身为弱电解质，放电加工过程将产生电化学反应导致阳极溶解和阴极沉积，从而保护阴极减少损耗。所以采用水基工作液时，应采用正极性加工。

⑤ 选择合适的工具电极材料。在电火花的加工过程中，为了减少工具电极的损耗，必须正确选用工具材料。钨、钼的熔点和沸点较高，损耗小，但机械加工性能不好，价格又贵，所以除线切割外很少采用。铜的熔点虽低，但其导热性好，损耗小，同时又能制成各种精密、复杂的电极，所以常用来制造对中、小型腔加工用的工具电极。石墨电极不仅热学性能好，而且在长脉冲粗加工时能吸附游离的碳来补偿电极的损耗，所以相对损耗很低，目前已广泛用于型腔加工的电极。铜碳、铜钨、银钨合金等复合材料不仅导热性好，而且熔点高，电极损耗小，但由于其价格较贵，制造成形比较困难，因而一般只在精密电火花加工时用来制作工具电极。

（2）影响加工精度的主要因素　电火花加工中影响加工精度的因素除工件安装误差、机床几何精度和工具误差以外，主要还有放电间隙的大小及其一致性、工具电极的损耗及加工过程中的“二次放电”等因素。

1）放电间隙的大小及一致性。电火花加工中，工具与工件间存在着放电间隙。放电间隙是随电参数、电极材料、工作液的绝缘性能的变化而变化的，从而影响了加工精度。同时，间隙大小对加工尺寸精度也有影响，尤其是对复杂形状的加工表面，棱角部位电场强度分布不均，间隙越大影响越严重。因此，为了减少加工尺寸误差，应该采用较弱小的加工规准，缩小放电间隙，另外还应尽可能使加工过程稳定。

2）工具电极的损耗及“二次放电”。工具电极的损耗对尺寸精度和形状精度都有影响。精密加工时，工具的尺寸精度一般要求在 ±0.5μm 范围内，表面粗糙度值 Ra 小于 0.63μm。电火花穿孔加工时，工具电极可以贯穿工件型孔而补偿它的损耗。但型腔加工时，因为型腔本身是有底的凹穴，无法补偿电极的损耗，故精密型腔加工时常采用更换电极等方法解决电极损耗问题。

影响电火花加工形状精度的因素还有“二次放电”。二次放电是指已加工表面上由于电蚀产物等的介入再次进行的非正常放电。二次放电主要是在加工深度方向的侧面产生斜度和使加工棱角边变钝，如图 5-11 所示。由于工具电极下端部加工时间长，绝对损耗大，而电极入口处的放电间隙则由于电蚀产物的存在，“二次放电”的概率大而间隙逐渐扩大，因而产生了加工斜度。此外成形加工时工具电极的振动及线切割加工时电极丝抖动，也会使侧面放电次数增多而产生工件的形状误差。

另外，工具的尖角或凹角很难精确地复制在工件的表面上，如图 5-12 所示。其原因是除了工具电极的损耗外，还有放电间隙的等距离性的影响。当工具为尖角时，由于尖角处放电等距性必然使工件成为圆角；当工具为凹角时，凹角尖点又根本不起放电作用，同时由于积屑也会使工件尖端倒圆。因此如果进行倒圆半径很小的加工时，则必须缩小放电间隙，采用高频窄脉宽精加工，这样可提高仿形精度，获得圆角半径小于 0.01mm 的尖棱。

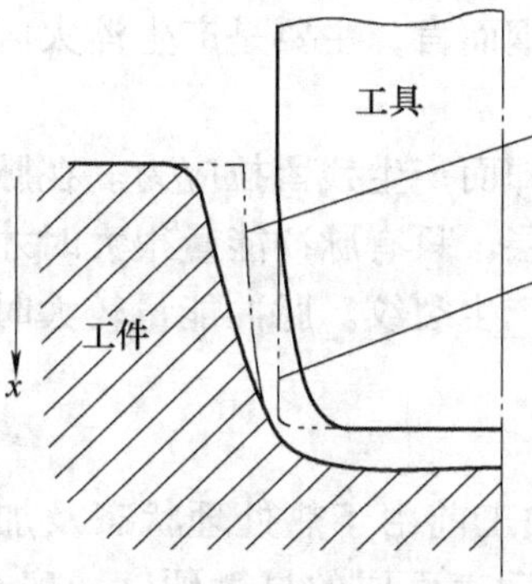

图5-11 电火花加工时的加工斜度
1—电极无损耗时工具轮廓线
2—电极有损耗而不考虑二次放电时的工件轮廓线
x—加工深度

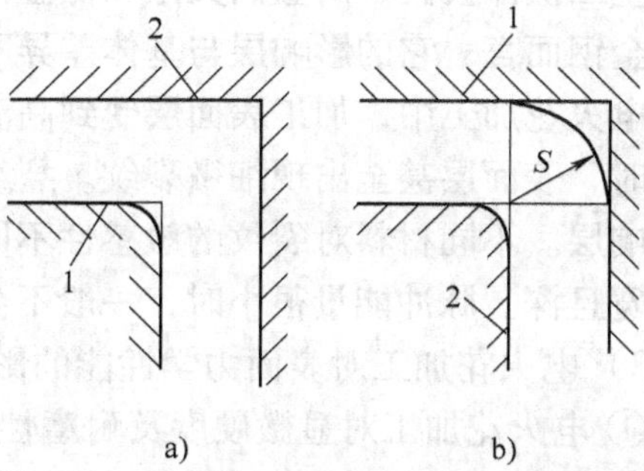

图5-12 电火花加工时的尖角变圆
1—工件 2—工具

(3) 影响表面质量的因素 电火花加工的表面质量主要包括表面粗糙度、表面变质层和表面力学性能。

1) 电火花加工对表面粗糙度的影响。影响电火花加工表面粗糙度的主要因素是单个脉冲放电能量。单个脉冲放电能量越大，脉冲放电的蚀除量越大，越易产生大的放电凹坑。在一定的脉冲能量下，不同的工件电极材料表面粗糙度值大小不同，熔点高的材料表面粗糙度值要比熔点低的材料小。

工具电极表面的粗糙度值大小也影响工件加工后的表面粗糙度值。例如，石墨电极表面比较粗糙，因此它加工出的工件表面粗糙度值也大。减少脉冲宽度和峰值电流能使粗糙度值下降，但又会导致生产率有很大程度的下降。例如，使表面粗糙度值从 $Ra2.5\mu m$ 降到 $Ra1.25\mu m$，加工生产率要下降到原来的1/10。除电参数和电极材料对表面粗糙度值的影响外，成形电极和电极丝的抖动，电极丝的入口和出口处工作液的供应、冷却情况、排屑情况的不同，进给速度忽快忽慢等，都会对表面粗糙度值有很大影响。

2) 电火花加工对表面变质层的影响。在电火花加工过程中，由于放电瞬时的高温和工作液迅速冷却的作用，表面层产生了熔化层和热影响层，导致氧化、烧伤、热应力和显微裂纹，如图5-13所示。

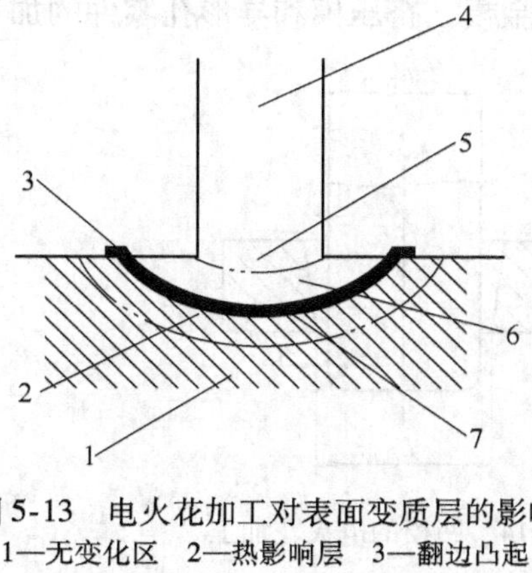

图5-13 电火花加工对表面变质层的影响
1—无变化区 2—热影响层 3—翻边凸起
4—放电通道 5—汽化区 6—熔化区 7—熔化凝固层

熔化层位于电火花加工后工件表面的最上层，它被电火花脉冲放电产生的瞬时高温所熔化，又受到周围工作液介质的快速冷却作用而凝固。对于碳钢来说，熔化层由马氏体、晶粒极细的残留奥氏体和某些碳化物组成。熔化层厚度一般为0.01～0.1mm，脉冲量越大，熔化层也越厚。

热影响层位于熔化层和基体之间。热影响层的金属受热的影响而发生金相组织变化。由于加工材料和加工前热处理状态及加工脉冲参数的不同，热影响层的变化也不同。对淬火钢将产生二次淬火区、高温回火区和低温回火区；对未淬火钢而言，主要是产生淬火区；对耐热合金钢而言，它的影响层与基体差异不大。

电火花加工中，加工表面层受到高温作用后又迅速冷却而产生残留拉应力。在脉冲能量较大时，表面层甚至出现细微裂纹。裂纹主要产生在熔化层，只有脉冲能量很大时才扩展到热影响层。不同材料对裂纹的敏感性不同，硬脆材料容易产生裂纹。脉冲能量较大时，显微裂纹宽且深。脉冲能量很小时，一般不会出现显微裂纹。

3）电火花加工对表面力学性能的影响。

① 电火花加工对显微硬度及耐磨性的影响。工件在加工前由于热处理状态及加工中脉冲参数不同，加工后的表面层显微硬度变化也不同。加工后表面层的显微硬度一般会提高。但由于加工电参数、冷却条件及工件材料热处理状况不同，有时显微硬度也会降低。一般来说，电火花加工表面最外层的硬度比较高，耐磨性好。但对于滚动摩擦，因熔化层和基体的结合不牢固，容易剥落而磨损。因此，有些要求比较高的模具加工时，需要通过研磨把电火花加工后的表面变质层去掉。

② 电火花加工对残留应力的影响。电火花加工件表面存在着由于瞬时先热后冷作用而形成的残留应力，而且大部分表现为拉应力。残留应力大小和分布主要和材料在加工前热处理的状态及加工时的脉冲能量有关。因此对表面层要求质量较高的工件，应尽量避免使用较大的加工规准，同时在加工中一定要注意工件热处理的质量，以减少工件表面的残留应力。

③ 电火花加工对耐疲劳性能的影响。电火花加工后，工件表面变化层的金相组织的变化会使耐疲劳性能大大降低。采用回火处理、喷丸处理甚至去掉表面变化层将有助于降低残留应力或使残留拉应力转变为压应力，从而提高其耐疲劳性能。采用小的加工规准是减小残留拉应力的有效措施。

3. 电火花加工的应用范围

电火花加工按加工特点分为电火花成形加工与电火花线切割加工。电火花加工具有许多传统切削加工所无法比拟的优点，主要用于难加工材料及复杂形状零件的加工。

（1）穿孔加工　电火花穿孔成形加工主要用于冲模（包括凸凹模及卸料板、固定板）、粉末冶金模、挤压模和异形孔零件的加工，如图 5-14 和图 5-15 所示。

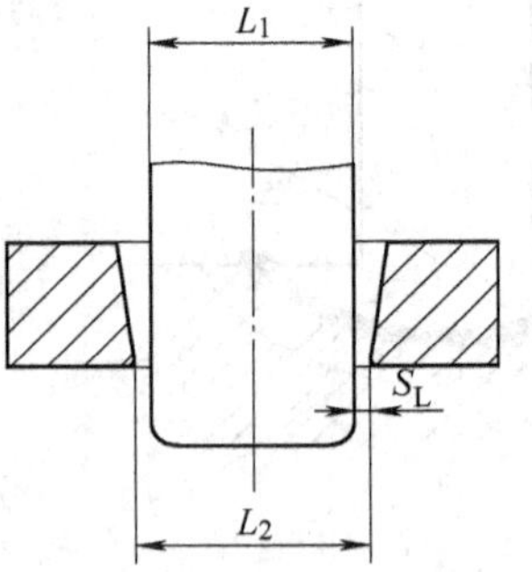

图 5-14　凹模的电火花加工

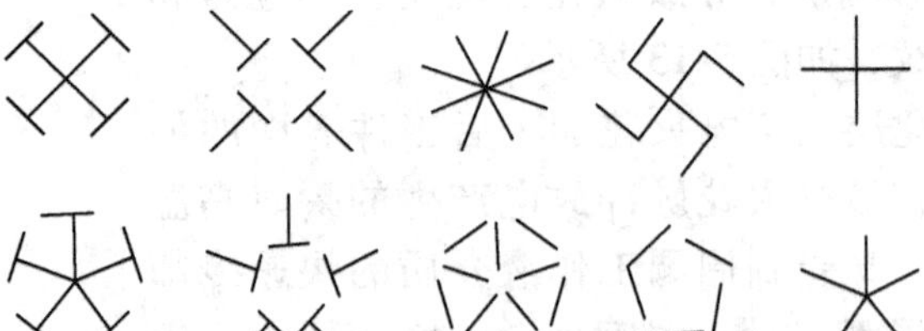

图 5-15　异形孔的电火花加工

穿孔加工的尺寸精度主要取决于工具电极的尺寸和放电间隙。工具电极的尺寸精度和表面粗糙度比工件高一级，一般精度不低于 IT7。工具电极要具有足够的长度。若加工硬质合金时，由于电极损耗较大，电极还应适当加长。工具电极的截面轮廓尺寸除考虑配合间隙外，还要比预定加工的型孔尺寸均匀地缩小一个加工时火花放电的间隙。

对于硬质合金、耐热合金等特殊材料的小孔加工，采用电火花加工是首选的办法。小孔电火花加工适用于深径比（小孔深度与直径的比）小于20、直径大于0.01mm的小孔。电火花加工还适用于精密零件上的各种型孔（包括异形孔）的单件和小批生产。

小孔加工由于工具电极截面积小，容易变形。加工时不易散热，排屑困难，电极损耗大。因此小孔电火花加工的电极材料应选择消耗小、杂质少、刚性好、容易矫直和加工稳定的金属丝。

近年来，在电火花穿孔加工中发展了高速小孔加工。加工时，一般采用管状电极，电极内通以高压工作液。工具电极在回转的同时作轴向进给运动（图5-16）。这种方式适合0.3～3mm的小孔加工。高速小孔加工的速度可远远高于小直径麻花钻头钻孔，而且解决了小直径钻头容易折断的问题。利用这种方法还可以在斜面和曲面上打孔，且孔的尺寸精度和形状精度较高。

（2）型腔加工　电火花型腔加工主要用于加工各类热锻模、压铸型、挤压模、塑料模和胶木模的型腔。这类型腔多为盲孔，形状复杂。加工中为了便于排除加工产物和进行冷却，以提高加工的稳定性，有时在工具电极中间开有冲油孔，如图5-17所示。

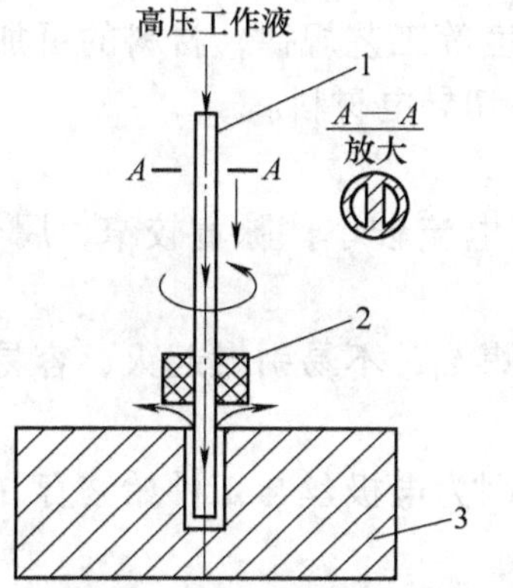

图5-16　电火花高速小孔加工示意图
1—管电极　2—导向器　3—工件

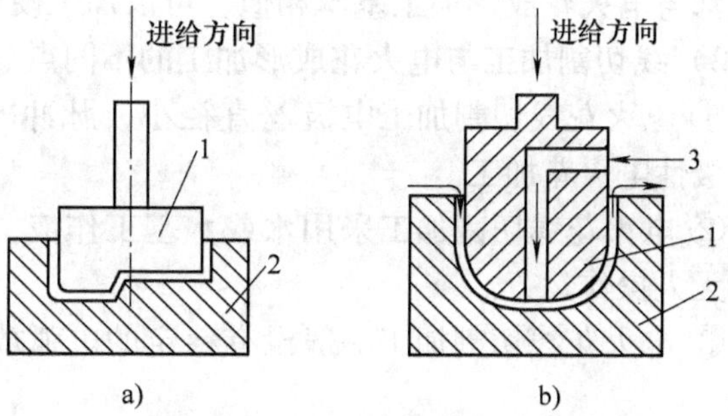

图5-17　电火花型腔加工
a）普通工具电极　b）工具电极开有冲油孔
1—工具电极　2—工件　3—工作液

（3）电火花线切割加工　电火花线切割加工（WEDM）是在电火花加工的基础上，于20世纪50年代末发展起来的一种新的加工方法。

电火花线切割加工的基本原理是利用移动的细金属导线（铜丝或钼丝）作电极，对工件进行脉冲火花放电、切割成形。根据电极丝的运行速度，电火花切割机床分为两大类：一类是高速走丝电火花线切割机床，这类机床的电极丝作高速往复运动，一般走丝速度为8～10m/s，是我国生产和使用的主要机种，也是我国独创的线切割加工模式；另一类是低速走丝（慢速走丝）线切割机床，这类机床作低速单向运动，速度低于0.2m/s，是国外生产和使用的主要机种。

图5-18所示为高速走丝电火花线切割工艺及装置示意图。此装置利用钼丝4作为工具电极对工件进行切割加工，贮丝筒7带动钼丝作正反向交替移动，加工能源由脉冲电源3供给。在电极丝和工件间浇注工作液介质，工作台在水平面两个坐标方向各自按预定的控制程

序，根据火花间隙状态作伺服进给运动，合成各种曲线轨迹，将工件切割成形。

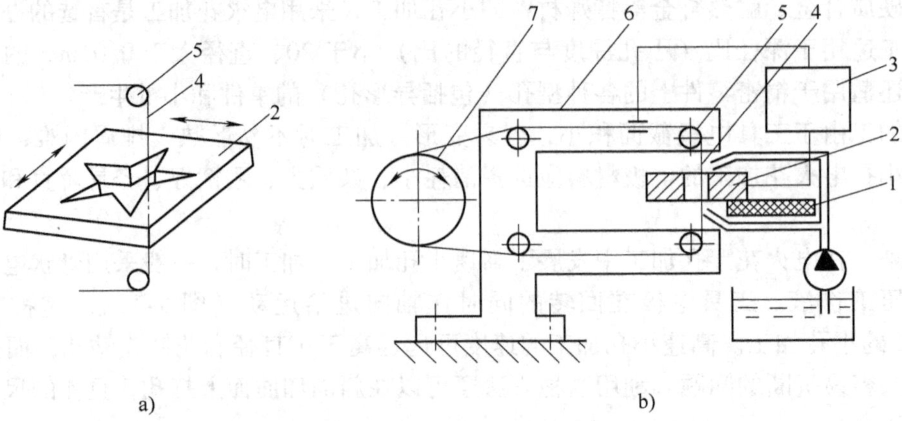

图5-18　高速走丝电火花线切割工艺及装置

1—绝缘底板　2—工件　3—脉冲电源　4—钼丝　5—导向轮　6—支架　7—贮丝筒

1）电火花线切割加工与电火花成形加工的共性。

① 电火花线切割加工的电压、电流波形与电火花成形加工基本相似。

② 电火花线切割加工的加工机理、生产率、表面粗糙度等工艺规律，材料的可加工性等也都与电火花成形加工基本相似，可以加工硬质合金等一切导电材料。

2）线切割加工与电火花成形加工的不同点。

① 电火花线切割加工电极丝直径小，脉冲电源的加工电流较小，脉宽较窄，属于中、精正极性电火花加工。

② 电火花线切割加工采用水或水基工作液，很少使用煤油，不易引燃起火，容易实现安全无人操作运行。

③ 电火花线切割加工一般没有稳定的电弧放电状态，因为电极丝与工件始终存在相对运动。

④ 电火花线切割加工电极与工件之间存在着“疏松接触”式轻压放电现象。

⑤ 电火花线切割加工省掉了成形的工具电极，大大降低了成形工具的设计和制造费用。

⑥ 电火花线切割加工由于电极丝比较细，可以加工微细异形孔、窄缝和复杂形状的工件。

⑦ 电火花线切割加工由于采用移动的长电极丝进行加工，使单位长度电极丝的损耗较少，从而对加工精度的影响比较小。

3）电火花线切割加工的特点。

① 电火花线切割加工可以加工具有薄壁、窄槽、异形孔等复杂结构零件。

② 电火花线切割加工可以加工由直线和圆弧组成的二维曲面图形，还可以加工一些由直线组成的三维直纹曲面，如阿基米德螺旋线、抛物线、双曲线等特殊曲线的图形。

③ 电火花线切割加工可以加工形状大小和材料厚度差异大的零件。图5-19所示为对异形孔喷丝板加工的实例。异形孔喷丝板的孔形特殊、复杂，孔的一致性要求很高，精度要求±0.005mm，$Ra \leqslant 0.4\mu m$。喷丝板制作材料是不锈钢1Gr18Ni9Ti。选择用细钼丝作电极在电火花成形机床上加工。穿丝孔的位置一般选在窄缝交会处，便于校正和加工；当电极丝进退

轨迹重复时，切断脉冲电源，使得异形孔诸槽一次加工成形，保持缝宽的一致性；采用直径为 $\phi(0.035 \sim 0.10)$ mm 的电极丝，电极丝速度控制在 0.8 ~ 2m/s；为保持电极丝运动的稳定，利用定时限位器保持电极丝运动的位置精度。

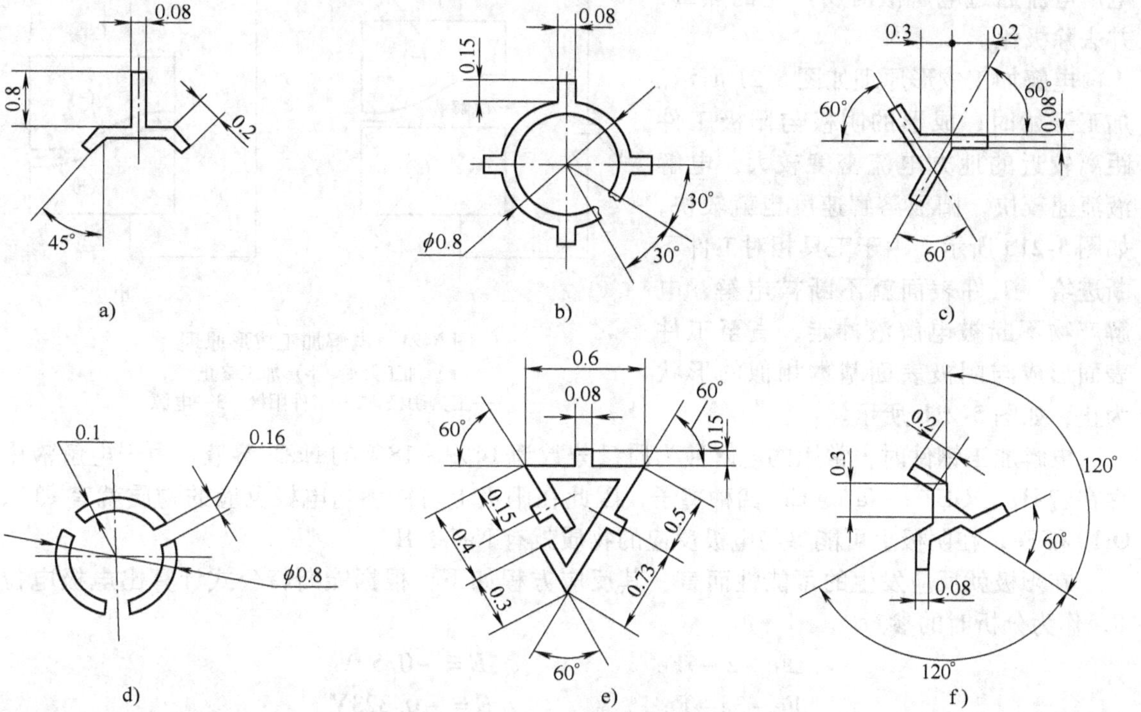

图5-19 异形孔喷丝板实例

利用电火花线切割加工异形孔喷丝板、异形孔拉丝模及异形整体电极，都可以获得较好的工艺效果。

电火花线切割加工已广泛用于国防和民用的生产和科研工作中，用于各种难加工材料、复杂表面和有特殊要求的零件、刀具和模具的加工。通过线切割加工还可制作精美的工艺美术制品。

5.2.2 电解加工（Electrochemical Machining）

电解加工是继电火花加工之后发展起来的一种适用于加工难切削材料和复杂形状零件的特种加工方法。

1. 电解加工基本原理及特点

电解加工是利用金属在电解液中发生阳极溶解的电化学原理，将金属工件加工成形的一种方法。

（1）电解加工的原理　电解加工过程如图5-20所示。加工时，工件阳极与工具阴极通以 5 ~ 24V 的连续或脉冲直流电。工具向工件缓慢进

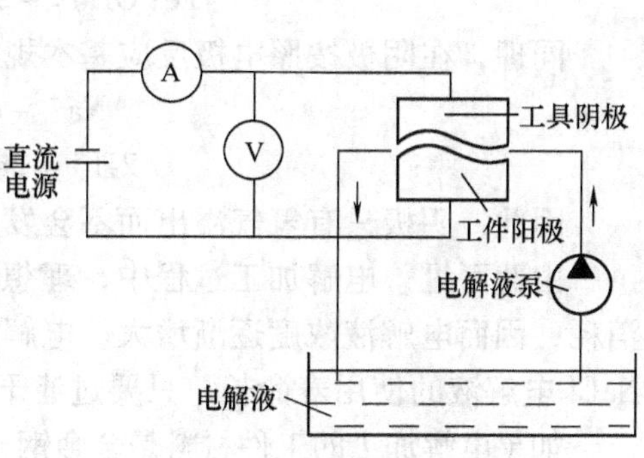

图5-20 电解加工过程

给，两极间保持很小的加工间隙（0.1～1mm），通过两极间加工间隙的电流密度高达 10～10^2 A/cm² 数量级。具有一定压力（0.5～2MPa）的电解液从间隙中不断高速（6～30m/s）流过，以带走工件阳极的溶解产物和电解电流通过电解液时所产生的热量，并去除极化。

电解加工成形原理如图 5-21 所示。加工开始时，成形的阴极与阳极工件距离较近的地方电流密度较大，电解液流速较快，阳极溶解速度也就较快，如图 5-21a 所示。由于工具相对工件不断进给，工件表面就不断被电解，电解产物不断被电解液冲走，直至工件表面形成与阴极表面基本相似的形状为止，如图 5-21b 所示。

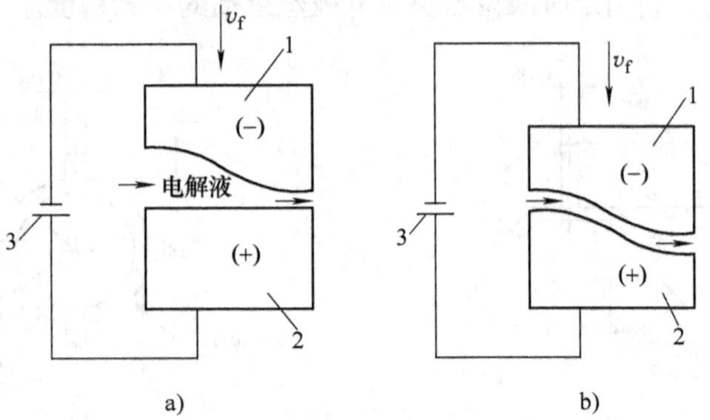

图 5-21 电解加工成形原理

a）加工开始 b）加工终止

1—工具阴极 2—工件阳极 3—电源

电解加工钢件时，常用的电解液为质量分数为 14%～18% 的 NaCl 溶液。由于电解液中存在着 H^+、OH^-、Na^+、Cl^- 四种离子，因此在阳极上可能参与电极反应的物质就有 Cl^-、OH^- 和 Fe，在阴极上可能参与电极反应的物质就有 Na^+、H^+。

在阳极就反应发生的可能性而言，其反应方程如下，根据能斯特公式计算出电极电位 E，作为分析时的参考。

$$Fe - 2e \rightarrow Fe^{2+} \qquad E = -0.59V$$

$$Fe - 3e \rightarrow Fe^{3+} \qquad E = -0.323V$$

$$2Cl^- - 2e \rightleftharpoons Cl_2 \uparrow \qquad E = +1.334V$$

$$4OH^- - 4e \rightleftharpoons O_2 \uparrow \qquad E = +0.8671V$$

按照电极反应过程基本原理，电极电位负值最大的物质首先在阳极反应。在阳极首先是铁失去电子变成二价铁离子 Fe^{2+} 被溶解。溶入电解液中的 Fe^{2+} 又与 OH^- 离子化合，生成 $Fe(OH)_2$，由于其在水中的溶解度很小，故生成沉淀离开反应系统。

$$Fe^{2+} + 2OH^- \longrightarrow Fe(OH)_2 \downarrow$$

$Fe(OH)_2$ 为墨绿色絮状物，随着电解液的流动而被带走。$Fe(OH)_2$ 又逐渐被电解液中及空气中的氧气氧化为黄褐色沉淀 $Fe(OH)_3$。

$$4Fe(OH)_2 + 2H_2O + O_2 \longrightarrow 4Fe(OH)_3 \downarrow$$

同理，在阴极按照电极反应基本规律，电极电位最高的离子首先在阴极反应。

$$Na^+ + e \rightleftharpoons Na \quad E = -2.69V$$

$$2H^+ + 2e \rightleftharpoons H_2 \uparrow \quad E = -0.42V$$

因此，阴极只有氢气溢出而不会发生钠沉积的电极反应。

由此可见，电解加工过程中，理想情况是阳极铁不断以 Fe^{2+} 的形式被溶解，水被分解消耗，因而电解液浓度逐渐增大。电解液中氯离子和钠离子起导电作用，本身不消耗。所以 NaCl 电解液的使用寿命长，只要过滤干净并添加水分，可长期使用。

如果电解加工的工件材料是合金钢，钢中各合金元素的平衡电极电位相差较大，那么电解加工后的表面粗糙度值将变大。就碳钢而言，由于钢中存在 Fe_3C 相，其电极电位约为 +0.37V

而很难电解，因此高碳钢、铸铁和经过表面渗碳处理的零件不适于电解加工。

（2）电解加工的特点

1）加工范围广，可成形范围宽。电解加工不受材料本身硬度和强度的限制，可以加工硬质合金、淬火钢、不锈钢、耐热合金等高硬度、高强度及韧性金属材料。从简单的圆孔、型孔到叶片、锻模等复杂型面和型腔都可以加工。

2）生产效率高。在加工难切削材料和复杂形状的工件时，加工效率比传统切削加工高。电解加工特别适合对难切削材料和复杂形状工件的批量加工。

3）由于加工过程中不存在机械切削力，所以不会产生切削力所引起的残留应力和变形。电解加工表面光整，无加工纹路，无飞边，可以达到较好的表面粗糙度（$Ra0.2 \sim 1.25\mu m$）和 $\pm 0.1mm$ 左右的平均加工精度。

4）工具无损耗。由于工具阴极上的电化学反应只是析氢而无溶解，且不与工件接触，所以正常加工时工具阴极不会发生损耗，可长期使用。

5）电解液对机床有腐蚀作用，电解产物的处理回收困难。

2. 电解加工的基本工艺规律

（1）生产率及其影响因素　电解加工的生产率是以单位时间内被电解蚀除的金属量衡量的，用 mm^3/min 或 g/min 表示。影响生产率的因素有工件材料的电化学当量、电流密度、电解液及电极间隙等。

1）电化学当量对生产率的影响。电解时电极上溶解或析出物质的量（质量 m 或体积 V），与电解电流 I 和电解时间 t 成正比，即与电荷量（$Q=It$）成正比，其比例系数称为电化学当量。这一规律即法拉第电解定律，用下式表示。即

$$\begin{cases} m = KIt \\ V = \omega It \end{cases}$$

式中　m——电极上溶解或析出物质的质量（g）；

V——电极上溶解或析出物质的体积（mm^3）；

K——被电解物质的质量电化学当量[$g/(A\cdot h)$]；

ω——被电解物质的体积电化学当量[$mm^3/(A\cdot h)$]；

I——电解电流（A）；

t——电解时间（h）。

在实际电解加工时，在阳极上还可能出现其他反应，如氧气或氯气的析出，或有部分金属以高价离子溶解，从而额外地多消耗一些电荷量，所以被电解掉的金属会小于所计算的理论值。为此，引入电流效率。即

$$\eta = \frac{实际金属蚀除量}{理论金属蚀除量} \times 100\%$$

实际蚀除量为

$$\begin{cases} m = \eta KIt \\ V = \eta\omega It \end{cases}$$

正常电解时，对于 NaCl 电解液，阳极上析出气体的可能性不大，所以 η 常接近 100%。但有时 η 却会大于 100%。这是由于被电解的金属材料中碳、Fe_3C 等难电解的微粒产生了晶间腐蚀，在合金晶粒边缘先电解，高速流动的电解液把这些微粒成块冲刷脱落下来，从而节

省了一部分电解电荷量。

2）电流密度对生产率的影响。在实际生产时，通常用电解加工速度或电解加工蚀除速度来衡量生产率。当在 NaCl 电解液中进行电解加工时，蚀除速度与该处的电流密度成正比，电流密度越高，生产率也越高。电解加工时的平均电流密度为 10 ~ 100A/cm^2，电解液压力和流速较高时，可以选用较高的电流密度。但电流密度过高，将会出现火花放电，析出氯气、氧气，并使电解液温度过高，甚至在间隙内造成沸腾汽化引起局部短路。

实际电流密度取决于电压、电极间隙的大小以及电解液的电导率。因此要定量计算蚀除速度，必须推导出蚀除速度与电极间隙大小、电压等的关系。

3）电极间隙对生产率的影响。实际加工中，电极间隙越小，电解液的电阻越小，电流密度会越大，加工速度就越高。但间隙过小将引起火花放电或电解产物特别是氢气排除不畅，反而降低蚀除速度或间隙被杂质堵塞引起短路。

（2）提高电解加工精度的途径

1）脉冲电流电解加工。脉冲电流电解加工是近年来发展起来的新方法，它可以明显地提高加工精度、表面质量和加工稳定性，在生产中的应用越来越多。脉冲电流电解加工能够提高加工精度的原因是能消除加工间隙内电解液电导率的不均匀化，同时脉冲电流电解加工使阴极在电化学反应中析出的断续的、呈脉冲状的氢气可以对电解液起搅拌作用，有利于电解产物的去除，提高电解加工精度。

2）小间隙加工。工件材料的蚀除速度 v_a 与加工间隙 Δ 成反比，C 为常数（此时工件材料、电解液参数、电压均保持稳定）。

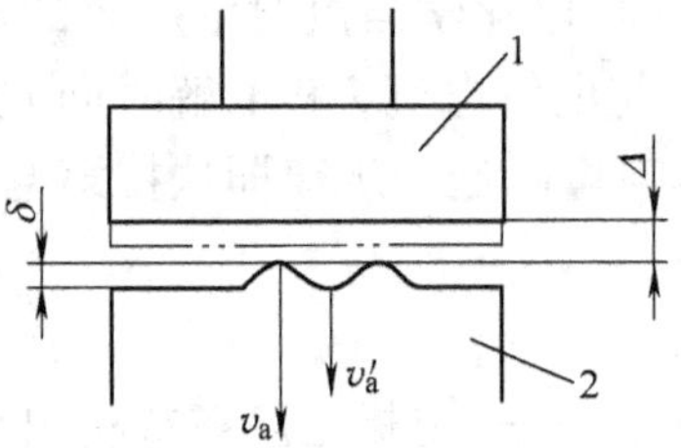

图 5-22　用平面阴极加工平面

实际加工中，由于余量分布不均以及加工前零件表面平面度的影响，加工时零件的加工间隙是不均匀的。以图 5-22 中用平面阴极加工平面为例来分析。设工件最大的平直度为 δ，则凸出部位的加工间隙为 Δ，设其去除速度为 v_a，低凹部位的加工间隙为 $\Delta+\delta$，设其蚀除速度为 v'_a，则

$$v_a=\frac{C}{\Delta},\ v'_a=\frac{C}{\Delta+\delta}$$

两处蚀除速度之比为

$$\frac{v_a}{v'_a}=\frac{\dfrac{C}{\Delta}}{\dfrac{C}{\Delta+\delta}}=\frac{\Delta+\delta}{\Delta}=1+\frac{\delta}{\Delta}$$

如果加工间隙 Δ 小，则$\dfrac{\delta}{\Delta}$的比值增大，凸出部位的去除速度将大大高于低凹处，提高了整平效果。由此可见，加工间隙越小，越能提高加工精度。对侧面间隙的分析也可得出相同结论：由 $\Delta_s=\sqrt{2h\Delta_b+\Delta_b^2}$可知，侧面间隙 Δ_s 随加工深度 h 的变化而变化，间隙 Δ_b 越小，侧面间隙 Δ_s 的变化也越小，孔的成形精度也越高。

可见，采用小间隙加工，对提高加工精度、提高生产率是有利的。但间隙越小，对液流的阻力越大。电流密度大，间隙内电解液温升快、温度高，需要高的电解液的压力。同时间

隙过小容易引起短路。因此，小间隙电解加工的应用受到机床刚度、传动精度、电解液系统所能提供的压力、流速以及过滤情况的限制。

3）改进电解液。除了采用钝化性电解液（如 $NaNO_3$、$NaClO_3$）外，还可以采用复合电解液。复合电解液主要是在氯化钠电解液中添加其他成分，可以保持 NaCl 电解液的高效率，同时提高加工精度。

采用低浓度电解液，加工精度可显著提高。例如，采用低质量分数的电解液（$NaNO_3$4%）来加工压铸型，加工表面质量良好，间隙均匀，复制精度高，棱角很清，侧壁基本垂直，垂直面加工后的斜度小于1°。采用低质量分数电解液的缺点是效率较低，加工速度不能很快。

4）混气电解加工。混气电解加工是将一定压力的气体（一般是压缩空气，也可采用二氧化碳或氮气等），经气道进入气液混合腔（又叫雾化器）内，与电解液混合，使电解液成为含有无数气泡的气液混合物，并进入加工间隙进行电解加工。

电解液中混入气体增加了电解液的电阻率，减少杂散腐蚀，使电解液向非线性方向转化。同时减小了电解液的密度和粘度，增加了流速，消除死水区，使流场均匀。高速流动的微细气泡起搅拌作用，有效减轻浓差极化，保证加工间隙内电流密度分布趋于均匀。

（3）表面质量及其影响因素　电解加工的表面质量，包括表面粗糙度和表面物理化学性质的改变两方面。正常的电解加工能达到 Ra1.25～0.16μm 的表面粗糙度，由于靠电化学阳极溶解去除金属，所以没有切削力和切削热的影响，不会在加工表面发生塑性变形，不存在残留应力、冷作硬化或烧伤退火层等缺陷。但加工中如工艺掌握不好可能会出现晶间腐蚀、流纹、麻点，工件表面有黑膜，甚至短路烧伤等疵病。影响表面质量的因素主要有以下几点：

1）工件材料的合金成分、金相组织及热处理状态对表面粗糙度的影响。合金成分多、杂质多、金相组织不均匀、结晶粗大都会造成溶解速度的差别，从而影响表面粗糙度。例如，铸铁、高碳钢的表面粗糙度就较差。采用适当的热处理，如高温均匀化退火、球化退火，使组织均匀及晶粒细化，可提高加工后的表面质量。

2）工艺参数对表面质量的影响。一般来说，电流密度高，有利于阳极的均匀溶解。电解液的流速过低，会导致电解产物排出不及时，氢气泡的分布不均匀，或由于加工间隙内电解液的局部沸腾汽化造成表面缺陷；电解液流速过高，有可能引起流场不均，局部形成真空而影响表面质量。电解液的温度过高会引起阳极表面的局部剥落；温度过低，钝化比较严重，会引起阳极表面不均匀溶解或形成黑膜。

3）阴极表面质量的影响。工具阴极上的表面条纹、刻痕会相应地复印到工件表面，所以阴极表面要注意其加工质量。阴极上的喷液口如果设计不合理，流场不均，就可能使局部电解液供应不足而引起短路，产生条纹等缺陷。阴极进给不均会引起横向条纹。

此外，加工时工件表面必须除油去锈，电解液必须沉淀过滤，不含固体颗粒杂质。

3. 电解加工的应用

国内自20世纪中期将电解加工成功地应用在膛线加工以来，现在电解加工工艺在内花键、深孔、内齿轮、链轮、叶片、异形零件及模具加工等方面获得了广泛的应用。

（1）型腔加工　目前对锻模、辊锻模等型腔模大多采用电火花加工。电火花加工的加工精度比较容易控制，但生产率较低，对模具消耗量较大。近年来精度要求一般的矿山机械、汽车拖拉机等零件的型腔加工逐渐采用电解加工。

(2) 叶片加工　叶片是发动机的重要零件。叶片型面形状比较复杂，精度要求较高，加工批量大，在发动机和汽轮机制造中占有相当大的比例。采用电解加工在一次行程中可加工出复杂的叶片型面，生产率高，表面粗糙度值低。

叶片加工的方式有单面加工和双面加工两种。机床也有立式和卧式两种。立式大多用于单面加工，卧式大多用于双面加工。电解加工整体叶轮在我国已得到普遍应用，如图5-23所示。叶轮上的叶片是逐个加工的，加工完一个叶片，退出阴极，分度后再加工下一个叶片。电解加工整体叶轮只要把叶轮毛坯加工好后，就可直接在轮坯上加工叶片，加工周期大大缩短，叶轮强度高、质量好。

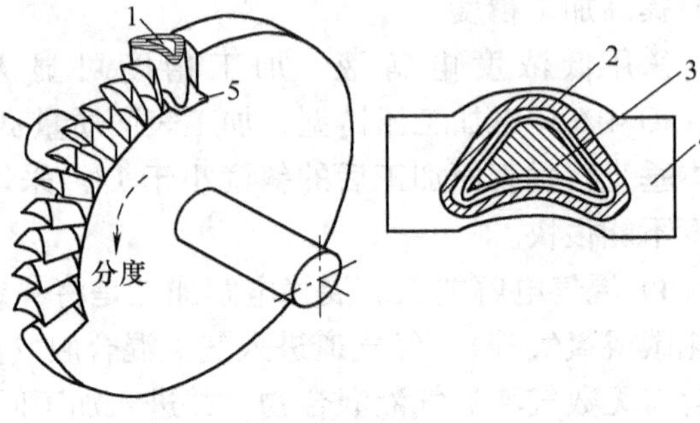

图5-23　整体叶轮电解加工示意图
1—电解液　2—空心水套管　3—叶轮　4、5—阴极

(3) 电解去飞边　机械加工中去飞边的工作量很大，尤其是去除硬而韧的金属飞边需要占用很多人力。电解倒棱去飞边可以大大提高工效和节省费用。图5-24所示为齿轮的电解去飞边装置。齿轮工件套在绝缘柱上，环形电极工具也靠绝缘柱定位安放在齿轮上，保持约3～5mm间隙（根据飞边大小而定），电解液在阴极端部和齿轮的端面齿面间流过，阴极和工件间通20 V以上的电压，约1min就可去除飞边。

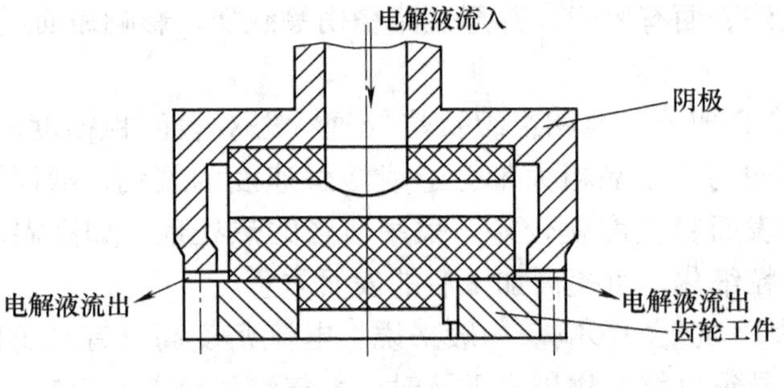

图5-24　齿轮的电解去飞边装置

5.2.3 超声波加工（Ultrasonic Machining）

1. 超声波加工的原理和特点

(1) 超声波加工的原理　超声波加工是利用工具端面作超声频振动，通过悬浮磨料对零件表面撞击抛磨实现加工脆硬材料的一种方法。

超声波加工的高频振动的工具头振幅不大，一般在0.01～0.1mm之间。加工时在切削区域中加入液体与磨料混合的悬浮液，并在工具头振动方向加上一个不大的压力，如图5-25所示。

当工件、悬浮液和工具头紧密相靠时，悬浮液中的悬浮磨粒将在工具头的超声振动作用下以很大的速度不断冲击琢磨工件表面，局部产生很大的压力，使工件材料发生破坏，形成粉末被打击下来。与此同时，悬浮液受工具端部超声振动作用而产生液压冲击和空化现象，促使液体钻入被加工材料的隙裂处，加速了机械破坏作用的效果。由于空化现象使工件表面形成液体空腔，在闭合时所引起的极强的液压冲击，加速了工件表面的破坏，也促使悬浮液循环，使变钝了的磨粒及时得到更换。由此可知，超声波加工是磨粒在超声振动作用下的机械撞击和抛磨作用与超声波空化作用的综合结果，其中，磨粒的连续冲击作用是主要的。

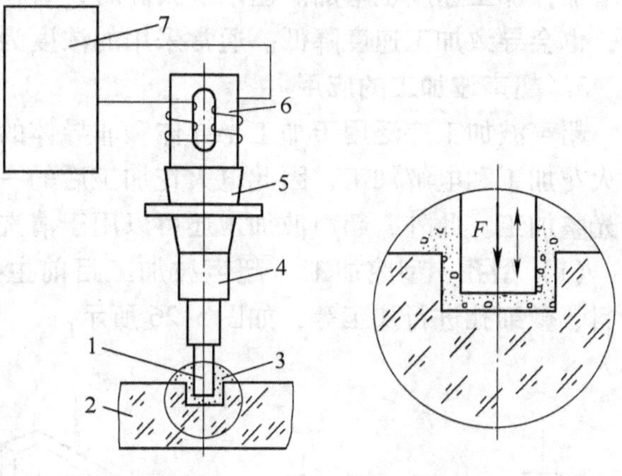

图 5-25　超声波加工原理

1—工具　2—工件　3—磨料悬浮液

4、5—变幅杆　6—换能器　7—超声波发生器

（2）超声波加工的特点

1）由于去除工件上的被加工材料靠的是磨粒和液体分子的连续冲击、抛磨和空化作用，所以超声波加工能加工各种硬脆材料，特别是一些电火花加工等方法无法加工的不导电材料，如宝石、陶瓷、玻璃及各种半导体材料等。

2）超声波加工在利用磨粒切除被加工材料时，工件只受到瞬时的局部撞击压力，而不存在横向摩擦力，所以受力很小。

3）由于除去加工材料靠的是极小磨粒的抛磨作用，所以超声波加工可获得较高的加工精度和低的表面粗糙度值，被加工表面也无残留应力、烧伤等现象。

4）只要将工具头做成一定的形状和尺寸，就可以加工出不同的各种孔型，如六角形、正方形、非圆形。

5）由于工具可用较软的材料做成较复杂的形状，所以工具和工件运动简单，加工机床结构简单，操作维修方便。

2. 加工速度及其影响因素

加工速度是指单位时间内去除材料的多少，单位为 g/min 或 mm^3/min。影响加工速度的因素有工具振动频率和振幅、进给压力、磨料种类及粒度、被加工材料和磨料悬浮液的浓度。

1）工具的振幅和频率的影响。过大的振幅和过高的频率会使工具和变幅杆承受很大的内应力，可能超过它的疲劳强度而降低使用寿命，而且在连接处的损耗也增大。实际加工中应调至共振频率，以获得最大振幅。

2）进给压力的影响。压力过小，工具末端与工件加工表面间的间隙增大，减弱了磨料对工件的撞击力和打击深度；压力过大，会使工具和工件间隙减小，磨料和工作液不能顺利循环更新，降低生产率。

3）磨料的种类和粒度的影响。磨料硬度越高，加工速度越快。加工金刚石和宝石等超硬材料时，必须用金刚石磨料；加工硬质合金、淬火钢等高硬脆性材料时，采用硬度较高的碳化硼磨料；加工硬度不太高的脆硬材料时，可采用碳化硅磨料；而加工玻璃、半导体等材料时，采用刚玉之类的氧化铝磨料。

磨料粒度越粗，加工速度越快，但精度和表面粗糙度变差。

4）被加工材料的影响。被加工材料越脆，越容易被加工去除。韧性好的材料不易利用超声波加工。

5）磨料悬浮液浓度的影响。磨料悬浮液浓度低，加工间隙内磨粒少，特别是加工面积和深度较大时，可能造成加工区无磨料现象，使加工速度大大降低。随着悬浮液中磨料浓度的增加，加工速度也增加。但浓度太高时，磨粒在加工区域的循环和对工件的冲击都受到影响，也会导致加工速度降低。通常采用的浓度为磨料对水的质量比为0.5～1。

3. 超声波加工的应用

超声波加工广泛用于加工半导体和非导体的脆硬材料。由于加工精度和表面粗糙度优于电火花加工和电解加工，因此电火花加工后的一些淬火件和硬质合金零件还常用超声抛磨进行光整加工。此外，超声波加工还可以用于清洗、焊接和探伤等。

（1）型孔、型腔加工　超声波加工目前主要用于对脆硬材料的圆孔、异形孔、型腔、套料、微细孔进行加工等，如图5-26所示。

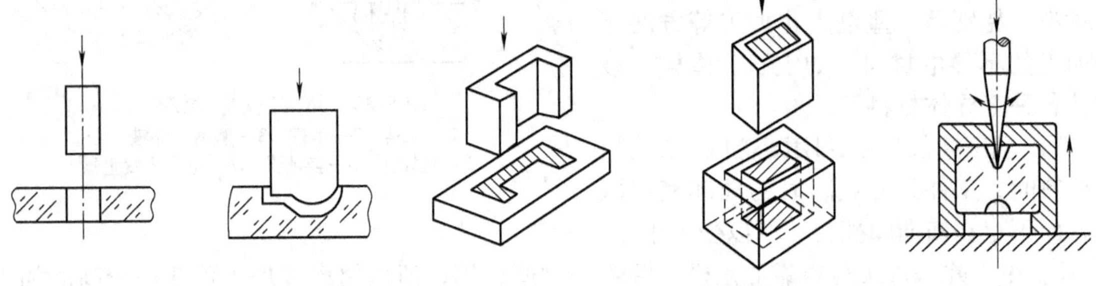

图5-26　超声型孔、型腔加工
a）加工圆孔　b）加工型腔　c）加工异形孔　d）套料加工　e）加工微细孔

（2）超声波切割加工　采用超声波切割可以加工普通机械难加工的脆硬半导体材料，如图5-27所示。

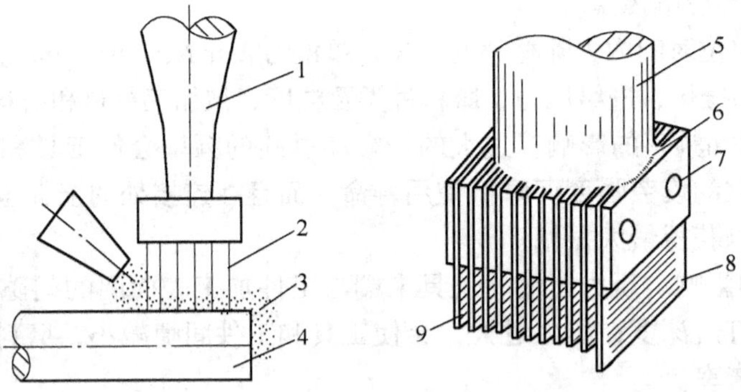

图5-27　超声波切割加工
a）超声切割单晶硅片示意图　b）刀具
1、5—变幅杆　2—工具（薄钢片）　3—磨料液　4—工件（单晶硅）
6—焊缝　7—铆钉　8—导向片　9—软钢刀片

（3）超声清洗　超声清洗的原理主要是利用超声振动在液体中产生的交变冲击波和空化作用进行的。空化效应产生的强烈冲击波，直接作用到被清洗部位上的污物等，并使之脱落下来；空化作用产生的空化气泡渗透到污物与被清洗部位表面之间，促使污物脱落；在污物被清洗液溶解的情况下，空化效应可加速溶解过程。

超声清洗主要用于几何形状复杂，清洗质量要求高的中、小精密零件，特别是工件上的深小孔、微孔、弯孔、不通孔、沟槽、窄缝等部位的清洗。清洗效果好，生产率高。目前在半导体和集成电路元件、仪器仪表零件、电真空器件、光学零件、精密机械零件、医疗器械、放射性污染等的清洗中应用。

超声清洗时，应合理选择工作频率和声压强度，以产生良好的空化效应，提高清洗效果。此外，清洗液的温度不可过高，以防空化效应的减弱，影响清洗效果。

（4）超声焊接　超声焊接是利用超声频振动作用，去除工件表面的氧化膜，使新的本体表面显露出来，并在两个被焊工件表面分子的高速振动撞击下，摩擦发热粘接在一起。超声焊接可以焊接尼龙、塑料及表面易生成氧化膜的铝制品，还可以在陶瓷等非金属表面挂锡、挂银、涂覆熔化的金属薄层。

（5）复合加工　近年来超声波加工与其他加工方法相结合进行的复合加工发展迅速，如超声振动切削加工、超声电火花加工、超声电解加工、超声调制激光打孔等。这些复合加工方法把两种甚至多种加工方法结合在一起，起到取长补短的作用，使加工效率、加工精度及加工表面质量显著提高，因此越来越受到人们的重视。

5.2.4 高能束加工（High Energy Beam Machining）

1. 激光加工

（1）激光加工的原理和特点　激光加工是利用高强度、高亮度、方向性好、单色性好的相干光，通过一系列的光学系统聚焦成平行度很高的微细光束（直径几微米至几十微米），获得极高的能量密度和10000℃以上的高温，使材料在极短的时间（千分之几秒甚至更短）内熔化甚至汽化，以达到去除材料的目的。

1）激光加工的基本原理。激光加工是以激光为热源对工件材料进行热加工。其加工过程大体分为激光束照射工件材料，工件材料吸收光能，光能转变为热能使工件材料加热，工件材料被熔化、蒸发、汽化并溅出去除，加工区冷凝几个阶段。

① 光能的吸收及其能量转化。激光束照射工件材料表面时，光的辐射能一部分被反射，一部分被吸收并对材料加热，还有一部分因热传导而损失。这几部分能量消耗的相对值，取决于激光的特性和激光束持续照射时间及工件材料的性能。

② 工件材料的加热。光能转换成热能的结果就是工件材料的加热。激光束在很薄的金属表层内被吸收，使金属中自由电子的热运动能增加，并在与晶格碰撞中的极短时间内将电子的能量转化为晶格的热振动能，引起工件材料温度的升高。同时按热传导规律向周围或内部传播，改变工件材料表面或内部各加热点的温度。

对于非金属材料，一般导热性很小。在激光照射下，当激光波较长时，光能可直接被材料的晶格吸收而加剧热振荡；当激光波较短时，光能激励原子壳层上的电子。这种激励通过碰撞而传播到晶格上，使光能转换为热能。

③ 工件材料的熔化、汽化及去除。在足够的功率密度的激光束照射下，工件材料表面才能达到熔化、汽化的温度，从而使工件材料汽化蒸发或熔融溅出，达到去除材料的目的。当激光功率密度过高时，仅在工件材料表面上汽化，不在深处熔化；当激光功率密度过低，

能量就会扩散分布使加热面积扩大，导致焦点处熔化深度很小。因此，要满足不同激光束加工的要求，必须合理选择相应的激光功率密度和作用时间。

④ 工件加工区的冷凝。激光辐射作用停止后，工件加工区材料便开始冷凝，其表层将发生一系列变化，形成特殊性能的新表面层。新表面层的性能取决于加工要求、工件材料、激光性能等复杂因素。一般激光束加工工件表面所受的热影响区很小。

2）激光束加工的特点。

① 激光加工的功率密度高达 $10^8 \sim 10^{10}$ W/cm^2，几乎可熔化、汽化任何材料。

② 激光光斑大小可以聚焦到微米级，功率可调，因此激光加工可用于进行精密微细加工。

③ 由于加工工具是激光束，属于非接触加工，所以无明显机械力，没有工具损耗。加工速度快，热影响区小，易实现自动化，能通过透明体加工。

④ 激光加工和电子束加工相比，加工装置比较简单，不需复杂的抽真空装置。

⑤ 激光加工由于光的反射作用，对于表面光泽或透明材料的加工，要进行色化或打毛处理。

（2）激光加工的应用

1）激光打孔。目前激光打孔技术已广泛用于火箭发动机和柴油机的燃料喷嘴、宝石轴承、金刚石拉丝模、化纤喷丝头等微小孔的加工中。

2）激光切割。激光切割是一种应用最为广泛的激光加工技术。激光切割可用于各种材料的切割，如可切割金属、玻璃、陶瓷、皮革等各种材料。图 5-28 所示为激光切割原理示意图。

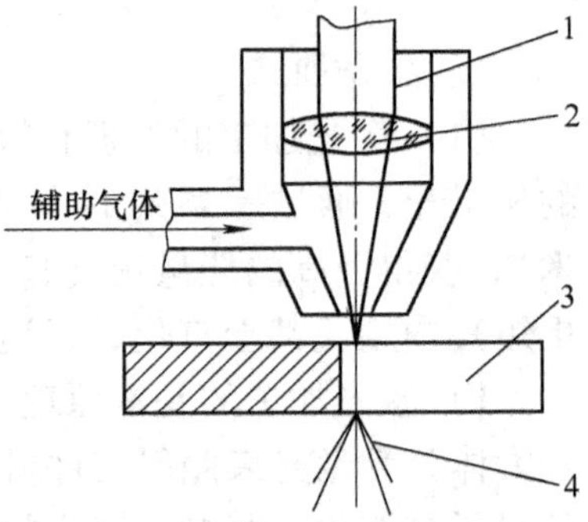

图 5-28　激光切割原理示意图
1—激光束　2—聚焦透镜
3—工件　4—熔渣

3）激光焊接。激光焊接利用激光束聚焦到工件表面，使辐射作用区表面的金属"烧熔"粘接而形成焊接接头。激光束焊接所需要的能量密度较低（一般为 $10^4 \sim 10^6$ W/cm^2），通常可采用减小激光输出功率来实现。如果加工区域不需限制在微米级的小范围内，也可通过调节焦点位置来减小工件被加工点的能量密度。

激光焊接已经成功地应用于微电子器件等小型精密零部件的焊接以及深熔焊接等。

4）激光表面热处理。激光表面热处理是利用激光束快速扫描工件，使其表层温度急剧上升，在热传导的作用下，工件表面的热量迅速传到工件其他部位，在瞬间可进行自冷淬火，实现工件表面相变硬化。

激光表面处理工艺还包括涂敷、熔凝、刻网纹、化学气相沉积、物理气相沉积、增强电镀等。

2. 电子束和离子束加工

（1）电子束加工

1）电子束加工的原理。电子束加工是利用高速电子的冲击动能来加工工件的，如图 5-29所示。在真空条件下，将具有很高速度和能量的电子束聚焦到被加工材料上，电子的动能绝大部分转变为热能，使材料局部瞬时熔融、汽化蒸发而去除。

控制电子束能量密度的大小和能量注入时间，就可以达到不同的加工目的。

2）电子束加工特点。

① 电子束能够极其微细地聚焦，甚至可达0.1μm，可进行微细加工。

② 电子束能量密度高，去除材料靠瞬时蒸发，是非接触式加工，工件不受机械力的作用，加工材料的范围广。

③ 电子束的能量密度高，加工效率高。

④ 可以通过磁场或电场对电子束的强度、位置、聚焦等进行控制，加工过程便于实现自动化。

⑤ 电子束加工在真空中进行，污染少，加工表面不易被氧化。

⑥ 电子束加工需要整套的专用设备和真空系统，价格较贵。

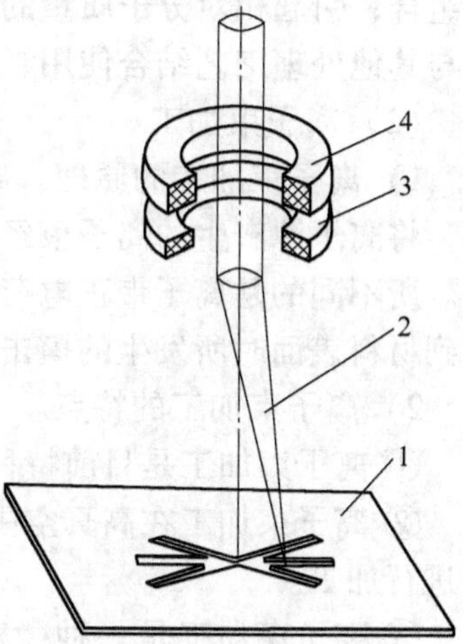

图5-29　电子束加工原理

1—工件　2—电子束

3—偏转线圈　4—电磁透镜

3）电子束加工的应用范围。电子束加工方法有热型和非热型两种。热型加工方法是利用电子束将材料的局部加热至熔化或汽化点进行加工的，比较适合打孔、切割槽缝、焊接及其他深结构的微细加工。非热型加工方法是利用电子束的化学效应进行刻蚀等微细加工。

① 电子束打孔。近年来，电子束打孔已实际应用于加工不锈钢、耐热钢、合金钢、陶瓷、玻璃和宝石等的锥孔以及喷丝板的异形孔，如图5-30所示。最小孔径或缝宽可达0.003～0.02mm。例如，喷气发动机套上的冷却孔多达数十万至数百万个，孔径范围在数百微米至数十微米，多处于难加工部位，用电子束加工速度快，效率高。

目前电子束打孔的最小直径可达ϕ0.003mm左右，可在工件运动中进行。在人造革、塑料上用电子束打大量微孔，可使其具有如真皮革那样的透气性。电子束加工玻璃、陶瓷等脆性材料时，由于加工产生很大温差，容易引起变形甚至破裂，需对材料进行预热。

电子束不仅可以加工各种直的型孔，利用电子束在磁场中偏转的原理，使电子束在工件内偏转可加工曲面和弯孔，如图5-31所示。

② 电子束切割。利用电子束可对各种材料进行切割，切口宽度仅有3～6μm。利用电子束再配合工件的相对运动，可加工所需要的曲面。

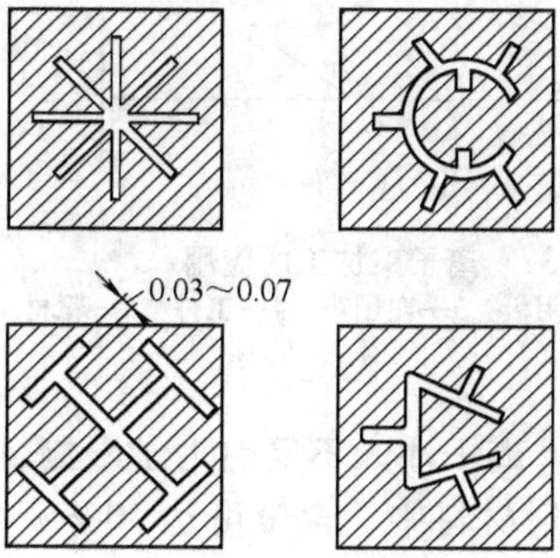

图5-30　电子束加工的喷丝板异形孔

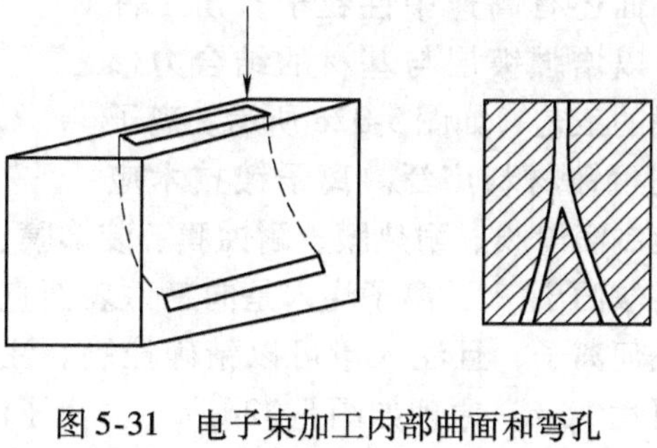

图5-31　电子束加工内部曲面和弯孔

③ 光刻。当使用低能量密度的电子束照射高分子材料时，将使材料分子链被切断或重新组合，引起相对分子质量的变化产生潜像，再将其浸入溶剂中将潜像显影出来。将这种方法与其他处理工艺结合使用，可实现在金属掩膜或材料上刻槽。

（2）离子束加工

1）离子束加工的原理。离子束加工原理与电子束加工原理基本类似，也是在真空条件下，将离子源产生的离子束经过加速、聚焦后投射到工件表面的加工部位，以实现加工的目的。所不同的是离子带正电荷，其质量比电子大数千倍乃至数万倍，离子束加工是靠离子束射到材料表面时所发生的撞击效应、溅射效应进行加工的。

2）离子束加工的特点。

① 离子束加工是目前特种加工中最精密、最微细的加工。

② 离子束加工在高真空中进行，污染少，特别适宜对易氧化的金属、合金和半导体材料进行加工。

③ 离子束加工是一种微观层面的加工，加工应力和变形极小，适宜对各种材料进行加工。

④ 离子束加工设备费用昂贵，成本高，加工效率低，应用受限制。

3）离子束加工的应用范围。

① 刻蚀加工。离子刻蚀是利用离子束轰击工件，入射离子的动量传递到工件表面的原子，当传递能量超过了原子间的键合力时，原子就从工件表面被撞击溅射出来，达到刻蚀的目的，如图5-32a所示。

为避免化学反应，离子束加工中必须用惰性元素的离子，常用氩离子。

② 离子溅射沉积。用能量为0.1～0.5keV的氩离子轰击某种材料制成的靶材，将靶材原子击出并令其沉积到工件表面形成一层薄膜的工艺称为离子溅射沉积，如图5-32b所示。

③ 离子镀膜。离子镀膜是一方面把靶材射出的原子向工件表面沉积，另一方面还有高速中性粒子打击工件表面，以增强镀层与基材的结合力形成镀膜的工艺，如图5-32c所示。离子镀膜的可镀材料广泛。离子镀技术应用于镀制润滑膜、耐热膜、耐蚀膜、装饰膜、电气膜等。

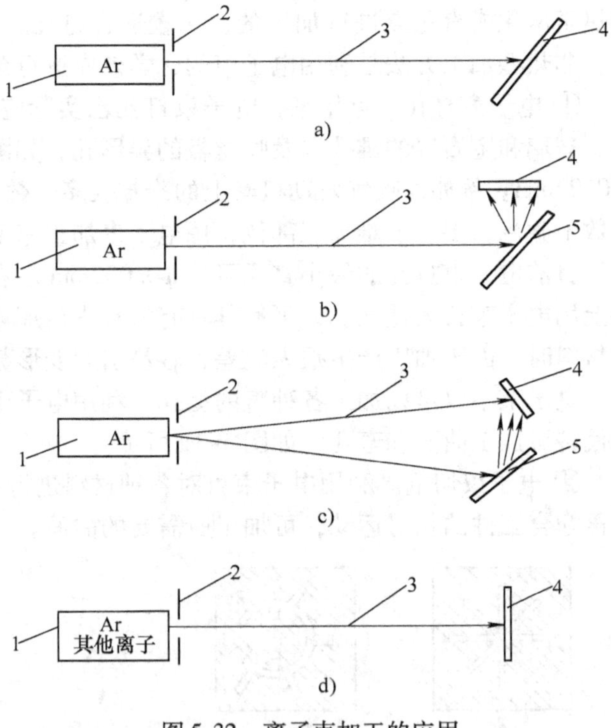

图5-32 离子束加工的应用

1—离子源 2—阴极 3—离子束 4—工件 5—靶材

④ 离子注入。离子注入是向工件表面直接注入离子。离子注入不受热力学限制，可以注入任何离子，且注入量可以精确控制。注入离子固溶到材料中，含量可达10%～40%，深度可达1μm。原理如图5-32d所示。离子注入主要应用在半导体材料加工上。

思考与练习题（Question and Excercise）

5-1 实现精密与超精密加工应具备哪些基本条件？

5-2 分析金刚石刀具的特点。

5-3 试述在线检测和误差补偿技术在精密和超精密加工中的作用。

5-4 试述精密、超精密磨削的磨削机理。

5-5 分析超硬度料砂轮修正方法的机理和特点。

5-6 何谓特种加工？请说明特种加工的分类和特点。

5-7 电火花加工的工作原理及应用范围是什么？影响电火花加工生产率的因素有哪些？

5-8 电火花成形加工和电火花线切割加工有何异同？

5-9 电解加工的工作原理、特点和应用范围是什么？

5-10 简述超声波加工的特点和应用范围。

5-11 简述激光加工的特点和应用范围。

5-12 高能束加工包含哪几种类型？

综合实训（Comprehensive Training）

5-1 精密加工和特种加工可以加工常规加工难以加工的材料和工件形状，请列表分析各种常规加工和特种加工适合加工的材料、加工范围和加工应用。

5-2 传统加工工艺和现代加工工艺在生产中各有优势，如果将它们有机地结合，将会创新一种完全不同的加工模式，请提出你的一些设想，并进行可行性和经济性分析。

第6章 先进制造技术与制造模式

(Advanced Manufacturing Technology and Manufacturing Mode)

6.1 概述 (Introduction)

6.1.1 先进制造技术产生的背景 (Emergence Background of AMT)

传统的机械制造已有很久的历史，它对人类的生产和物质文明起了极大的作用。但随着技术和社会的发展，传统的制造技术面临着巨大的压力，如世界范围内竞争压力加大、消费者需求提高、社会环境的要求和技术的进步等，因此，传统的制造技术正逐步向先进制造技术转变。先进制造技术的提出和发展有其深刻的技术背景和社会背景。

1. 社会发展需求的牵引

随着世界经济的发展和人们生活水平的提高，市场环境发生了巨大变化：一方面表现为消费者需求日趋主体化、个性化和多样化，另一方面则是制造厂商之间着眼于全球市场的激烈竞争。制造业面对一个变化迅速且无法预料的市场，对市场的快速反应能力已慢慢变成企业竞争优势的关键部分。

1）传统市场变成动态的多变市场。传统的相对稳定的市场逐渐变为多变的市场，产品的生命周期不断缩短，产品更新日益加快。产品质量、价格（成本）和较短的生产时间已成为企业竞争力的三个决定性因素。生产模式则朝着多品种、小批量、单件化、柔性化、生产周期大幅缩短等方面发展。

2）全球性贸易的发展。制造业的进步和发展，使得更多的国家参与到世界经济发展的大环境中，形成全球性市场。传统的管理和生产方式、组织结构和决策原则都在发生巨大的变化。生产能力在世界范围内迅速提高和扩散，形成全球性的激烈竞争格局。全球性经济的发展，促使产业之间和产业内部的社会分工越来越细。由此看出，社会发展的需求牵引传统机械制造向先进制造技术转变。

2. 科学技术的发展推动制造业的转变

传统的机械制造是以机械制造中的加工工艺问题为研究对象的一门应用技术学科。传统制造技术已经开始不适应当今制造技术发展的要求。近30年来，随着科学技术的进步，微电子技术、光电子技术、计算机技术已经得到广泛的应用，这些新技术的产生和应用推动了传统机械制造向先进制造技术转变。

另外，随着环境的日趋恶化与资源的匮乏，绿色产品、绿色设计和绿色制造等新概念和新方法应运而生，在当今社会绿色制造业显得越来越重要。

在先进制造技术中，绿色制造是一个综合考虑环境影响和资源效率的现代制造模式，其目标是使得产品从设计、制造、包装、运输、使用到报废处理的整个产品生命周期中，对环境的影响为零或者极小，资源消耗尽可能少，并使企业经济效益和社会效益协调优化。

6.1.2 先进制造技术的定义与特点（Definition and Characteristics of AMT）

目前对先进制造技术尚没有一个明确的、一致的定义，通过对其特征的分析研究，可以认为先进制造技术是制造业不断吸收信息技术和现代管理技术的成果，并将其综合应用于产品设计、加工、检测、管理、销售、使用、服务乃至回收的制造全过程，以实现优质、高效、低耗、清洁、灵活生产，提高对动态多变市场的适应能力和竞争能力的制造技术的总称。

先进制造技术的特点主要表现在其动态性、广泛性、实用性、集成性、系统性、高效灵活性、先进性。

1）先进制造技术不是一成不变的，而是一个动态过程，要不断吸取各种高新技术成果，并将其渗透到产品的设计、制造、生产管理及市场营销的所有领域及全部过程，实现优质、高效、低耗、清洁的生产。

2）先进制造技术是面向新世纪的技术系统，它的目的是提高制造业的综合效益，赢得国际市场竞争。

3）先进制造技术不仅仅限于制造过程本身，它涉及市场调研、产品设计、工艺设计、加工制造、售后服务等产品生命周期的所有内容。

4）先进制造技术特别强调计算机技术、信息技术和现代系统管理技术，在产品设计、制造和生产管理等方面的应用。

5）先进制造技术强调各专业学科之间的相互渗透、融合。

6）先进制造技术特别强调环境保护，要求产品是绿色产品，生产过程是环保型的。

6.1.3 先进制造技术的发展趋势（Development Trend of AMT）

1. 先进制造技术的发展特点

与科学技术的发展和人类社会的进步相适应，先进制造技术的发展将具有以下三个特点：

（1）制造科学理论体系不断完善 “数字化”将是建立制造科学理论体系的关键，贯穿包含设计、制造和控制等整个制造过程，如制造中从几何量、控制量的数字化到物理量、知识、经验的数字化等；“虚拟化”将在产品制造、制造系统运行全过程中广泛应用，是预测和评价的重要手段；“集成化”将使制造技术和管理更加深入和广泛地融合，其本质是知识与信息的集成；“网络化”可为制造企业的设计、生产、管理与营销等提供跨地域的运行环境，使制造业走向全球化、整体化和有序化；“智能化”将显著提高制造企业、系统和单元（装备）适应环境的能力，对海量和不完整信息的处理能力，相互间主动协调和协同能力。运作的自律性、组织结构的柔性、响应的敏捷性是智能化的典型特征，也是制造科学理论的重要特色。加工精度的“精密化”、加工尺寸“细微化”、加工要求和条件的“极限化”都是当今制造科学与技术发展研究的焦点。

（2）先进制造技术将在与其他相关科学的交叉融合中不断丰富和发展 航天、航空产品的制造将与材料科学、空间物理学等紧密结合；制造科学与生命科学、生物学交叉的生物制造、仿生制造将得到较大的发展；精微制造的机理和控制技术将得益于与量子力学、材料科学、微电子科学等的深度融合；数字制造、智能制造的发展将更加依赖于与现代数学、系统科学、管理科学的综合。可以说，未来十几年将是制造科学与技术同其他相关学科交叉融合大发展的时期，制造基础科学可望有一些新的突破。

（3）绿色制造将是先进制造技术发展的重点　人类社会的发展必将走向与自然界的和谐。制造必须充分保护自然环境，保护社会环境、生产环境和生产者的身心健康。制造必然要走“绿色”之路，这是实现国民经济可持续发展的重要条件。

2. 先进制造技术的发展方向

先进制造技术未来在以下几个方面将得到大的发展：

1）机电产品的创新设计和系统优化设计理论与方法的发展。机电产品的创新设计和系统优化设计理论与方法的发展包括全生命周期的产品数字化建模、仿真评估理论及设计规范；产品快速创新开发的设计、优化、规划和管理技术；复杂机电系统创新设计、整体优化设计的理论、技术与方法等。

2）网络协同制造策略理论和关键技术的发展。网络协同制造策略理论和关键技术的发展主要包括制造系统的信息模型和约束描述；支持并行及网络协同制造的理论和技术；制造系统优化运行理论、策略与控制等。

3）新型成形制造原理和技术的发展。新型成形制造原理和技术的发展包括基于新材料、新工艺的成形原理及技术；敏捷成形制造原理和技术；高能束精密成形制造原理及技术等。

4）数字制造理论和数字制造装备技术的发展。数字制造理论和数字制造装备技术的发展包括产品制造过程的数字化模型及多领域物理作用规律；高速高效数字制造理论与技术，基于新原理、新工艺的新型数字化装备；数字制造中多智能体协调和实时自律控制技术等。

5）制造中的量值溯源和测量的理论和技术的发展。制造中的量值溯源和测量的理论和技术的发展主要包括在多尺度空间上精密测量问题；机械表面微观计量理论与技术；超精密测量、量值溯源原理、新传感器技术等。

6）纳米制造科学与技术的发展。纳米制造科学与技术的发展包括纳米材料制备及其性能测量；纳米尺度加工、制造、测量和装配；纳电子制造和分子原子制造原理与技术等。

7）生物制造与仿生机械的科学与技术的发展。生物制造与仿生机械的科学与技术的发展包括结构、功能、能源、运动机械仿生及仿生制造；生物自生长成形制造；机械超前反馈仿生与制造的科学与技术；生物工程制造原理及技术、新一代生物芯片的制造原理与技术等。

8）微系统与新一代电子制造科学与关键技术的发展。微系统与新一代电子制造科学与关键技术的发展主要包括微机械、微传感、微光器件的制造机理与技术；纳米级光学光刻与非光学光刻、浅沟槽刻蚀、铜互连等机理及技术；集成电路新型封装工艺原理与技术等。

9）绿色制造的科学与技术的发展。绿色制造的科学与技术的发展包括产品与人类和自然的协调理论；产品绿色制造工艺（如 Near-Zero Waste）；产品的再制造与维修科学；产品绿色使用以及废旧产品资源再利用的理论与方法等。

10）面向国家安全和国家重大工程的制造科学与技术的发展。面向国家安全和国家重大工程的制造科学与技术的发展主要包括针对未来国家将实施的重大工程（宇宙探索、航天、航空、海洋、能源、交通和国防装备等）中的制造技术与科学问题，提前进行研究，以保证国家重大工程和国家安全有相应的技术储备等。

6.2 机械制造自动化技术（Automation Technology of Mechanical Manufacturing）

6.2.1 机械制造自动化的概念（Concept of Mechanical Manufacturing Automation）

自动化一词的含义十分广泛，它是指设计一种控制设备来取代人力操作机械的动作，以达到各种机械自动、半自动运行的目的。机械制造自动化是制造自动化的主要组成部分，它主要控制机械运动（如刀具、工件、毛坯等的运动）及可能变化的制造工艺，使整个生产处于优化状态。

自动化大体可以分为三类：工序自动化、工艺过程自动化、制造过程自动化。在一个工序中，所有的动作都达到机械化，并且使若干个辅助动作也自动化起来，而工人所要做的工作只是对这一工序作总的操作和监督，就称为工序自动化。工艺过程自动化，自然就是指整个工艺过程中的各个工序都达到自动化，且有机的联系在一起。制造过程自动化，就是有机地把各个自动化的工艺过程联系在一起。

机械制造自动化主要包括机械加工自动化、物料储运过程自动化、质量控制自动化和装配自动化等。机械制造自动化可以缩短生产周期，提高生产率、产品质量和经济效益，降低劳动强度，带动相关技术的发展。

6.2.2 计算机集成制造系统（Computer Integrated Manufacturing System）

计算机集成制造系统（Computer Integrated Making System，CIMS）又称计算机综合制造系统。在这个系统中，集成化的全局效应更为明显。CIMS是一种基于生产哲理指导下企业信息化、现代化的方向、思想和方法，它不是某种固定的模式，它的出现是科学技术迅速发展和市场竞争日益激烈的必然结果，它将先进的信息技术与制造业的实际需求相结合，促进企业新产品自主开发能力、市场开拓能力和整体管理水平的提高。

1. CIMS的发展历程

信息技术和机电一体化技术的发展推动了制造业产业结构的不断变革，促进了生产过程自动化水平进一步提高。企业自动化也由“点”（单机自动化）到“线”（由多种自动化设备组成的生产线），再由“线”发展到“面”（引入柔性制造系统，实现企业全部作业流程的自动化），进而由“面”向“立体”（企业全部生产系统和企业内部业务实现综合自动化）的方向发展，以期实现企业全部业务的一元化、集成化和高效化。计算机集成制造（CIM）技术正是制造业实现这一愿望的技术途径。计算机集成制造系统（CIMS）是当代生产自动化领域的前沿学科，也是集多种高新技术为一体的现代化制造技术。

计算机集成制造（CIM）概念最早是由美国的约瑟夫·哈林顿博士于1973年提出的，他强调整体观点和信息观点是信息时代组织、管理生产最基本、最重要的观点。CIM是信息时代组织、管理企业生产的一种哲理，是信息时代新型企业的一种生产模式。按照这一哲理和技术构成的具体实现便是计算机集成制造系统（CIMS）。它把以往企业内相互分离的技术和人员通过计算机有机地综合起来，使企业内部各种活动高速度、有节奏、灵活和相互协调地进行，以提高企业对多变竞争环境的适应能力，使企业经济效益持续稳步地增长。

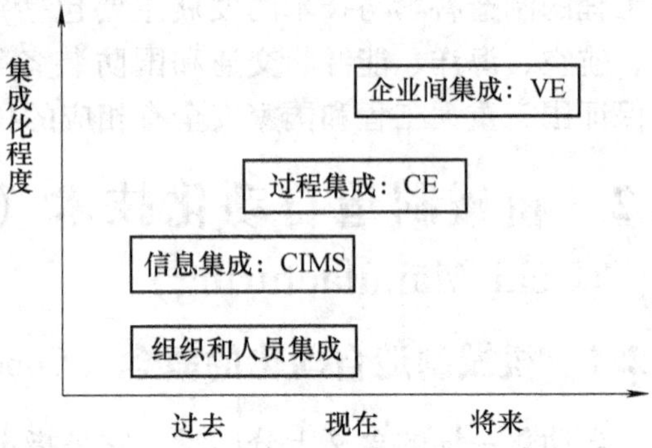

图 6-1 CIMS 发展历程示意图

系统集成优化是 CIMS 技术与应用的核心技术，从系统集成角度把 CIMS 划分为三个阶段，如图 6-1 所示。

（1）信息集成优化　信息集成优化可以解决自动化孤岛问题，是改善企业 TQCSE 核心竞争力所必需的。主要内容包括：①企业建模、系统设计方法、软件工具和规范；②异构环境中的信息集成；③通过局域网和数据库实现信息集成；④ 通过企业网、外联网、产品数据管理（PDM）、集成平台和框架技术实现信息集成；⑤ 基于面向对象技术、软构件技术和 Web 技术的集成框架。

（2）过程集成优化　过程集成优化指高效、实时地实现 CIMS 应用间的数据、资源的共享和应用间的协同工作。设计过程中考虑可制造性、可装配性和质量，可以减少反复，缩短开发周期。

（3）企业间集成优化　企业间集成优化是建立动态企业联盟（虚拟企业）。应用到的关键技术包括信息集成技术、并行工程、虚拟制造、敏捷工程、基于网络的敏捷制造、资源优化系统（ERP、SCM）等。

2. CIMS 的体系结构

CIMS 的体系结构最典型的是递阶控制系统。所谓递阶控制（Hierarchical Control），是一种把所需完成的任务按层次分级的层状或树状的命令/反馈控制方式。高一级装置控制次一级装置，次一级的功能更具体，最后一级就是完成要求的最后一道任务。美国国家标准局提出了著名的五级递阶控制模型，分别是工厂层、车间层、单元层、工作站层和设备层，如图 6-2 所示。

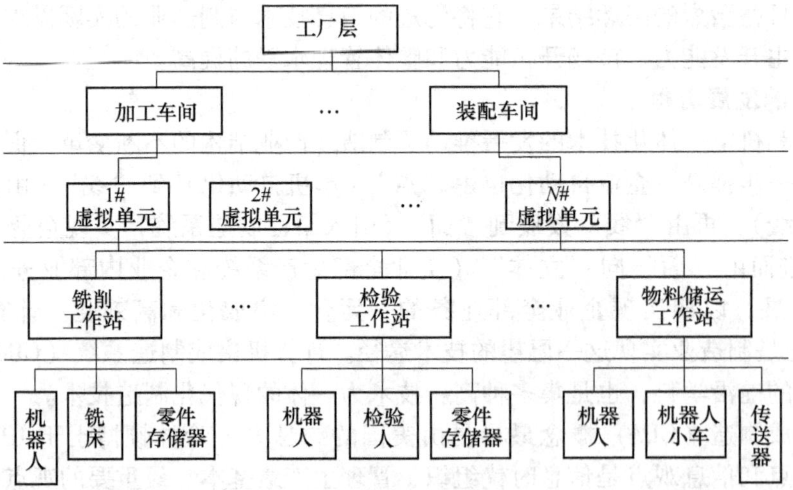

图 6-2 CIMS 递阶控制体系

（1）工厂层控制系统　工厂层控制系统是最高一级的控制，履行“厂部”职能，包括执行市场预测、制订生产计划、确定生产资源需求、制订资源规划、制订产品开发及工艺过程规划和厂级经营管理等功能。

（2）车间层控制系统　车间层控制系统根据工厂层生产计划，负责协调车间的生产和辅助性工作，主要包括企业管理和资源分配两个模块。

（3）单元层控制系统　单元层控制系统安排零件通过工作站的分批顺序和管理物料储运、检验及其他有关辅助性工作，具体内容包括任务分解和资源需求分析。

（4）工作站层控制系统　工作站层控制系统指挥和协调车间中一个设备小组的活动，由一台机器人、一台机床、一个物料储运器和一个控制计算机组成，其基本任务是处理由物料储运系统送来的零件托盘、工件调整控制、工件夹紧、切削加工、切屑清除、加工检验、拆卸工件以及清理工作等。

（5）设备层控制系统　设备层控制系统是“前沿”系统，是各种设备的控制器，其目的是扩大现有设备功能，使这些设备符合标准部门规定的控制和检测计量方法。

清华大学国家CIMS工程技术中心的CIMS系统ERC采用四层递阶控制体系结构，如图6-3所示。图6-4所示为典型的CIMS系统运行实例。

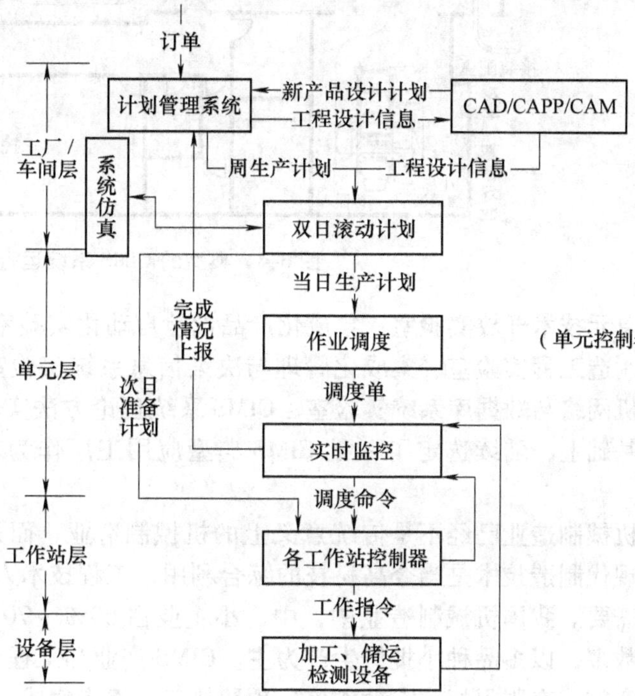

图6-3　清华大学CIMS的四层递阶控制体系结构

3. 我国CIMS的现状

进入20世纪80年代，发达国家经过几十年大工业生产的积累，基本物质需求得到了相对满足。为了适应日益多样化的需求，市场竞争空前激烈。市场竞争和计算机技术的发展，引起了企业对CIMS的强烈需求。我国开展CIMS研究与应用已有20多年的历史。从1990年开始，我国一些企业已着手CIMS计划，一些生产企业已成功地实施了CIMS，取得了巨大的经济效益。目前，我国CIMS不仅重视了信息集成，而且强调了企业运行的优化，并将计算机集成制造发展为以信息集成和系统优化为特征的现代集成制造系统。在企业建模、系统设计方法、异构信息集成、基于STEP的CAD/CAPP/CAM/CAE、并行工程及离散系统动力学理论等方面也有一定的特色或优势。

我国的CIMS技术的发展、应用领域也在不断地拓宽。CIMS的进一步试点推广应用已扩展到机械、电子、航空、航天、轻工、纺织、石油化工、冶金、通信、煤炭等行业的许多家企业。我国863/CIMS研究已形成了一个健全的组织和一支研究队伍，实现了我国CIMS研究和开发的基本框架，建立了研究环境和工程环境，包括国家CIMS实验工程研究中心和

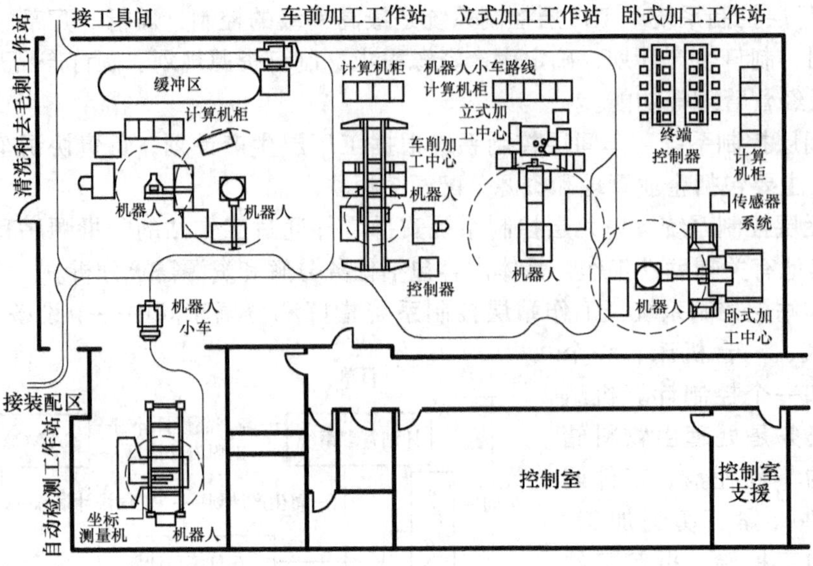

图6-4 典型的CIMS系统运行实例

七个单元技术开放实验室：集成化产品设计自动化实验室、集成化工艺设计自动化实验室、柔性制造工程实验室、集成化管理与决策信息系统实验室、集成化质量控制实验室、CIMS计算机网络与数据库系统实验室、CIMS系统理论方法实验室。在完成了一大批课题研究工作的基础上，陆续选定了一批CIMS典型应用工厂作为利用CIMS推动企业技术改造的示范点。

机械制造业已经不是传统意义上的机械制造业，而是一个新兴技术与新兴工业的综合体，现代制造技术是当今高科技的综合利用，工程技术人员要熟练地掌握高新技术，适应发展的需要。我国机械制造业中，中、小企业占60%～70%，比例很大，产品涉及面广，从业人数多，以多品种小批量生产为主。CIMS产业和工程必须面向中小企业，进行总体规划、分步实施、有限目标、有效实施、预留接口、逐步集成。

4. 发展趋势

CIMS的发展可概括为集成化、数字化、智能化、全球化、虚拟化、柔性化、标准化和绿色化。

（1）集成化发展 CIMS的“集成”已经从原先的企业内部的信息集成和功能集成，发展到当前的以并行工程为代表的过程集成，并正在向以敏捷制造为代表的企业间集成发展。

（2）数字化发展 从产品的数字化设计开始，发展到产品生命周期中各类活动、设备及实体的数字化。

（3）虚拟化发展 在数字化基础上，虚拟化技术正在迅速发展，它主要包括虚拟显示（VR）、虚拟产品开发（VPD）、虚拟制造（VM）和虚拟企业等。

（4）全球化发展 随着“市场全球化”“网络全球化”“竞争全球化”和“经营全球化”的出现，许多企业都积极采用“全球制造”“敏捷制造”和“网络制造”的策略，CIMS也将实现“全球化”。

（5）柔性化发展 柔性化发展研究发展企业间动态联盟技术、敏捷设计生产技术、柔性可重组机器技术等，以实现敏捷制造。

（6）智能化发展 智能化发展是制造系统在柔性化和集成化的基础上，引入各类人工智能和智能控制技术，实现具有自律、智能、分布、仿生、敏捷、分形等特点的下一代制造系统。

（7）标准化发展 在制造业向全球化、网络化、集成化和智能化发展的过程中，标准化技术（PTEP、EDI 和 P-LIB 等）已显得越来越重要。它是信息集成、功能集成、过程集成和企业集成的基础。

（8）绿色化发展 绿色化发展包括绿色制造、环境意识的设计与制造、生态工厂、清洁化生产等，它是全球可持续发展战略在制造业中的体现。

CIMS 作为新型的生产模式，其本身也处于不断的发展更新之中，各种有关的新概念、新思想不断提出，同时也融合其他领域的有益成分。CIMS 有着非常强的应用背景，制造业实际的变化和需要也会推动 CIMS 的研究和发展。因此，人们围绕 CIMS 的总目标，将并行工程、精良生产、敏捷制造、智能制造、虚拟制造以及全球制造等许多新概念、新思想、新技术、新方法引入到 CIMS，这些新概念（模式）都有其自身特有的生产过程组织形式，并与特定的生产管理方法相联系，形成技术、组织管理和人的全面集成。这些现代模式的提出和研究推动了 CIMS 的研究和发展，使制造业展现出前所未有的新的发展局面。

6.3 快速成形技术（Rapid Prototyping Technology）

6.3.1 快速成形技术的基本原理（Basic Principle of Rapid Prototyping Technology）

1. 概述

在新产品的开发过程中，总是需要对所设计的零件或整个系统在投入大量资金组织加工或装配之前加工一个简单的例子或原型。在准备制造和销售一个复杂的产品系统之前，工作原型可以对产品设计进行评价、修改和功能验证。一个产品的典型开发过程是从前一代的原型中发现错误或从进一步研究中发现更有效和更好的设计方案。一件原型的生产极其费时，模具的准备需要几个月，一个复杂的零件用传统方法加工非常困难。

快速成形（Rapid Prototyping）技术是近年来发展起来的直接根据 CAD 模型快速生产样件或零件的成组技术总称，它集成了 CAD 技术、数控技术、激光技术和材料技术等现代科技成果，是先进制造技术的重要组成部分。

与传统制造方法不同，快速成形从零件的 CAD 几何模型出发，通过软件分层离散和数控成形系统，用激光束或其他方法将材料堆积而形成实体零件。由于它把复杂的三维制造转化为一系列二维制造的叠加，因而可以在不用模具和工具的条件下生成几乎任意复杂的零部件，极大地提高了生产效率和制造柔性。

2. 基本原理

快速成形技术是一种基于离散堆积成形思想的新型成形技术，是集成计算机、数控、激光和新材料等最新技术而发展起来的先进的产品研究与开发技术。它可以自动、快速地将设计思想物化为具有一定结构和功能的原型或直接制造零件，从而可以对产品设计进行快速评价、修改，以响应市场需求，提高企业的竞争力。快速成形技术的出现是适应日趋激烈的市场竞争的需要，对制造企业的模型、原型及成形件制造方式正产生深远的影响。

快速成形技术的基本原理是基于“离散—堆积”的成形方法，借助三维 CAD 软件，或用实体反求方法采集得到有关原型或零件的几何形状、结构和材料的组合信息，从而获得目标原型的概念，并以此建立数字化描述 CAD 模型，之后经过一定的转换或修改，将三维虚拟实体表面转化为用一系列三角面片逼近的表面，生成面片文件，再按虚拟三维实体某一方向将 CAD 模型离散化，分解成具有一定厚度的层片文件，由三维轮廓转换为近似的二维轮廓，然后根据不同的快速成形工艺对文件进行处理，对层片文件进行检验或修正，并生成正确的数控加工代码，通过专用的 CAM 系统控制材料有规律地、精确地叠加起来，从而形成一个三维实体制件。快速成形的一般工艺过程原理如下。

（1）三维模型的构造　在三维 CAD 设计软件（如 Pro/E、UG、SolidWorks、SolidEdge 等）中获得描述该零件的 CAD 文件。

目前一般快速成形支持的文件输出格式为 STL 模型，即对实体曲面近似处理，即所谓面型化（Tessallation）处理，是用平面三角面片近似模拟表面。这样处理的优点是大大地简化了 CAD 模型的数据格式，从而便于后续的分层处理。

在三维 CAD 设计软件对 CAD 模型进行面型化处理时，一般软件系统中有输出精度控制参数，通过控制该参数，可减小曲面近似处理误差。如 Pro/E 软件通过选定弦高值 ch（Chord Height）作为逼近的精度参数。图 6-5 所示为球体在不同 ch 值时的效果。

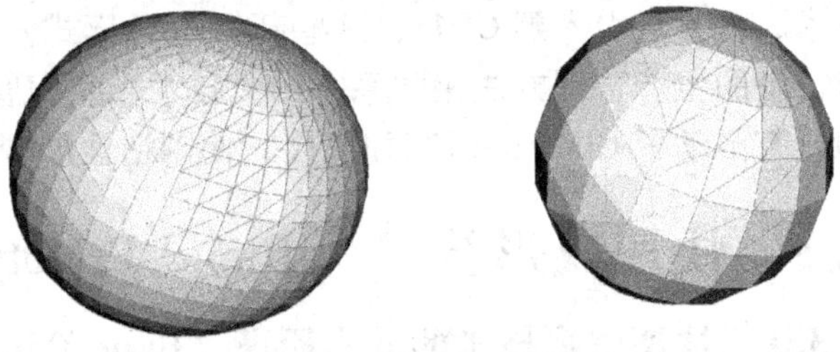
a)　　b)

图 6-5　球体在不同 ch 值时的效果
a）ch = 0.05　b）ch = 0.2

（2）三维模型的离散处理　通过专用的分层程序将三维实体模型分层（图 6-6），通过一簇平行平面沿制作方向与 CAD 模型相截，所得到的截面交线就是薄层的轮廓信息，而实体信息是通过一些判别准则来获取的。

分层切片是在选定了制作（堆积）方向后，需对 CAD 模型进行一维离散，获取每一薄层片截面轮廓及实体信息。平行平面之间的距离就是分层的厚度，也就是成形时堆积的单层厚度。轮廓由求交后的一系列交点顺序连成的折线段构成。

由于分层，破坏了切片方向 CAD 模型表面的连续性，不可避免地丢失了模型的一些信息，导致零件尺寸及形状误差的产生。切片层的厚度直接影响零件的表面粗糙度和整个零件的型面精度。

分层后所得到的模型轮廓是近似的，而层与层之间的轮廓信息已经丢失，层厚大，丢失的信息多，导致在成形过程中产生了型面误差。为提高零件精度，应该考虑更小的切片层厚度。

（3）层截面的制造与累加　在计算机控制下，快速成形系统中的成形头在 X-Y 平面内自动按截面轮廓进行层制造，得到一层层截面。

每层截面成形后，下一层材料被送至已成形的层面上，进行后一层的成形，并与前一层相粘接，从而一层层的截面累加叠合在一起，形成三维零件。

需要注意的是，在分层切片之前，CAD 造型最好转化为 STL 格式的文件，这是因为 STL 文件易于进行分层切片。所谓的 STL 文件，是指为对三维实体内外表面进行离散化所形成的三角形文件，所有的 CAD 造型系统均具有三维实体输出 STL 文件的功能。

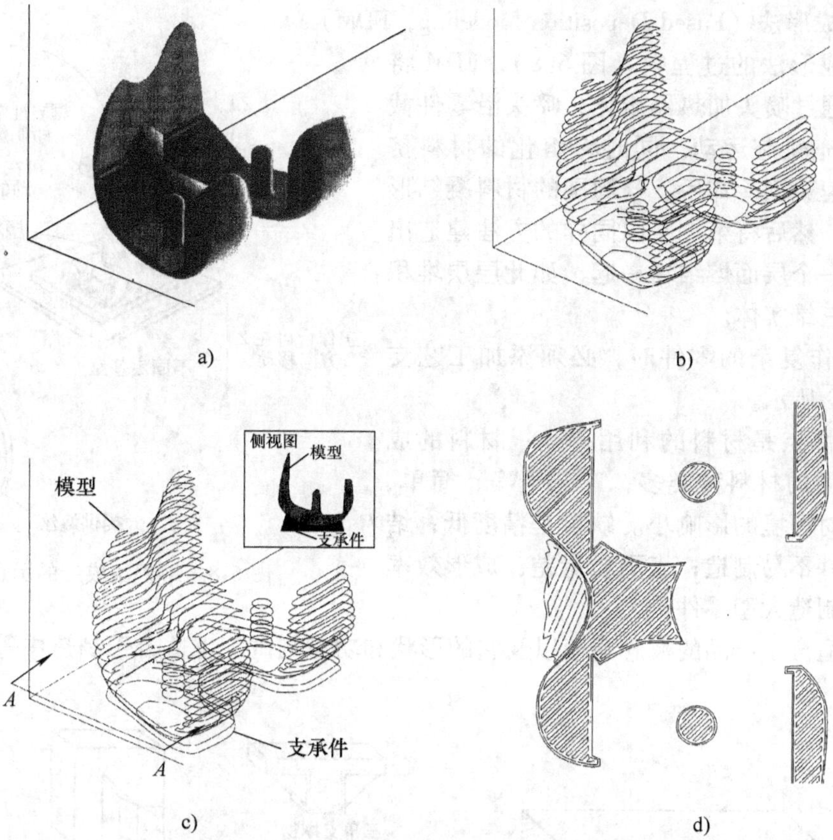

图6-6 快速成形原理图
a）零件的三维模型 b）零件被分层离散
c）支承材料 d）采用熔积法对图c）A—A截面加工的挤压路径

6.3.2 快速成形技术的主要工艺方法（Main Process Method of Rapid Prototyping Technology）

快速成形的主要工艺方法包括：选择性液体固化（SL）、选择性层片粘接（LOM）、选择性激光烧结（SLS）、熔融沉积成形（FDM），主要分类如图6-7所示。

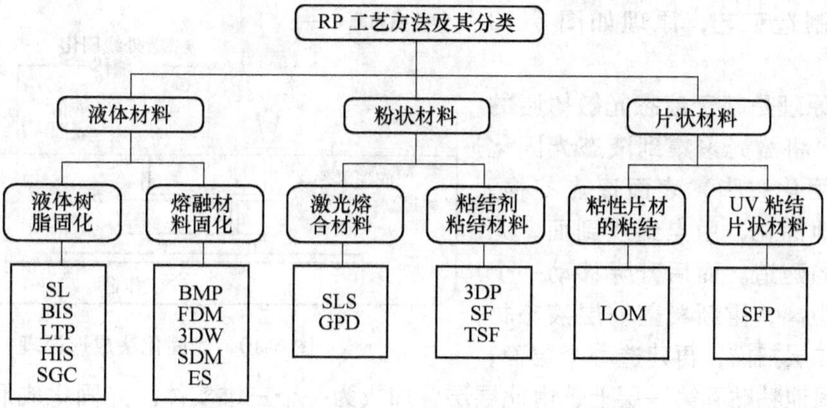

图6-7 快速成形主要工艺方法及其分类

1. 熔积成形法（Fused Deposition Modeling，FDM）

在熔积成形法的过程中（图 6-8），FDM 将热熔性材料通过喷头加热器熔化；喷头沿零件截面轮廓和填充轨迹运动，同时将熔化的材料挤出；材料迅速凝固冷却后，与周围的材料凝结形成一个层面；然后将第二层以同样的方法建造出来，并与前一个层面熔结在一起，如此层层堆积而获得一个三维实体。

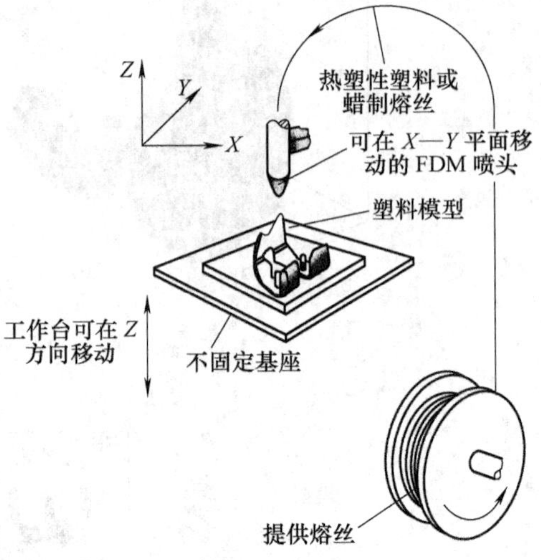

图 6-8 熔积法成形的示意图

FDM 制作复杂的零件时，必须添加工艺支撑，如图 6-9 所示。

FDM 的优点是材料的利用率高；材料的成本低；可选用的材料种类多；工艺干净、简单、易于操作且对环境的影响小。缺点是精度低；结构复杂的零件不易制造；表面质量差；成形效率低，不适合制造大型零件。

该工艺适合于产品的概念建模以及它的形状和功能测试，也适合于制造中等复杂程度的中小原型。

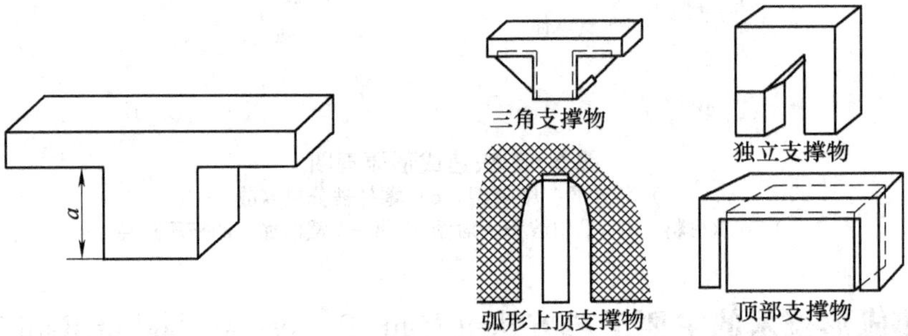

图 6-9 常用支撑结构

2. 光固化法（Stereo Lithography，SL）

光固化法是目前应用最为广泛的一种快速原型制造工艺，原理如图 6-10 所示。

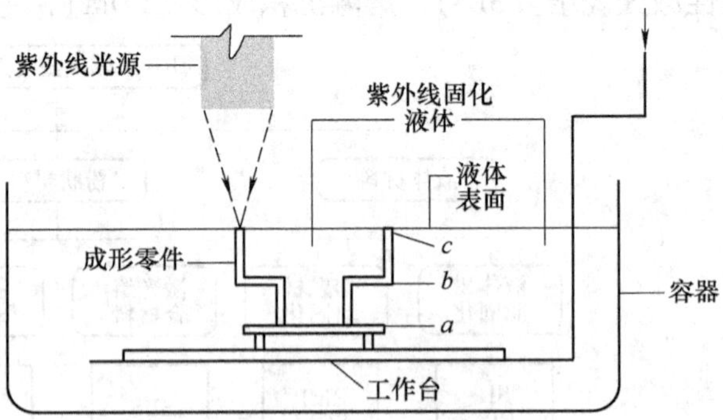

图 6-10 光固化法成形原理

SL 基本原理是基于液态光敏树脂的光聚合原理。将激光聚集到液态光固化材料（如光固化树脂）表面逐点扫描，令其有规律地固化，由点到线到面，完成一个层面的建造。而后升降移动一个层片厚度的距离，重新覆盖一层液态材料，进行第二层扫描，再建造一个层面，第二层就牢固地粘贴到第一层上，由此层层叠加成为一个三维实体。光固化成形所能达到的最小公差取决于激光的聚焦程度，通常是 0.0125mm。

SL 的特点是可成形任何复杂形状的零件，成形精度高，材料利用率高，性能可靠。SLA 适用于产品外形评估、功能试验、快速制造电极和各种快速经济模具，不足之处是所需设备及材料价格昂贵，需要设计支撑，可以选择的材料种类有限，容易发生翘曲变形，光敏树脂有一定毒性。

该工艺适合成形比较复杂的中小件。

3. 激光选区烧结（Selective Laser Sinering，SLS）

SLS 工艺是利用粉末状材料成形的。先在工作台上铺上一层有很好密度和平整度的粉末，用高强度的二氧化碳激光器在上面扫描出零件截面，有选择地将粉末熔化或粘结，形成一层面，利用滚子铺粉压实，再熔结或粘结成另一个层面，并与原层面熔结或粘结，如此层层叠加为一个三维实体，如图 6-11 所示。SLS 的特点在于材料适应面广，不仅能制造塑料零件，还能制造陶瓷、金属、蜡等材料的零件。造型精度高，原型强度高，所以可用样件进行功能试验或装配模拟。

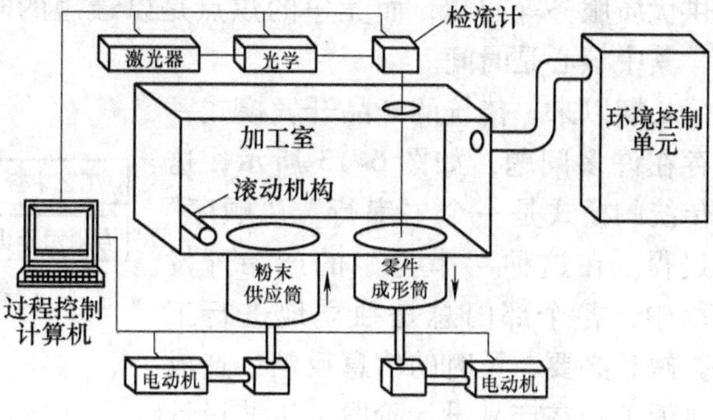

图 6-11　激光选区烧结工艺路线图

4. 粘性片材的粘结（Laminated Object Manufacturing，LOM）

如图 6-12 所示，LOM 采用激光或刀具对片材进行切割。首先切割出工艺边框和原型的边缘轮廓线，而后将不属于原型的材料切割成网格状。片材表面事先涂覆上一层热熔胶。通过升降平台的移动和箔材的送给，并利用热压辊辗压将后铺的箔材与先前的层片粘结在一起，再切割出新的层片。这样层层叠加后得到下一个块状物，最后将不属于原型的材料小块剥除，就获得所需的三维实体。

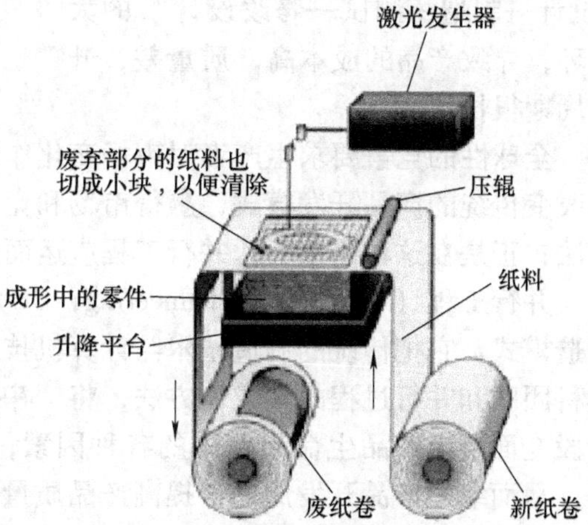

图 6-12　粘性片材粘结制造工艺原理

LOM 法的优点是工作可靠，模型支撑好，成本低，效率高。不足之处在于前后处理费时费力，且不能制造中空结构件。

6.4　先进制造生产模式（Advanced Manufacturing Mode）

先进制造生产模式是应用与推广先进制造技术的组织方式，其本质就是集成经营，即在新的市场环境下，将企业经营所涉及的各种资源、过程与组织进行一体化的并行处理。其目标是使企业获得精细、敏捷、优质与高效的特征，以适应环境变化对质量、成本、服务及速度的新要求。

6.4.1 并行工程（Concurrent Engineering，CE）

1. 概述

20世纪80年代以来，随着自动化、信息、计算机和制造技术的迅速发展和相互渗透，制造业商品市场发生了根本性的变化。世界市场的形成与发展使得市场竞争越来越激烈，顾客对产品质量、成本和种类的要求越来越高，产品的生命周期也越来越短。在这种背景下，企业为了赢得市场竞争的胜利，就不得不解决加速新产品开发、提高产品质量、降低成本和提供优质服务等问题，而竞争的焦点是以最短的时间开发出高质量、低成本的产品投放市场，其中核心是时间。

长期以来，传统的产品开发模式一直存在许多问题，如图6-13所示，这种传统的模式是一个“串行”“顺序”的过程。在这种“串行”的产品开发过程中，各个部门总是独立地进行工作，缺乏必要、及时的信息反馈，造成大量返工；在产品设计阶段，工艺设计和制造部门介入较晚，易造成较多的加工阶段问题，使产品开发过程成为“设计—制造—测试—修改设计”的大循环，导致产品的成本高，质量差，开发周期很长。

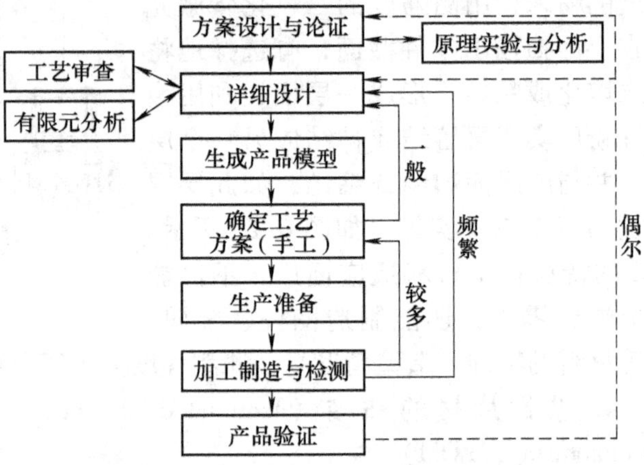

图6-13　传统的串行产品开发模式

全球性的竞争要求生产者对市场变化作出迅速准确的反应，在这种新的竞争形势下，为了改变传统的产品开发模式，赢得市场和竞争，人们不得不开始寻求更为有效的新产品开发方法，正是在这种需求下，并行工程应运而生。

并行工程（Concurrent Engineering，CE）是一种企业组织、管理和运行过程中的设计与制造模式。它把传统的制造技术与计算机技术、系统工程技术和自动化技术相结合，采用多学科团队和并行过程的集成化方法，将“串行”的过程“并行”起来，在产品开发的早期阶段全面考虑产品生命周期中的各种因素，例如，产品的可制造性、可装配性、可测试性等，从而缩短产品开发周期，提高产品质量，降低产品成本。

1988年，美国国家防御分析研究所（Institute of Defense Analyze，IDA）完整地提出了并行工程的概念，即“并行工程是集成地、并行地设计产品及其相关过程（包括制造过程和支持过程）的系统方法。这种方法要求产品开发人员在一开始就考虑产品整个生命周期中从概念形成到产品报废的所有因素，包括质量、成本、进度计划和用户要求等。”

2. 并行工程的运行模式及特性

图6-14所示为并行工程的产品开发模式。与传统的串行方法相比，并行工程要求产品开发人员从一开始就考虑到产品从方案设计到报废的全生命周期内各阶段的因素，例如，功能、制造、装配、作业调度、质量、成本、维护与用户需求等；并强调各部门的协同工作，通过建立各决策者之间的有效的信息交流与通信机制，综合考虑各相关因素的影响，使后续环节中可能出现的问题在设计的早期阶段就被发现，并得到解决，从而使产品在设计阶段便

具有良好的可制造性、可装配性、可维护性及回收再生等方面的特性，最大程度地减少设计反复，最终达到提高质量、降低成本、缩短产品开发周期的目的。

由此可见，并行工程是对传统产品开发模式的一种根本性的改进，是一种新的设计哲理。它以信息集成为基础，通过组织多学科的产品开发团队，利用各种计算机辅助手段，实现产品开发过程的集成，缩短产品开发周期，提高产品质量，降低成本，提高企业竞争能力的目标。与串行开发模式相比，它具有以下运行特性：

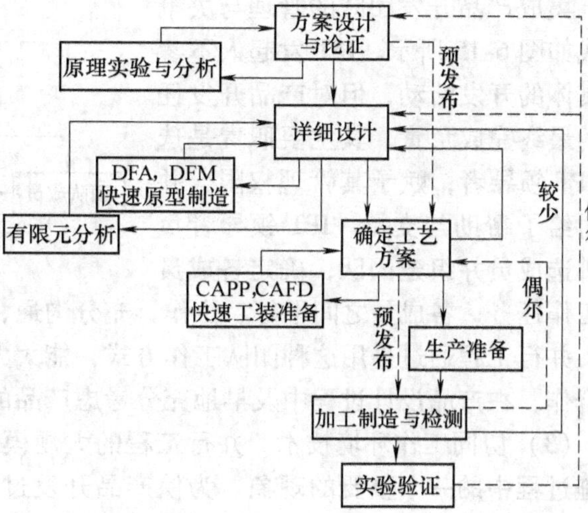

图6-14 并行工程的产品开发模式

1）并行特性。并行工程的最大特点是把时间上有先后的作业过程转变为同时考虑和尽可能同时（或并行）处理的过程，在产品的设计阶段就并行地考虑了产品整个生命周期中的所有因素。

2）整体特性。并行工程将制造系统看做是一个有机的整体，看似相互独立的各个制造过程及处理单元之间实质上存在着丰富的双向信息交流；而且并行工程强调全局地考虑问题，追求整体最优效果。

3）协同特性。现代产品功能和特性的复杂性决定了产品开发过程中设计群体协同工作的重要性，因此，并行工程非常重视协同的组织形式、协同的设计思想以及所产生的协同效益。

4）集成特性。并行工程是一种系统集成方法，具有人员、信息、功能、技术的集成持性。

3. 并行工程的关键技术

并行工程的关键技术包括并行工程过程管理与集成技术、并行工程的集成产品开发团队技术、并行工程协同工作环境技术以及并行工程的使能技术等。

（1）过程管理与集成技术　并行工程与传统产品开发模式的本质区别在于，它把产品开发的各个环节作为一个集成的、并行的产品开发过程，强调下游环节在产品开发的早期就要参与进来，强调对产品开发全过程的综合管理与控制，不断优化产品开发过程。

过程管理与集成技术是实现上述目标的必备基础，其主要内容包括：产品开发过程的建模技术、模型的分析与仿真、产品开发过程管理、产品开发过程评估、产品开发过程与制造过程的集成等。

（2）集成产品开发团队技术　不同于串行方式的部门管理模式，并行工程采用的是以产品为主线的多学科的集成产品开发团队（Integrated Product Team，IPT）的组织方式进行产品开发。

集成产品开发团队包括了来自市场、设计、工艺、生产计划、制造、采购、销售、维修、服务等各部门的人员，有时还包括用户、供应商或协作企业的代表。根据团队成员聚集和交流的方式不同，集成团队可分为面对面聚集在一起工作的实体小组和通过网络实现跨地域空间交流与协作的虚拟小组两种类型。

集成产品开发团队的管理与决策模式如图6-15所示。IPT发起人不参加具体的开发活动，但对产品开发任务的最终完成负责，其主要职责是选定IPT领导者，赋予其管理权限，并随时给予帮助与支持。IPT领导者负责挑选成员并组建团队，确定各成员的工作任务；各成员之间平等、协作，充分沟通，共同完成开发工作。

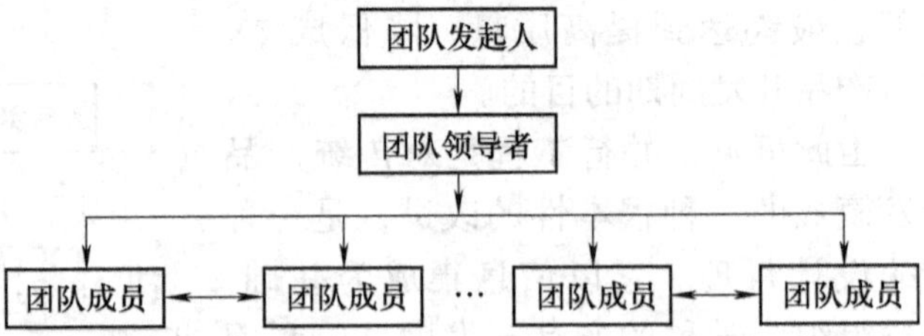

图6-15　IPT的管理与决策模式

并行工程通过采用这种团队工作方式，能大大提高产品生命周期各阶段人员之间的交流与合作，在产品设计过程中及早地充分考虑产品的可制造性、可装配性、可检验性等问题。

（3）协同工作环境技术　并行工程的大规模协同工作的特点，使得冲突成为并行工程实施过程中的一个重要的现象。为使产品开发过程顺利进行，并行工程的效益得以充分体现，必须具有一种协调管理的支持技术，来建立IPT及产品部件之间的依赖关系，协调IPT之间的活动，这就是系统工作环境技术。通过利用各种协调问题的关键技术，并行工程可以协调产品开发阶段出现的各种交叉和冲突，优化产品开发工作流程，充分、有效、合理地利用好各种资源，从而发挥其最大效益。

（4）使能技术

1）DFX技术。DFX技术是一系列技术的统称，涵盖的内容很多，涉及产品开发的制造、装配、检测、维修等各个阶段，它们能够使设计人员在早期就考虑设计决策对后续过程的影响。较常用的有面向制造的设计（Design for Manufacturing，DFM）；面向装配的设计（Design for Assembly，DFA）；面向成本的设计（Design for Cost，DFC）；面向检测的设计（Design for Testing，DFT）等。

2）CAX技术。CAX技术主要是指一系列的计算机辅助技术，包括计算机辅助设计（Computer Aided Design，CAD）、计算机辅助制造（Computer Aided Manufacturing，CAM）、计算机辅助工艺规程（Computer Aided Process Planning，CAPP）、计算机辅助工程（Computer Aided Engineering，CAE）等，它们是并行工程实施中非常重要的工具。

3）计算机辅助夹具设计系统（Computer Aided Fixture Design，CAFD）。计算机辅助夹具设计系统是并行工程中实现工艺早期介入、实现各个环节并行工作、缩短产品开发时间的重要工具之一。

4）产品数据管理系统（Product Data Management，PDM）。在并行工程产品开发过程中，各种计算机辅助工具将产生大量的中间数据、图形、文档或资料，为了保证设计前后的一致，必须按产品结构配置的思想，对数据、文档、工作流、版本等进行全局的管理与控制，这就是产品数据管理系统PDM要解决的问题。PDM能够提供一种结构化方法，有效地、有规则地存取、集成、管理、控制产品数据和数据的使用流程。

6.4.2　敏捷制造（Agile Manufacturing，AM）

1. 敏捷制造提出的背景

20世纪80年代，日本和德国生产的高质量产品大量涌向美国市场，迫使美国的制造策略由注重成本转向产品质量。进入20世纪90年代，产品更新换代加快，市场竞争加剧，仅依靠降低成本、提高产品质量已不足以赢得市场竞争，还必须缩短产品开发周期，于是，如何快速响应市场又成为美国制造商关注的重心。

2. 敏捷制造的内涵

敏捷制造（Agile Manufacturing，AM）正处于一个不断发展的过程，目前尚没有一个公认、统一的定义，美国机械工程师学会（ASME）对敏捷制造做了如下定义："敏捷制造就是指制造系统在满足低成本和高质量的同时，对变幻莫测的市场需求的快速反应。"

敏捷制造中"敏捷"一词描述的是企业所应具备的适应变化的能力，即制造敏捷性。就制造企业而言，敏捷性反映的是在由客户个性化需求驱动的动态市场环境中能够快速反应，创造机会并能击败竞争对手，从而获胜的一种能力。这种敏捷性具有丰富的内涵，在不同层次上表现出不同的意义。

1）市场层面。敏捷性表现为制造企业对市场需求的判断和预见能力，进而对市场变化作出快速反应的能力。

2）组织层面。敏捷性体现在制造企业组织形态的动态可重组性、可重用性以及可扩展性。

3）设计层面。敏捷性体现在产品的设计综合考虑了供应商、生产过程、顾客和产品的使用及报废等全生命周期的各个环节。

4）生产层面。敏捷性体现在其能够发展出一种可编程的、可重组的和模块化的柔性加工单元，快速按照顾客定制生产出不同种类的、任意批量的产品，从而达到与大批量生产一样的效益。

5）管理层面。敏捷性体现在全新组织管理理念上，提倡以人为本，以分散决策代替集中控制，从传统的命令和控制的管理哲学向领导、激励、支持和信任的管理哲学转变。

6）人的层面。敏捷性就是不断出现有知识、有技能、有创造精神的劳动力。企业最大程度地调动人的积极性，来维持和加强它的创新能力。

敏捷制造就是一种能够让企业实现上述制造敏捷性、提高企业竞争能力的全新制造组织模式。它的基本思想是通过把动态的可重组可重用的组织结构、先进的柔性制造技术和高素质的人员进行全方位的集成，从而使企业能够从容应付快速变化和不可预测的市场需求，获得企业的长期经济效益。

3. 敏捷制造的关键要素及基本原理

由敏捷制造的内涵可以看出，动态组织结构、先进的柔性制造技术和高素质的人员是敏捷制造实现制造敏捷性的三个关键要素。

（1）动态组织结构　对市场反应的速度和满足用户的能力已成为21世纪衡量企业竞争优势的准则。而要提高这种速度和能力，采用传统的静态不变的组织结构是万万不行的，必须以最快的速度把企业内部的优势和企业外部不同公司的优势集中在一起。敏捷制造生产模式通过"虚拟公司"实现这种集成。

虚拟公司又称动态联盟，是面向产品经营过程的一种动态组织结构，是企业群体为了赢得某一个市场竞争机会，由一个企业内部某些优势部门或不同优势企业，按照资源、技术和人员的最优配置，快速组成的一个临时性经营实体。虚拟公司一般有一个组织发起者，联盟中的其他成员企业都具有自身的核心能力，同时也承担共同的风险和分享共同的利益。它可以降低企业风险，减少相关的开发工作量，降低生产成本，缩短产品上市时间。它以最快的速度把企业内、外部优势集合起来所形成的竞争力，是以固定专业部门为基础的静态组织结构所无法比拟的，所以能够大大提高企业对市场的响应速度。

虚拟公司的企业之间，是一种竞争基础上相互信任、获取共同利益的合作关系，这种既有竞争、又有合作的动态组织结构，改变了传统的静态不变的组织结构，是敏捷制造的核心。虚拟公司的生命周期（图 6-16）取决于产品市场机遇，随机遇的产生而产生，又随着机遇的消失而消亡。

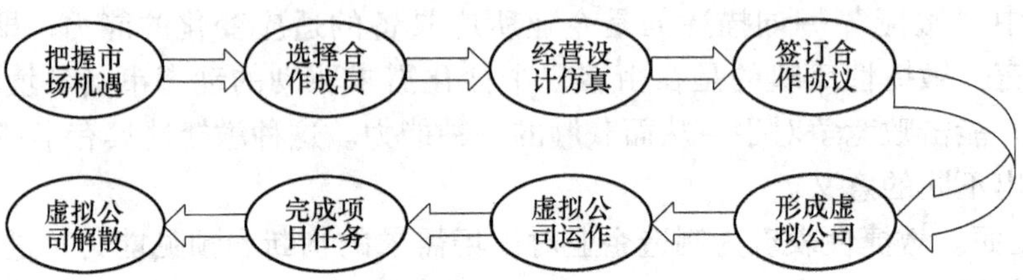

图 6-16 虚拟公司生命周期的流程

（2）先进的柔性制造技术 首先，具有高度柔性的先进生产设备是实现制造敏捷性的必要条件，具体体现为由可编程的、可重组的和模块化的加工单元构成的柔性机床组。

其次，在产品开发和制造过程中，能够实现“虚拟制造”。虚拟制造（Virtual Manufacturing，VM）是在计算机环境下将现实制造系统映射为虚拟制造系统，借助三维可视交互环境，对产品从设计、制造到装配的全过程进行全面仿真的技术。由于虚拟制造系统不消耗资源和能量，也不生产现实世界的产品，而只是模拟产品设计、开发及其实现过程，因而具有高度的集成和柔性，是实现敏捷制造的关键技术之一。

（3）高素质的人员 任何企业的成功最终依赖其将集体的知识和员工个人的技能转化为不断更新产品的能力，所以要实现企业的制造敏捷性，最基本的战略之一就是注重对员工素质的培养和开发。敏捷制造需要具有创造性思维的全面发展的高素质工作人员，即要求其具有以下主要特征：

1）能够充分发挥主动性和创造性。

2）反应迅速灵活，能快速地从一个项目转换到另一个项目。

3）得到授权后，能自己组织和管理项目，在各个层次上作出适当的决策。

4）具有良好的团结协作精神。

敏捷制造的基本原理可以概括为：采用标准化和专业化的计算机网络和信息集成基础结构，以分布式结构连接各类企业，构成虚拟制造环境（图 6-17）；以竞争合作的原则在虚拟制造环境内动态选择成员，组成面向任务的虚拟公司进行快速生产；系统运行目标是最大程度满足客户的需求。敏捷制造模式的运作原理如图 6-18 所示。

4. 敏捷制造的基本特点

与传统生产模式相比，敏捷制造生产模式具有以下基本特点：

1）能在产品生产周期的全过程中满足用户要求。敏捷制造采用柔性化的产品设计方法和可重组的工艺设备，使产品的功能和性能可根据用户的具体要求进行改变，并借助仿真技术让用户很方便地参与设计，从而快速地生产出满足用户需求的产品。敏捷制造对产品质量的概念是：保证在整个产品生产周期内达到用户满意；企业的质量跟踪将持续到产品报废，甚至直到产品的更新换代。

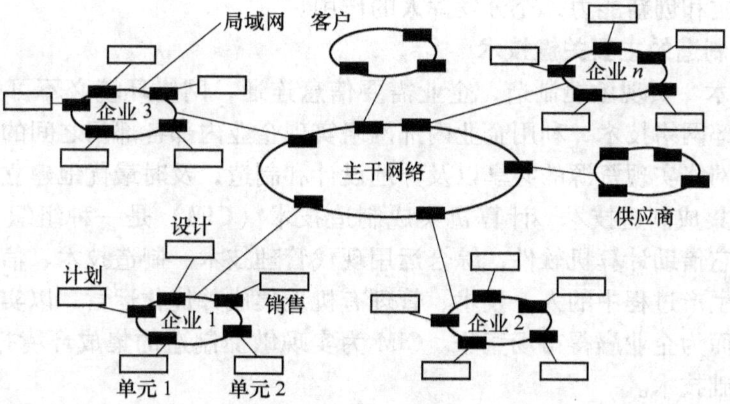

图6-17　敏捷制造下虚拟制造环境的构成示意图

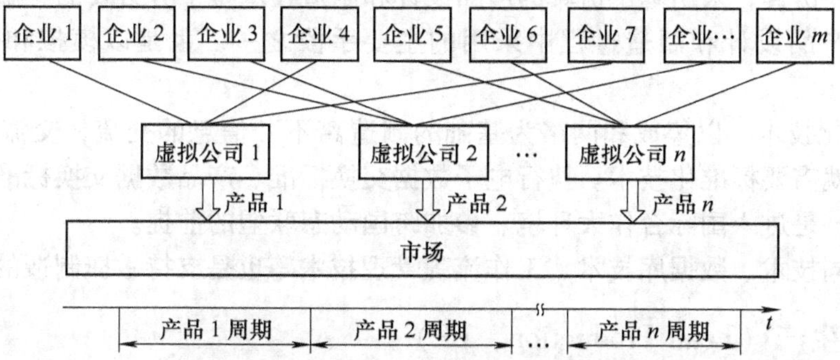

图6-18　敏捷制造模式的运作原理示意图

2）采用多变的动态组织结构。采用虚拟公司这种既竞争、又合作的多变动态组织结构，能够大大缩短产品上市时间，提高产品质量，对变幻莫测的市场作出快速反应，实现制造敏捷性。

3）生产成本与批量无关，战略着眼点在于长期获取经济效益。传统的大批量生产企业，其竞争优势在于规模生产，即依靠大量生产同一产品来降低产品的成本。而敏捷制造采用先进制造技术和具有高度柔性的设备进行生产，这些具有高柔性、可重组的设备可用于多种产品，不需要像大批量生产那样要求在短期内回收专用设备及工装等费用，能够在一段较长的时间内获取经济效益。所以，敏捷制造可以使生产成本与批量无关，做到完全按订单生产，使企业长期获取经济效益。

4）建立新型的标准基础结构，实现技术、管理和人的集成。敏捷制造企业要赢得竞争，必须充分利用分布在各地的各种资源，把生产技术、管理和人集成到一个相互协调的系统中。为此，必须建立新的标准结构来支持这一集成，例如建立大范围的通信基础结构、信息交换标准等的硬件和软件。

5）最大程度地调动、发挥人的作用。敏捷制造提倡以“人”为中心的管理，强调用分散决策代替集中控制，用协商机制代替递阶控制机制。它提倡“基于统观全局的管理”模式，要求各个项目组都能了解全局的远景，明确工作目标和任务的时间要求，完成任务的中间过程则由项目组自主决定，以此来发挥人的主动性和积极性；并且通过不断进行培训和教育提高员工的素质和创新能力，充分发挥人的作用。

5. 实现敏捷制造的主要关键技术

（1）网络技术　实现敏捷制造，企业需要信息连通，网络环境必不可少，包括企业内部网络技术和外部网络技术，利用企业内部网络实现企业内部各部门之间的信息交流与并行工作，利用外部网络实现资源的共享以及异地设计和制造，及时最优地建立动态联盟。

（2）计算机集成制造技术　计算机集成制造技术（CIM）是一种组织、管理与运营企业生产的技术，它借助计算机软件，综合运用现代管理技术、制造技术、信息技术、自动化技术等，将企业生产过程中的人、技术、管理有机地集成并优化运营，以实现产品高质、低耗、上市快，从而为企业赢得市场竞争。CIM 为实现敏捷制造的集成环境打下坚实的基础，是敏捷制造的基础技术。

（3）模拟和仿真技术　敏捷制造通过虚拟公司和虚拟制造技术实现，因而对产品经营过程进行建模和仿真，采用基于仿真的产品设计和制造技术是十分必要的；虚拟原型系统作为敏捷制造在产品设计和制造过程中采用的主要手段之一，也是以模拟和仿真技术为基础的。

（4）标准化技术　以集成和网络为基础的制造离不开信息的交流，交流的前提是有统一的规则，这就需要标准化技术。执行电子数据交换标准、产品数据交换标准以及超文本数据交换标准等，是进入国际合作大环境、参加跨国动态联盟的前提。

此外，协同技术、数据库技术、工作流程管理技术等也是支持敏捷制造的重要技术。

6.4.3 精益生产（Lean Production，LP）

1. 精益生产的产生背景

精益生产又称精良生产，起源于日本的丰田生产方式。20 世纪 50 年代初，日本的汽车工业受到“多品种，小批量”和“本国资源稀缺”因素的制约，遇到发展瓶颈，而美国的大量生产方式因投资巨大并不适合战后的日本企业，所以需要寻求一种新的生产方式。当时日本丰田汽车公司的副总裁大野耐一注意到制造过程中的浪费是导致生产率低和成本增加的根结，提出了准时生产制（Just in Time，JIT）。20 世纪 60 年代，随着 JIT 的发展和完善，它与丰田公司早期研制出的自动故障报警系统和全面质量管理结合起来，形成了完整的丰田生产方式。

2. 精益生产的内涵

精益生产从字面意义上讲，“精”即少而精，不投入多余的生产要素，只在适当的时间生产必要数量的必需产品；“益”即利益或效益，所有经营活动都要具有效益。简言之，精益生产就是运用多种现代管理方法和手段，以社会需求为依托，以充分发挥人的作用为根本，有效配置和合理使用企业资源，为企业谋求经济效益的一种新型生产方式。

精益生产方式的核心内容是准时生产方式 JIT，即“在需要的时候，按需要的量，生产所需的产品”，也就是追求一种无库存或库存最小的生产方式。它综合了单件生产方式和大批量生产方式的优点，既克服了前者成本高的缺点，又克服后者柔性差的缺点，力求在大量生产中实现多品种、高质量产品的低成本生产。

精益生产方式强调以社会需求为驱动，以人为中心，以简化为手段，以技术为支撑，以

“尽善尽美”为目标。精益生产的资源配置以社会需求为依据，最大程度地满足市场多元化需要，不但在产品数量上，而且在产品质量、品种、规格上，都能最大程度地满足社会需求；精益生产方式始终坚持以人为本，把开发人力资源放在首要位置，在精益生产方式条件下，企业员工不再是简单的劳动者，而是具有多种技能的生产者和管理者；精益生产主张精简组织结构，简化开发过程和生产过程，消除一切不产生附加价值的活动，从系统观点出发将企业中所有的功能合理地加以组合，以利用最少的资源、最低的成本向顾客提供高质量的产品服务，使企业获得最大利润和最佳应变能力；精益生产方式借助准时生产、柔性生产系统、并行工程等现代制造技术和管理方法，力求实现“零库存、零缺陷、零浪费、零故障、零等待、零切换时间和零事故”的终极目标。

3. 精益生产的体系结构

精益生产方式的基本目标是实现零库存、零缺陷、高柔性（多品种）。这个基本目标的实现离不开准时生产方式 JIT、成组技术（Group Technology，GT）和全面质量管理（Total Quality Management，TQM）的支持，而且三者缺一不可。它们和计算机信息网络支持下的群体小组工作方式及并行工程共同构建出“精益生产体系大厦”，如图6-19所示。

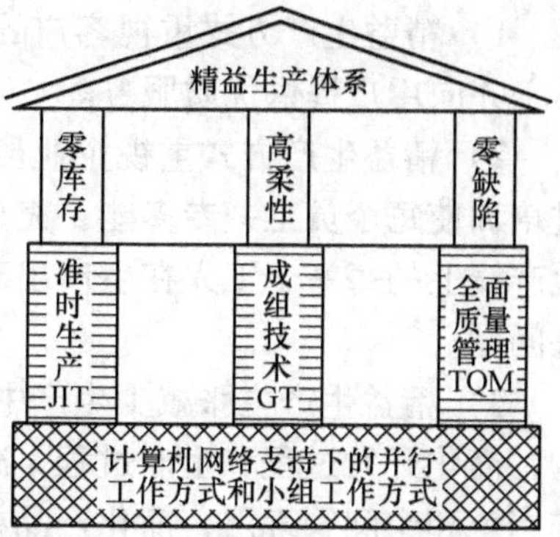

图6-19　精益生产的体系结构示意图

（1）精益生产的基本目标

1）零库存。一个充满库存的生产系统，不仅造成浪费，而且会掩盖生产中存在的各种问题，所以库存被称为“万恶之源”。精益生产追求的目标之一就是尽可能减少库存或在制品，直至“零库存”。

2）零缺陷。与允许存在产品不合格率的传统生产方式不同，精益生产的目标是消除各种引起产品不合格的因素，力求加工过程中的每一道工序都达到最好水平，追求“零缺陷”产品。

3）高柔性。高柔性是指企业的生产组织方式灵活多变，能适应市场多样化的需求，及时组织多品种产品的生产。为了实现柔性和生产率的统一，精益生产要求在组织、劳动力和设备方面都表现出较高的柔性。

（2）精益生产的支柱

1）准时生产 JIT。JIT 是缩短生产周期、加快资金周转和降低生产成本的主要方法。它以最终用户的需求为生产起点，强调物流平衡，要求上一道工序加工完的零件立即可以进入下一道工序，追求“零库存”。

2）全面质量管理 TQM。TQM 是保证产品质量，达到“零缺陷”目标的主要措施。精益生产强调质量是生产出来的，而非检验出来的，由生产中的质量管理来保证最终质量，对质量的检验与控制在每一道工序都进行，保证及时发现问题及时解决，从而保证不出现对不合格品的无效加工。

3）成组技术 GT。GT 是实现高柔性（多品种）、小批量、低成本、按顾客订单组织生产的技术基础。

（3）并行工作方式和小组工作方式　精益生产以小组自治工作方式和并行工程为基础。

工作小组是企业集成各方面人才的一种组织形式，它是由企业各部门专业人员组成的多功能设计组，对产品的开发和生产具有很强的指导和集成能力。工作小组全面负责一个型号产品的开发和生产，包括产品设计、工艺设计、编制预算、材料购置、生产准备及投产等工作，并根据实际情况调整原有的设计和计划。

为了缩短产品开发时间，提高开发效率，各工作小组在计算机网络的支持下以并行组织方式进行工作。精益生产要求通过并行工程，使产品的设计不仅要考虑产品的各项性能，还应考虑与产品有关的各工艺过程的质量及服务的质量；要求通过优化生产过程来提高生产效率，通过优化设计质量来缩短设计周期。

4. 精益生产方式的特点

与传统的单件和大批量生产方式相比，精益生产具有以下特点：

1）精益生产方式重视客户的需求，以最快的速度和适宜的价格提供质量优良的适销产品，并向用户提供优质服务。

2）精益生产方式重视企业员工的作用，并强调员工是比机器更重要的资产。要求并通过培训使每个员工一专多能，充分发挥员工的创造性；赋予每个员工以一定的独立自主权，生产线上的每一个工人在生产出现故障时都有权让整个工区的生产停下来，并做出决策，解决问题。

3）精益生产主张减少生产中一切不创造价值的活动。例如减少管理层次，精简组织结构，简化开发过程和生产过程，减少生产费用；在生产中采用准时制生产方式，精简间接工作岗位和中间管理层，简化产品检验环节，简化与协作厂的关系。

4）精益生产追求精益求精，尽善尽美。主张持续不断地改进生产，降低成本，力求达到“零废品”、“零库存”，实现产品品种多样化。

5. 精益生产方式的新发展

自从20世纪90年代提出精益生产概念以来，精益生产的理论和方法随着环境的变化不断向新的方向发展，各种新理论和方法层出不穷，如大规模定制与精益生产的结合、单元生产、JIT2、5S的新发展等。很多美国大企业将精益生产方式与本公司实际相结合，创造出了适合本企业的管理体系。例如，1999年美国联合技术公司的ACE管理（Achieving Competitive Excellence，获取竞争性优势），精益六西格玛管理，波音的群策群力，通用汽车1998年的竞争制造系统（GM Competitive MFG System）等。这些管理体系实质是应用精益生产的思想，并将其方法具体化，以指导公司内部各个工厂、子公司顺利地推行精益生产方式。

目前，精益思想已不仅仅局限于制造业，而正作为一种普遍的管理哲理在各个行业传播和应用，例如建筑业、民航业、运输业、通信和邮政管理以及软件开发和编程方面等，在这些领域的推广和应用将使精益生产思想和系统的发展更加完善。

6.4.4 绿色制造（Green Manufacturing，GM）

1. 概述

环境、资源与人口是当今人类社会发展面临的主要问题，人类长期以来对自然资源的无节制开发和耗费、对生态环境的严重污染和破坏，正在对人类社会的生存与发展造成严重威胁。20世纪70年代以来，包括制造业在内的工业污染，对环境的破坏达到了前所未有的程度，使得世界面临资源贫乏、生态系统失衡、环境恶化的全球性危机。1992 年，世界环境与发展委员会在第 42 届联合国大会上提出“可持续发展”的概念，认为经济发展必须考虑自然生态环境的长期承受能力，使环境和资源既能满足经济发展的要求，又能直接满足人类长期生存的需要，从而形成一种综合性的发展战略。

制造业在将制造资源转变为产品的过程中，以及在产品的使用和处理过程中，同时产生废弃物（是制造资源中未被利用的部分，所以也称废弃资源），它是制造业对环境污染的主要根源。据统计，造成环境污染的排放物有 70% 以上来自制造业。由此，如何使制造业尽可能少地产生环境污染成为当前环境问题的一个重要研究内容。在这种背景下，绿色制造应运而生。

绿色制造是 21 世纪制造技术的必然选择和发展趋势，其实质是人类社会可持续发展战略在现代制造业的体现。绿色制造的实施是缓解经济与环境矛盾、实现经济与环境协调发展的关键。

2. 绿色制造的内涵

绿色制造（Green Manufacturing，GM）又称环境意识制造（Environmentally Conscious Manufacturing，ECM）、面向环境的制造（Manufacturing for Environment，MFE）等。概括而言，它是一个综合考虑环境影响和资源效益的现代化制造模式，其目标是使产品从设计、制造、包装、运输、使用到报废处理的整个产品生命周期中，对环境的负面影响最小，资源的利用率最高，并使企业经济效益和社会效益协调优化。

绿色制造的定义具有深刻的内涵，其广义性内涵主要体现在以下几个方面：

1）绿色制造涉及的问题领域有三部分：制造问题，包括产品生命周期全过程；环境保护问题；资源优化利用问题。绿色制造就是这三部分内容的交叉和集成，如图 6-20 所示。

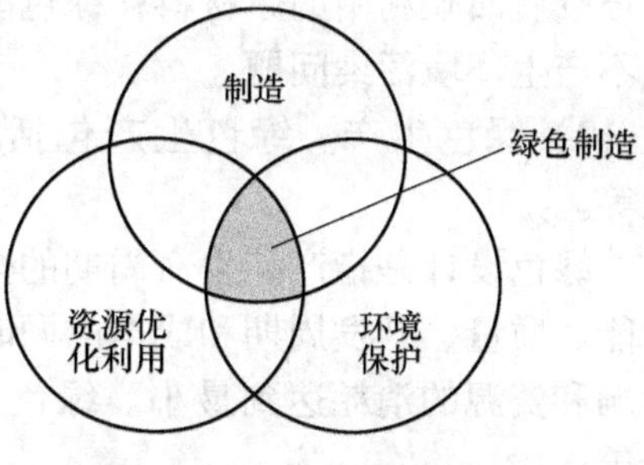

图 6-20　绿色制造涉及的问题领域

2）绿色制造中的“制造”涉及产品整个生命周期，同敏捷制造等概念中的“制造”一样，是一个“大制造”概念。因而，绿色制造体现了现代制造科学的“大制造、大过程、学科交叉”的特点。

3）绿色制造是一种充分考虑资源和环境两大问题的现代制造模式，从制造系统工程的观点看，它是一个充分考虑制造业资源和环境的复杂系统工程问题。

4）绿色制造的实施要求企业既要考虑经济效益，更要考虑社会效益（包括环境效益和可持续发展效益等），于是，企业追求的效益目标将从单一的经济效益优化变革到经济效益和社会效益协调优化。

3. 绿色制造模式及基本体系组成

绿色制造不同于传统的“制造—流通—使用—废弃”的开环制造模式，它是一种闭式循环生产模式，即在传统生产模式中增加了“回收”环节，如图 6-21 所示。

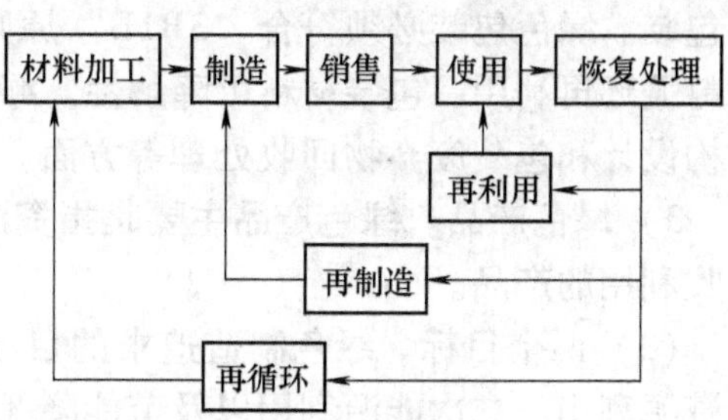

图 6-21　绿色制造模式

在这种闭环式的制造模式下，绿色制造的基本体系构成如图6-22所示。

从图6-22可以看出，绿色制造包括两个层次的全过程控制、三项具体内容和两个实现目标。

(1) 两个层次的全过程控制　一是指具体的制造过程，即物料转化过程，它是充分利用资源，减少环境污染，实现具体绿色制造的过程；另一个是广义绿色制造过程，指在构思、设计、制造、装配、包装、运输、销售、售后服务及产品报废后回收整个产品周期中的每个环节均充分考虑资源和环境问题，以实现最大程度地优化利用资源，减少环境污染。

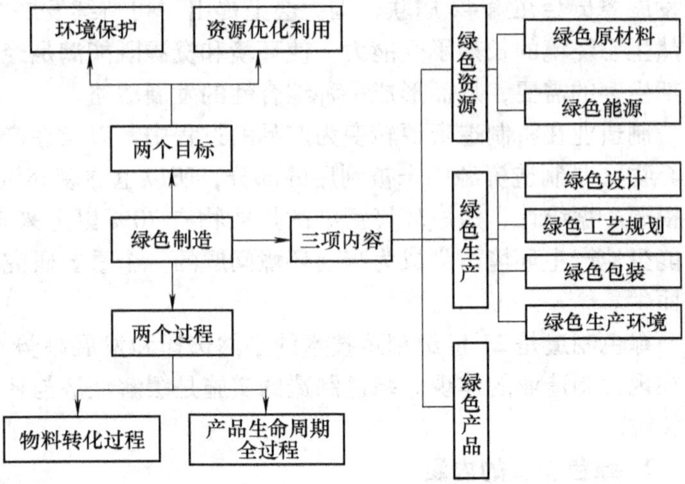

图6-22　绿色制造的基本体系

(2) 三项内容

1) 绿色资源。绿色资源主要是指绿色原材料和绿色能源。

绿色原材料主要是指来源丰富（不影响可持续发展），便于充分利用，便于废弃物和产品报废后回收利用的原材料；绿色能源应尽可能使用储存丰富、可再生的能源，并且应尽可能不产生环境污染问题。

2) 绿色生产。绿色生产包括绿色设计、绿色工艺规划、绿色包装以及绿色生产环境等。

绿色设计是指产品生命周期的全过程中，充分考虑对资源和环境的影响，在考虑产品的功能、质量、开发周期和成本的同时，优化有关设计因素，使得产品及其制造过程对环境的影响和资源的消耗达到最小。绿色设计的应用技术主要有面向拆卸的设计、面向回收的设计等。

绿色工艺规划就是要根据制造系统的实际情况，尽量采用物料和能源消耗少、废弃物少、对环境污染小的工艺路线，绿色制造工艺主要包括净成形加工、干式切削、干式磨削和少屑加工等。

绿色包装是指采用对人类和环境无污染的、可回收重用或可再生的包装材料及其制品进行包装。绿色包装必须符合“3R1D”原则，即减少包装材料消耗、包装容器再使用、包装材料循环再利用、包装材料可降解性。绿色包装技术的应用主要集中在包装材料开发、包装结构设计和包装废弃物回收处理等方面。

3) 绿色产品。绿色产品主要是指资源消耗少，生产和使用中对环境污染小，并且便于回收利用的产品。

(3) 两个目标　绿色制造追求的目标，一是通过资源综合利用、短缺资源替代、可再生资源利用、二次能源利用以及节能降耗等措施，实现资源的可持续利用；二是通过减少废料、污染物生成和排放，降低生产活动给环境带来的风险，实现经济效益和环境效益的最优化。

4. 绿色制造的研究内容

目前，随着环境问题成为世界各国关注的热点，世界上正掀起一股“绿色制造”的浪潮，国内外的大批研究者开展了关于绿色制造方面的研究，其近年来的研究工作及内容可概括为图 6-23 所示内容。

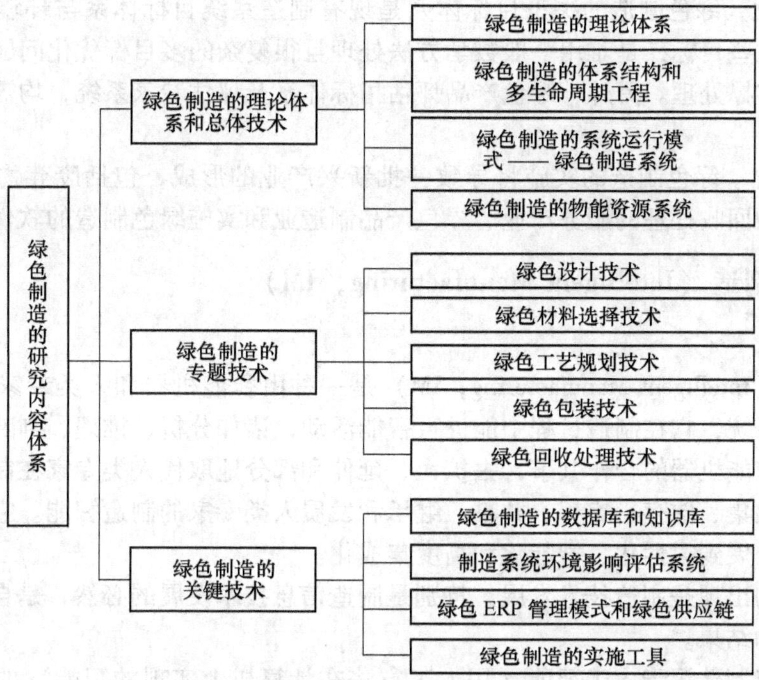

图 6-23 绿色制造的研究内容体系

由图 6-23 可见，绿色制造的研究内容体系包括绿色制造的理论体系和总体技术、绿色制造的专题技术和绿色制造的关键技术三大部分。

绿色制造的理论体系和总体技术是从系统的角度，从全局和集成的角度，研究绿色制造的理论体系、共性关键技术和系统集成技术。

绿色制造的专题技术是相对总体技术而言的，是对绿色制造全过程中某些环节的相关技术进行的专题性研究。目前研究较多的绿色制造专题技术主要包括绿色设计、绿色材料选择、绿色工艺规划、绿色包装、绿色回收处理等。

5. 绿色制造的发展趋势

绿色制造是一种仍处于不断发展中的制造技术，在许多方面有待于进一步完善，近年来有关绿色制造的研究越来越活跃，并逐渐呈现出以下发展趋势：

(1) 全球化　制造业对环境的影响超越空间，人类需要团结起来，保护共同拥有的唯一地球。随着近年来全球化市场的发展，绿色产品的市场竞争将全球化。

(2) 社会化　绿色制造的研究和实施需要全社会的共同努力和参与，以建立绿色制造所必需的社会支撑系统。该系统包括绿色制造的立法和行政规定，政府制定的经济政策和面向绿色制造的企业、产品、用户三者之间的新型集成关系。

（3）集成化　绿色制造的集成功能目标体系、产品和工艺设计与材料选择系统的集成、用户需求与产品使用的集成、绿色制造的问题领域集成、绿色制造系统中的信息集成、绿色制造的过程集成等集成技术的研究将成为绿色制造的重要研究内容。

（4）并行化　绿色设计今后仍是绿色制造中的关键技术，它的一个重要趋势就是与并行工程相结合，从而形成一种新产品设计和开发模式——绿色并行工程。

（5）智能化　绿色制造的决策目标体系是现有制造系统目标体系与环境影响、资源消耗的集成。而这些目标，是难用一般数学方法处理且很复杂的多目标优化问题，需要用人工智能的方法来支撑处理。另外，绿色产品评估指标体系及评估专家系统，均需要人工智能和智能制造技术。

（6）产业化　绿色制造的实施将导致一批新兴产业的形成，包括废弃物回收处理装备制造业、废弃物回收处理的服务产业、绿色产品制造业和实施绿色制造的软件产业等。

6.4.5 智能制造（Intelligent Manufacturing，IM）

1. 概述

智能制造（Intelligent Manufacturing，IM）是一种由智能机器和人类专家共同组成的人机一体化智能系统，它在制造过程中能进行智能活动，诸如分析、推理、判断、构思和决策等。通过人与智能机器的合作共事，去扩大、延伸和部分地取代人类专家在制造过程中的脑力劳动，同时收集、储存、完善、共享、继承和发展人类专家的制造智能。它把制造自动化的概念更新，扩展到柔性化、智能化和高度集成化。

智能制造的出现是制造技术发展，特别是制造信息技术发展的必然，是自动化和集成技术向纵深发展的结果。

首先，智能制造源于人工智能（用人工方法在计算机上实现的智能）的研究。随着产品性能的完善化及其结构的复杂化、精细化，以及功能的多样化，产品所包含的设计信息和工艺信息量猛增，随之生产线和生产设备内部的信息流量增加，制造过程和管理工作的信息量也剧增，因而促使制造技术发展的热点与前沿，转向了提高制造系统对于爆炸性增长的制造信息处理的能力、效率及规模上。专家认为，制造系统正在由原先的能量驱动型转变为信息驱动型，这就要求制造系统不但要具备柔性，而且还要表现出智能，否则是难以处理如此大量而复杂的信息工作量的。

其次，瞬息万变的市场需求和激烈竞争的复杂环境，也要求制造系统表现出更高的灵活、敏捷和智能。

2. 智能制造系统的特征

所谓智能制造系统（Intelligent Manufacturing System，IMS），就是智能制造模式展现的载体。与传统的制造相比，智能制造系统具有以下特征：

（1）具有自律能力　自律能力是指搜集与理解环境信息和自身的信息，并进行分析判断和规划自身行为的能力。具有自律能力的设备称为“智能机器”。“智能机器”在一定程度上表现出独立性、自主性和个性，甚至相互间还能协调运作与竞争。

（2）人机一体化　智能制造系统不单纯是“人工智能”系统，而是人机一体化智能系统，是一种混合智能。由于“人工智能”只能具有逻辑思维（专家系统），最多做到形象思维（神经网络），完全做不到灵感思维，因此，不可能全面取代制造过程中人类专家的智能。

人机一体化智能系统一方面突出人在制造系统中的核心地位，同时在智能机器的配合下，更好地发挥出人的潜能，使人机之间表现出一种平等共事、相互协作的关系，使机器智能和人的智能真正地集成在一起，互相配合，相得益彰。

（3）虚拟现实（Virtual Reality）技术　这是实现虚拟制造的支持技术，也是实现高水平人机一体化的关键技术之一。虚拟现实技术是以计算机为基础，融信号处理、动画技术、智能推理、预测、仿真和多媒体技术为一体，借助各种音像和传感装置，虚拟展示现实生活中的各种过程、未来产品及其制造过程，从感官和视觉上使人获得完全如同真实的感受。这种人机结合的新一代智能界面，是智能制造的一个显著特征。

（4）自组织能力与超柔性　智能制造系统中的各组成单元能够依据工作任务需要，自行组成一种最佳结构，其柔性不仅表现在运行方式上，而且表现在结构形式上，故称其为超柔性，如同一群人类专家组成的群体，具有生物特征。

（5）学习能力与自我维护能力　智能制造系统能够在实践中不断地充实知识库，具有自学习功能。同时，在运行过程中具有自行故障诊断，并具备对故障自行排除、自行维护的能力。这种特征使智能制造系统能够自我优化并适应各种复杂的环境。

3. 智能制造的发展现状

目前，虽然智能制造总体而言尚处于概念和实验阶段，但各国政府均将此列入国家发展计划，大力推动实施，充分显示出智能制造对各国发展战略的重要性。

美国政府高度重视智能制造，并将其视为 21 世纪占领世界制造技术领先地位的基石。1991 ~ 1993 年连续两年度的美国国家科学基金（NSF）都着重资助了有关智能制造的诸项研究，这些项目覆盖了智能制造领域的绝大部分，美国政府希望借此改造传统工业并启动新产业。

加拿大在 1994 ~ 1998 年发展战略计划中，认为未来知识密集型产业是驱动全球经济和加拿大经济发展的基础，发展和应用智能系统至关重要，并将具体研究项目选择为智能计算机、人机界面、机械传感器、机器人控制等。

日本于 1989 年提出智能制造系统，且于 1994 年启动了先进制造国际合作研究项目，包括公司集成和全球制造、分布智能系统控制、快速产品实现的分布智能系统技术等。

欧盟 1994 年启动了新的 R&D 项目，选择了 39 项核心技术，其中三项（信息技术、分子生物学和先进制造技术）中均突出了智能制造的位置。

我国在 20 世纪 80 年代末也将“智能模拟”列为国家科技发展规划的主要课题，目前已在专家系统、模式识别、机器人等方面取得了一批成果。最近，国家科技部正式提出将“工业智能工程”作为技术创新计划中创新能力建设的重要组成部分，智能制造将是该项工程中的重要内容。

由此可见，智能制造正在世界范围内兴起，它突出了知识在制造活动中的价值地位，必将成为影响未来制造业的重要生产模式。

思考与练习题（Question and Excercise）

6-1　试述先进制造技术的特点及发展趋势。

6-2 试述 CIMS 的五层递阶控制系统。

6-3 快速成形加工方法的基本原理是什么?

6-4 快速成形主要有哪些加工方法?

6-5 分析并行工程运行模式的特点，并比较并行工程与串行模式的区别。

6-6 并行工程的使能技术有哪些?

6-7 绿色制造的未来发展趋势有哪些?

6-8 什么是智能制造? 分析智能制造系统的特征。

综合实训（Comprehensive Training）

6-1 “精良生产”“敏捷制造”等先进的制造生产模式，都改变了“设备至上”“人是机器的附属”的传统管理思想，转变为“重视人的作用”，强调人在生产和管理中的重要性。请结合实际，谈谈对该问题的看法。

6-2 写出下列简称的中文名称及英文全称：LP、DFA、DFM、PDM、IM、AM、CE、TQM、CAPP。

第 7 章 机械制造业的环境保护

(Environmental Protection in Mechanical Manufacturing Industry)

7.1 概述 (Introduction)

环境是人类赖以生存与发展的宇宙空间及其全部物质要素的综合体，是人类发展的物质基础。它一方面以阳光、空气、水体、土壤、生物、矿藏构成了人类繁衍发展的物质基础，一方面又承载着人类繁衍、发展活动产生的各种作用的结果，它拥有自我循环的巨大稳定性和自我调整的强大修复力。人类与它相依为命。人类在征服自然、改造社会的活动中，一方面不断地通过科学技术革命有计划、有目的地利用环境资源，发展经济，提高人们的生活水平；一方面又因全球性人口增长过快而带来生产与消费规模的急剧膨胀而使资源耗竭、环境恶化，不同程度地污染与破坏自然环境。当这种破坏性冲击超过地球本身的强大修复力时，就会引起许许多多的环境问题。这些人为的环境问题大致可以分成两大类：一是不合理地开发利用自然环境所引起的对生态系统和自然环境的破坏；二是工业生产过程造成的对环境的污染。

环境污染来自天然和人为两个方面。而近代社会随着工业经济的飞速发展、人们生活水平的大幅提高，工业污染、农业污染、交通运输污染、生活污染四大类人为污染已成为造成环境污染的主要来源。尤其是工业污染，已由点、面污染向全球污染扩展，污染物品种数量繁多，并通过废水、废气、废渣、废热、噪声、振动、放射性等多种形式，广泛污染大气、水体和土壤。工业污染物种多，量大、面广，不但造成对人类的直接危害，而且由于大量人工合成物质的生产和地下矿藏的开采，破坏了地球上物质循环的平衡，大量重金属、难降解有机物及致癌物在人类生活环境中循环、聚集，对人类构成长期的和潜在的威胁。因此，工业污染已成为对环境尤其是城市环境危害最大的人为污染源。

工业生产中的每个环节（如原料开发和生产、各种加工过程生产中的燃烧过程、加热和冷却过程、成品整理过程以及原料或产品的运输与使用过程等），都可能成为工业污染源，即成为向环境排放污染物或对环境产生有害影响的场所、设备和装置。各种工业过程排出的废物含有不同的污染物，虽然类别众多、性质各异，然而就其主要物理形态而论，不外乎气、液、固三种形式，即常说的工业“三废”——废气、废水、废渣，同时还伴随有噪声和振动的产生。这些污染对环境和人类造成很大危害。因此加强环境保护意识，有效防止污染，对人类的生存和企业的发展都是至关重要的。

目前随着人民温饱问题的解决以及教育和信息交流程度的提高，普通百姓的环境意识提高得很快，环境保护已成为人们的共识。人们逐步认识到环境质量是人类生活质量的一个重要组成部分。人们不仅要有丰富的物质生活和精神生活，还要有舒适的环境。如果人类赖以生存的环境遭到破坏，人类的生存就会受到威胁。经济发展不能以牺牲环境为代价。为了现代人和后代人的生存，必须保护环境和改善环境。

我国早已将环境保护定为国策，把以改进环境质量为目标、保证国家环境安全、保护人民身体健康、实行污染防治和生态保护作为环保工作的指导思想，加大了环保的软件和硬件的建设力度。所谓环境保护，是指在经济建设中要保证合理地利用自然环境，防治环境污染和生态破坏，为人类创造清洁适宜的生活和劳动环境，保护人民健康，促进经济发展。环境保护与生产技术是紧密相连的。环境保护的技术措施可促使生产制造技术的改革和发展；生产制造技术的改革，又可促进环境保护。因此各行各业都针对本行业的环境污染问题采取了一系列切实可行的环境保护措施，机械制造业也根据本行业引起的“三废”和噪声污染采取了相应的措施。

7.2 机械工业的环境污染（Environment Pollution in Mechanical Industry）

机械工业是为国民经济各部门制造各种装备的部门。在机械工业的生产过程中，不论是铸造、锻压、焊接等材料成形加工，还是车、铣、刨、磨、镗、钻等切削加工，都会排出大量污染大气的废气、污染土壤的废水和固体废物。如金属离子、油、漆、酸、碱和有机物，带悬浮物的废水，含铬、汞、铅、铜、氰化物、硫化物、粉尘、有机溶剂的废气，金属屑、熔炼渣、炉渣等固体废物，同时在加工过程中还伴随着噪声和振动。

机械工业中，不同的生产过程所产生的环境污染物也不同。

在材料的铸造成形加工过程中会出现粉尘、烟尘、噪声、多种有害气体和各类辐射；在材料的塑性加工过程中锻锤和压力机在工作中会产生噪声和振动，锻造炉有烟尘，清理锻件时会产生粉尘，高温锻造还会带来热辐射；在材料的焊接加工中会产生电弧辐射、高频电磁波、放射线、噪声等；电焊时焊条的外部药皮和焊剂在高温下分解而产生含较多 Fe_2O_3 以及锰、氟、铜、铝的有害粉尘和气体，还会出现因电弧的紫外线辐射作用于环境空气中的氧和氮而产生 O_3、NO、NO_2，气焊时会因用电石制取乙炔气体而产生大量电渣；熔炼有色金属时会产生相应的冶炼炉渣和含有重金属的蒸气和粉尘。

在常见的材料车削、铣削、刨削、磨削、镗削、钻削、拉削等机械加工工艺过程中，往往需要加入各种切削液进行冷却、润滑和冲走加工屑末。切削液中的乳化液使用一段时间后会变质、发臭，其中大部分未经处理就直接排入下水道，甚至直接倒至地表。乳化液中不仅含有油，而且还含有烧碱、油酸皂、乙醇和苯酚等。在材料加工过程中还会产生大量金属屑和粉末等固体废物。

在金属热处理及表面处理过程中，高温炉与高温工件会产生热辐射；退火和正火时加热炉有烟尘和炉渣产生；淬火时不仅有油烟生成，还会因为防止金属氧化而在盐浴炉中加入二氧化钛、硅胶和硅钙铁等脱氧剂而产生废渣盐；在盐浴炉及化学热处理会产生氢氧化钠，各种酸、碱、盐等有害气体和高频电场辐射等。表面渗氮时存在氨气泄漏的可能性。表面碳氮共渗时，氰化钠有剧毒，产生含氰气体和废水。表面（氧化）发黑处理时碱洗在氢氧化钠、碳酸和磷酸三钠的混合溶液中进行，酸洗在浓盐酸、水、尿素混合溶液中进行，将排出废酸液、废碱液和氯化钠气体。

特种加工中的电火花加工和电解加工所采用的工作介质在加工过程中也会产生污染环境的废液和废气。

为了去除金属材料表面的氧化物（锈蚀），常用硫酸、硝酸、盐酸等强酸进行清洗，由此产生的废液中都含有酸类和其他杂质。

为了改善金属制品的使用性能，有的工件表面需要镀上一层金属保护膜。电镀液中除含有铬、镍、锌、铜和银等各种金属外，还要加入硫酸、氰化钠（钾）等化学药品。工件镀好后还需要钝化、漂洗。因此电镀排出的废液废水中含有大量的铬、镉、锌、铜、银和硫酸根等离子。镀铬时，镀槽会产生大量铬蒸气，有氰电镀还会产生氰化钠有毒气体。在金属表面喷漆、喷塑料、涂沥青时，有部分油漆颗粒、苯、甲苯、二甲苯、甲酚等未熔塑料残渣及沥青等被排入大气。也就是说在电镀涂漆中会产生酸雾及“三苯”溶剂和油漆的废气等，会产生含有氰化物、铬离子、酸、碱的水溶液和含铬、苯的污泥。

7.3 环境保护技术（Environmental Protection Technology）

针对机械工业造成的环境污染，各企业已陆续制订了各种切实可行的措施加以防治。首先是将污染物分成几大类（如废气、废水、固体废料、噪声和振动），然后分别根据情况采取相应措施。下面将从“三废”的治理和噪声的防治等方面着重介绍机械制造业的环境保护技术。

7.3.1 工业废气的防治（Prevention and Control of Industrial Waste Gas）

机械工业的废气主要产生于燃料的燃烧过程和生产加工过程。由于现今各机械工业生产的燃料、原料、过程和产品的多样化，不断排入大气的污染物种类繁多，组成复杂。若从排放量、影响范围和毒性等方面考虑，已为人们所认识的对环境威胁最大的主要大气污染物是烟尘、二氧化硫、二氧化氮、一氧化碳及碳氢化合物五种。

存在于废气中的颗粒物和气体污染物的主要区别在于粒径大小不同，使它们威胁环境的物理、化学和生物行为有所差别，对它们治理的办法也就有所不同。气体污染物是以分子大小分散于大气中的，粒径约为万分之一微米数量级。废气中的颗粒包括固态和液态尘粒，它们是以多个分子的凝聚态存在的，其粒径范围可由 0.001 ~ 1000μm。当尘粒的直径大于10μm 时，由于自重而易降落地面，故称为降尘。粒径小于 10μm 的尘粒可长期飘浮于大气中，通常称为飘尘。分散于大气中的固、液态微粒，大多是小于1μm 的，由于它具有胶体的性质，故称为气溶胶。

由此可见，机械工业排入大气中的污染物就其形态看有固态、液态和气态污染物。固态污染物则有各种大小不一、性质各异的粉尘粒子，有的粒子粒径仅 1μm，人体吸入后可直达肺泡并长期滞留，对人体造成损害；有的粒子却是很贵重的工业原料，如有色金属氧化物原料。液态污染物主要有各种酸雾和各种有机溶剂液滴等。气态污染物则有硫氧化物、氮氧化物、碳氧化物、重金属、碳氢化物等，也包括各类有机气体的恶臭等。污染物质的形态不同，治理方法也不同。可以用机械的、电的物理方法把污染物分离开来，也可以用化合、分解等化学方法使有害污染物转为无害物，乃至转变为有用物质。

对排入大气中的固态污染物可以通过各种除尘器除去其中的颗粒。如机械式除尘器、电除尘器、湿式除尘器和过滤式除尘器。对液态污染物的捕集可以采用各种除雾器捕集悬浮在废气中的各种悬浮液滴。气态污染物的分离捕集设备主要有各种脱硫、脱氮设备，也可以采用吸收、吸附、焚烧、冷凝及化学反应等方法净化工业有害气体。

1. 工业废气的除尘

从废气中分离捕集颗粒物的设备称为除尘器。采用除尘器除尘已成为机械工业防治工业性大气污染的一项重要技术措施。其作用不仅是除去废气中的有害粉尘，而且还可以回收废气中的有用物质用于工业生产，以达到综合利用资源的目的。

按照除尘机制，可将除尘器分成以下四类：机械式除尘器、电除尘器、洗涤除尘器和过滤式除尘器。实际上，在一种除尘装置中往往同时利用几种除尘机制，所以一般是按其中的除尘机制进行分类命名的。此外，根据除尘过程是否用水或其他液体清灰，还可将除尘器分为干除尘器和湿除尘器两大类。近年来，为提高对微粒的捕集效率，陆续出现了综合几种除尘机制的多种新型除尘装置，如荷电液滴湿式洗涤除尘器、荷电袋式除尘器等。下面对几种常用除尘器的原理、结构和性能作简要介绍。

（1）机械式除尘器　机械式除尘器一般是指靠作用在颗粒上的重力或惯性力，或两者结合起来捕集粉尘的装置。主要包括重力沉降室、惯性除尘器和旋风除尘器。机械式除尘器造价比较低，维护管理简单，结构装置简单且耐高温，但对5μm以下的微粒去除率不高。

1）重力沉降室。重力沉降室是靠重力使尘粒沉降并将其捕集起来的除尘装置。重力沉降室可分为水平气流沉降室和垂直气流沉降室，如图7-1所示。含尘气体流过横断面比管道大得多的沉降室时，流速大大降低，使大而重的尘粒得以缓慢落至沉降室底部。重力沉降室可有效地捕集50μm以上的粒子，除尘效率为40%～60%。气体的水平流速通常采用0.2～2m/s。在处理锅炉烟气时，气体流速不宜大于0.7m/s。

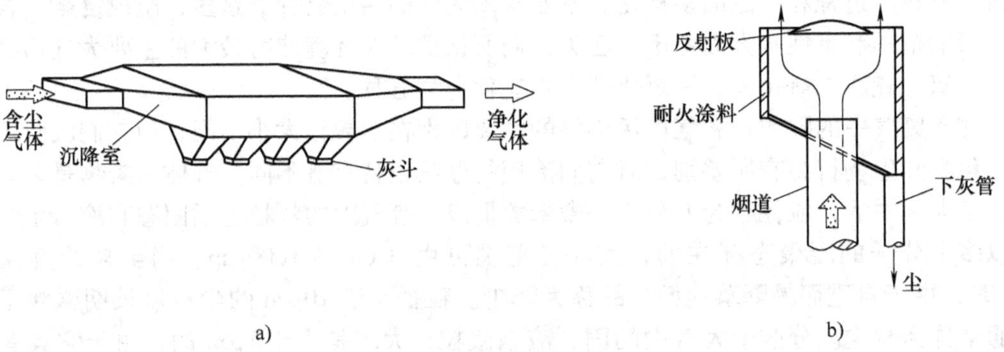

图7-1　重力沉降室
a）水平气流沉降室　b）垂直气流沉降室

占地面积大、除尘效率低是重力沉降室的主要缺点。但因其具有结构简单、投资少、维修管理容易及压力损失小（一般50～150Pa）等优点，工程上可因地制宜地用它作为二线除尘的第一级。

2）惯性除尘器。惯性除尘器是使含尘气体冲击挡板后急剧改变流动方向，从而借助尘粒的惯性将其从气流中分离出来的装置。按其结构不同可分为冲击式和反转式两类。冲击式惯性除尘器可分为单级型和多级型，在这种设备中，沿气流方向设置一级或多级挡板，使气流中的尘粒冲撞挡板而被分离。反转式惯性除尘器可分为弯管型、百叶窗型和多隔板塔型，如图 7-2 所示。

惯性除尘器一般用于多级除尘中的第一级，捕集密度和粒径较大的尘粒，但对粘结性或纤维性粉尘，因容易发生堵塞故不宜采用。

3）旋风除尘器。旋风除尘器又称离心式除尘器，是使含尘气体作旋转运动，借助离心力作用将尘粒从气流中分离捕集的装置。如图 7-3 所示，旋转气流作用于尘粒上的离心力比重力大 5～2500 倍，它能从含尘气体中除去更小的粒子。在气体处理量相同的情况下，装置所占厂房空间较小。

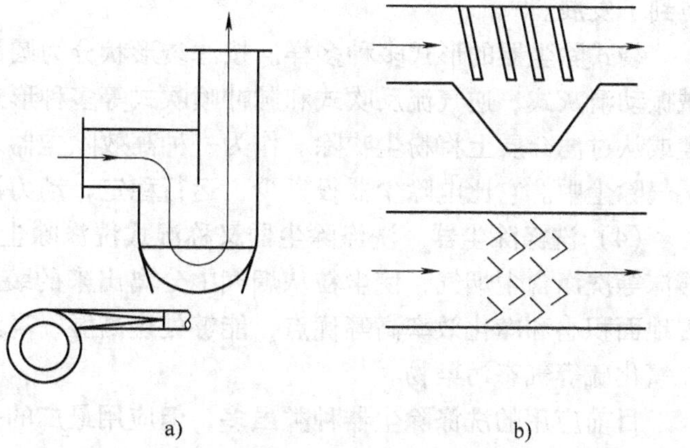

图 7-2　反转式惯性降尘器结构
a）弯管型　b）百叶窗型和多隔板塔型

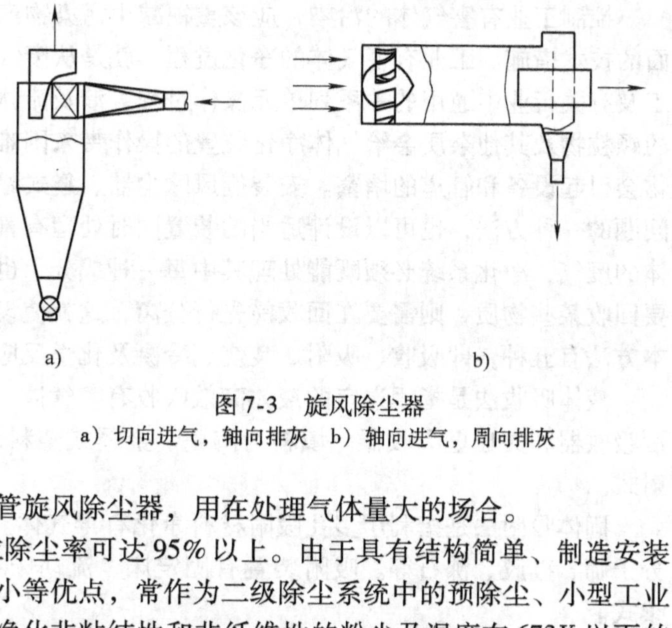

图 7-3　旋风除尘器
a）切向进气，轴向排灰　b）轴向进气，周向排灰

旋风除尘器主要由进气口、筒体、锥体排气管等部分组成。按气流进入方式，旋风除尘器常分为切向进入式和轴向进入式两种。切向进入式又可分为直入式和蜗壳式。轴向进入式是靠导流叶片促使气流旋转的，与切向进入式相比在同一压力损失下，能处理三倍左右的气体量，而且气流分布均匀，所以主要用来组合成多管旋风除尘器，用在处理气体量大的场合。

旋风除尘器对于 5μm 以上的尘粒除尘率可达 95% 以上。由于具有结构简单、制造安装和维护管理容易、投资少、占地面积小等优点，常作为二级除尘系统中的预除尘、小型工业锅炉除尘。旋风除尘器一般只适用于净化非粘结性和非纤维性的粉尘及温度在 673K 以下的非腐蚀性气体。如果用于高温气体除尘，则需要采取冷却措施，或内壁衬隔热材料。如果用于净化腐蚀性气体时，则应采用防腐材料或内壁喷涂防腐材料。

（2）电除尘器　电除尘器是利用静电力实现粒子（固体或液体）与气流分离的装置。它与机械方法分离颗粒物的主要区别在于其作用力直接施加于各个颗粒上。电除尘器有两种形式，即管式电除尘器和板式电除尘器。电除尘器正被大规模地应用于解决燃煤电站、石油化工工业和钢铁工业的大气污染问题，在回收有价值物质中也起着重要的作用。电除尘器的主要缺点是设备庞大，耗电多，投资高，制造、安装和管理所要求的技术水平较高。

（3）袋式除尘器　袋式除尘器是利用天然或人造纤维织成的滤袋净化含尘气体的装置，其除尘效率一般可达 99% 以上。其作用机理是依靠惯性碰撞、截留、扩散、静电和筛滤等效应除尘。虽然袋式除尘器是最古老的除尘方法之一，但由于它效率高、性能稳定可靠、操作简单，因此获得了越来越广泛的应用，同时在结构形式、滤料、清灰和运行方式等方面都得到了发展。

袋式除尘器的形式多种多样。按滤袋形状分为圆筒形和扁平形两种；按清灰方式分为机械振动清灰式、逆气流反吹式和脉冲喷吹式等多种形式。袋式除尘器靠振动过滤介质清除粉尘或从过滤介质上将粉尘吹除。作为一种高效除尘器，袋式除尘器广泛用于各种工业部门的尾气除尘中。它比电除尘器投资少，运行稳定，动力消耗小，回收的干粉尘便于综合利用。

（4）洗涤除尘器　洗涤除尘器又称湿式洗涤除尘器。它是用液体所形成的液滴、液膜、雾沫等洗涤含尘烟气，使尘粒从烟气中分离出来的装置。此类装置具有结构简单、造价低、占地面积小和净化效率高等优点，能够处理高湿、高温气体；在去除颗粒物的同时亦可去除二氧化硫等气态污染物。

目前应用的洗涤除尘器种类虽多，但应用最广的是重力喷雾洗涤除尘塔、旋风洗涤除尘器和文丘里洗涤除尘器。

2. 工业有害气体的净化技术

控制工业有害气体的污染，应该重视减少污染物产生和对已产生的污染物进行净化两方面的技术措施。工业有害气体的净化过程，就是从废气中清除气态污染物的过程。它包括化工及有关行业中通用的一系列单元操作过程，涉及流体输送、热量传递和质量传递。废气中的颗粒物及其他杂质会给气体净化装置的操作带来困难，当颗粒物负荷大时更是如此。颗粒物会引起设备和管道的堵塞。安装旋风除尘器、袋式除尘器等一类预处理设备，是解决这个问题的一种方法，也可以设计适当的装置同时处理有害气体和颗粒物。要处理含几种有害气体的废气，净化系统必须既能处理其中每一种成分，也能够处理其组合成分。如果在工艺中要回收某些物质，则需要在回收前先行分离，这就使设计更为复杂。净化工业有害气体的基本方法有五种，即吸收、吸附、焚烧、冷凝及化学反应。

液体吸收法是指用选定的液体高效吸收有害气体。吸收设备主要有填料塔、板式塔、喷洒吸收器和文丘里吸收器。填料为陶瓷、金属或塑料制成的环、网；板式塔有鼓泡式和喷射式。

固体吸附法是指利用多孔吸附材料净化有毒气体。常用吸附剂有活性炭、活性氧化铝、分子筛、硅胶、沸石等。吸附装置有固定床、流动床和流化床。吸附方式可为间歇式或连续式。

可用吸附法去除的污染物质见表7-1。

表7-1　可用吸附法去除的污染物质

吸附剂	污染物质
活性炭	苯、甲苯、二甲苯、乙醇、甲醛、汽油、煤油、乙酸、恶臭物质、H_2S、SO_2、CO_2 等
浸渍活性炭	酸雾、碱雾、H_2S、SO_2、CO_2 等
活性氧化铝	H_2S、SO_2、CO_2 等
浸渍活性氧化铝	酸雾、Hg、HCl 等
硅胶	H_2O、SO_2、C_2H_2 等
分子筛	H_2O、SO_2、CO_2、H_2S 等
泥煤、风化煤	恶臭物质、NH_3、NO_x 等

（续）

吸附剂	污 染 物 质
浸渍泥煤、风化煤	SO_x、SO_2、NO_x
焦炭粉粒	沥青烟
白云石粉	沥青烟
蚯蚓粪	恶臭物质

直接燃烧法以可燃性废气本身为燃料，使用通用型炉、窑、火炬等设备实现燃烧无害化。热力燃烧法借助添加燃料来净化可燃性废气。催化燃烧法利用催化剂改善燃烧条件，实现可燃性废气的高效净化。催化剂有铂、钯、稀土及其他金属或氧化物。

冷凝回收法利用制冷剂将废气冷却液化或溶于其中。常用制冷剂有水、冷水、盐水混合物、干冰等。冷凝装置有直接接触冷凝器、间壁式换热器、空气冷却器等。

气体净化方法的选择主要取决于气体流量及污染物浓度。应尽可能地减少气体流量和提高污染物浓度，降低处理费用。对于浓度较高的气体，可考虑先进行预处理。优先考虑如何减少污染物的产生量。开发无害新能源、改变燃料构成、革新能源利用设备、改进燃烧技术等是减少空气污染的重要途径。加强工矿企业重点污染源的工艺改革和进行污染源的综合治理和利用，既能提高原材料的利用率，又能减少污染物；污染源的综合治理和利用，应包括技术管理、工艺改革、综合利用和积极治理等几个组成部分。

3. 废气中液态污染物的除雾技术

废气中液态污染物的除雾设备主要包括四大类：一是惯性力除雾装置，包括折板式除雾器、重力式脱水器、弯头脱水器、旋风脱水器、旋流板脱水器；二是湿式除雾器，几乎所有的湿式气态污染物处理装置和除尘器均可用作湿式除雾装置；三是过滤式除雾装置，包括网式除雾器和填料除雾器；四是静电除雾器，分为管式和板式两类。

在折板式除雾器中气流通过挡板、折流板、折流体，因流线的偏折，使雾滴碰撞到挡板被捕集下来。弯头脱水器是借助于气流在弯头中折转90°或180°时产生的惯性力将雾滴甩出，主要用于文丘里管后面的脱水。旋风脱水器用于雾滴较细（最小雾滴为5μm）而除雾要求又较高的场合。几乎所有的旋风除尘器均可用作脱水器。根据除雾脱水的特点也可做成结构简化的体形较小的旋风脱水器。网式除雾器中的丝网除沫器净化硫酸有工程实效。板网除沫器被广泛用于铬酸雾的净化处理工程。填料除雾器常用于各种酸雾，特别是硫酸雾的净化。各种用于液体吸收的填料塔，如填充鲍尔环、拉西环、鞍形填料、丝网填料、实体波纹填料、栅条填料等的填料塔可用作除雾器。

7.3.2 工业废水的防治（Prevention and Control of Industrial Waste Water）

机械工业废水主要包括两大类：一类是相对洁净的废水，如空调机组、高频炉的冷却水等，这种工业废水可直接排入水道，但最好采用冷却或稳定化措施处理后供循环使用；另一类是含有毒有害物质的废水，如电镀、电解、发蓝、清洗排出的废水，这种工业废水必须经过处理，达到国家规定的允许排放标准以后才能排入水道，更不得采用稀释方法达到国家标准。

1. 工业废水防治的基本原则

1）改革工艺和设备，严格操作，实行回收和综合利用，以尽可能减少污染源和流失量。

2）实行清污分流。量大而污染轻的废水（如冷却废水等），不宜排入下水道，以减轻处理负荷和便于实现废水回用。

3）剧毒废水和一般废水分流，便于回收和处理。

此外，应打破厂际和地域界线，尽可能实行同类废水的联合处理，或实行以废治废。同时还应按目标要求对必须排放的废水进行净化处理。一般情况要求将排水中污染物控制在"工业排放标准"的范围之内。

综上所述，有效治理废水的首要问题是最大程度地减少废水水量，其次是采取净化措施以降低污染物浓度，并充分考虑其处理的合理性和效率，充分发挥天然水域的自净能力。

2. 工业废水处理的主要措施

（1）对废水源的处理方法　工业废水的性质随行业和规模的不同有很大差别。处理工业废水，首先必须努力降低废水排放前的污浊物数量，所用方法有以下几种：

1）减少废水量。

① 废水分类。根据污浊程度和污浊物的种类，在废水源就对废水分类，把废水划分为需要处理的废水和不需要处理的废水。

② 节约用水。节约用水就是减少废水量。废水的循环使用是节约用水的有力手段。

③ 改变生产工序。有时改变生产工序可以大幅度减少废水量和降低废水浓度。

2）降低废水浓度。废水中所含污浊物，在不少情况下有一部分是原料、产品、副产品和废物。这些物质应尽量回收。具体措施是：

① 改变原料，使用产生污浊物少的原料。

② 改变制造过程。例如，在粉碎工序中改为不用水的方法，就能减少污浊物数量。

③ 改良设备。由改良设备提高产品的原材料利用率来减少污浊物数量。

④ 回收副产品。过去，从经济观点出发，把没有价值的东西丢到废水中；但从防止污浊的观点来看，应把它们作为副产品回收利用，转化为有用的东西。

（2）对废水的处理方法　把废水处理大体分类，可分为除去悬浮固体物质的废水处理、除去胶态物质的废水处理和除去溶解物质的废水处理三种。在方法上有物理方法、化学方法、物理化学方法和生物化学方法。废水处理方法详细分类见表7-2。

表7-2　工业废水处理方法的分类

基本方法	基本原理	单元技术
物理方法	物理或机械的分离过程	过滤、沉淀、离心分离、上浮等
化学方法	加入化学物质与废水中有害物发生化学反应的转化过程	中和、氧化、还原、分解、混凝及化学沉淀等
物理化学方法	物理化学的分离过程	吸附、离子交换、萃取电渗析、反渗透、汽提及吹脱等
生物化学方法	微生物在废水中对有机物进行氧化、分解的新陈代谢过程	活性污泥、生物滤池、氧化城、生物转盘、厌气消化等

在工厂废水处理上用得较多的是沉淀法。它是利用水中悬浮颗粒在重力场作用下下沉，达到固液分离的一种方法。沉淀法一般应用在以下几种装置中：

1）废水预处理装置。主要去除水中密度大于水的无机颗粒（如砂子、煤渣）的沉砂装置。其主要类型有平流式沉砂装置。

2）废水进入生物处理前的初次沉淀装置和生物处理后的二次沉淀装置。前者主要去除进水中的悬浮固体，后者将生化反应中的微生物从水中分离出来，使水澄清。沉淀装置的主要类型有平流式、辐流式、竖流式和斜管式沉淀装置。

3）污泥处理阶段的污泥浓缩装置。若废水中含有密度小于水的杂质，可利用杂质的上浮特性，将其从水中分离出去。最常见的是利用上浮分离装置处理含油废水。由于油和水的密度不同，油水很易分层，上层为油，下层为水，可采用一般的油水分离装置处理。若废水中有乳化剂存在，油滴和水滴表面由乳化剂形成一层稳定的薄膜，油和水无法分层，形成乳浊液。此时必须先利用粗粒化装置破乳，使油滴增大，进而上浮与水分层，然后将其从水中分离出去。

若废水中的污染物密度非常接近甚至略小于水的密度，利用沉淀装置和上浮分离装置都无法取得满意的处理效果，此时可利用气浮分离装置。

在气浮分离装置中，大量微小的气泡粘附于杂质颗粒上，形成密度小于水的浮体，浮体上升至水面，从而将杂质从水中分离出来。因此，利用气浮分离工艺必须具备三个基本条件：①必须从水中提供足够的微小气泡；②必须使废水的污染物呈悬浮状态，必要时可采用混凝剂；③必须使气泡与杂质产生粘附作用，否则应采用活化剂等对颗粒进行改性。

气浮分离工艺广泛应用于废水处理中：如去除水中的油滴、纤维及其他悬浮颗粒等；回收污水中的有用物质；替代二次沉淀池，分离活性污泥；用于有机及无机污水的物化处理工艺中。

气浮分离装置的主要类型有：压力溶气气浮装置、真空气浮装置、分散空气气浮装置和电解气浮装置，其中压力溶气气浮装置应用最广泛。

离心分离装置在废水处理中常用作分离水中的悬浮物（固体颗粒和油滴），主要有旋流分离器和离心分离机两大类。

过滤在废水处理中既可用于活性炭的吸附和离子交换等深度处理过程之前的预处理，也可用于化学混凝和生物处理后的最终处理。

根据我国工业废水的排放标准，允许排放废水的 pH 值应在 6 ~ 9 之间。凡废水含有 pH 值超出规定范围的都应加以处理。很多废水往往含有酸或碱，且酸碱的量差别往往很大。通常将酸的质量分数大于 3% ~ 5% 的废水称为废酸液，将碱的质量分数大于 1% ~ 3% 的废水称为废碱液。废酸液和废碱液应加以回收和利用。低浓度的含酸废水和含碱废水，回收的价值不大，可采用中和法处理。中和法是将酸性废水用碱中和，碱性废水用酸中和，以调整 pH 值处于中性范围。

广泛使用的污泥处理装置有浓缩污泥的连续浓缩装置、泥脱水过滤装置、日晒或加热干燥装置、焚烧装置等。

3. 废水处理方法的选择

对于废水治理的总体方案的确定是一个比较复杂的问题，需要综合考虑，符合有效治理的基本原则。对于必须外排的废水，其处理方法的选择主要考虑水质状况和处理要求。

首先应通过现场调查和采样分析，明确废水的类型、成分、性质数量和变化规律等。然后按水质情况和具体要求明确处理程度和确定处理方法。通常将处理程度分为三级。一级处理，主要指在预处理基础上去除水中的悬浮固体物、浮油以及进行 pH 调整等，这属于初级处理，常常作为进一步处理的准备阶段。然而对于有机物和重金属污染轻微的废水，可作为主要处理形式。二级处理，主要去除可生物降解的有机物和部分胶体污染物，用以减少废水的 BOD（生化需氧量）和部分 COD（化学需氧量）。通常采用生物化学法处理，或采用混凝法和化学沉淀法处理，这是化工废水处理的主体部分。三级处理，主要去除生物难以降解的有机污染物和无机污染物。常用活性炭吸附、化学氧化以及离子交换与膜分离技术（反渗透）等。这是一种深度处理法，一般是在二级处理的基础上进行的。应当指出，对于一些成分单纯的废水，往往只要采用某一单元技术，如含铬废水用离子交换法除铬，没有必要分成一级、二级和三级。然而，大多数成分复杂或成分虽单纯但浓度较大且要求处理程度高的废水，则往往采用多种方法联用。例如，对于高浓度的含酚废水可先用萃取法回收酚，再用生物法处理。

7.3.3 工业固体废物污染的防治（Prevention and Control of Industrial Solid Waste）

机械工业废物是在生产活动中产生的，主要包括灰渣、污泥、废油、废酸、废碱、废金属、灰尘等废物，还有七类有害物质，即汞、砷、镉、铅、6 价铬、有机磷和氰。由于工业固体废物往往包含多种污染成分，而且长期存在于环境中，在一定条件下，还会发生化学的、物理的或者生物的转化，如果管理不当，不但会侵占土地，还会污染土壤、水体、大气，因此需要实行从产生到处置的全过程管理，包括污染源控制、运输管理、处理和利用、储存和处置。

1. 工业固体废物污染源的控制

机械工业固体废物污染源的控制是对机械工业固体废物实行从产生到处置全过程管理的第一步。其主要措施是尽量采用低废或无废工艺，以最大程度地减少固体废物的产生量。对于已产生的工业固体废物，则必须先搞清其来源和数量，然后对废物进行鉴别、分类、收集、标志和建档。

2. 工业固体废物的运输

在对工业固体废物进行鉴别、分类、收集、标志和建档后，需从不同的产生地把废物运送到处理厂、综合利用设施或处置场。对于废物处置设施太小、废物产生地点距处置设施较远或本身没有处置设施的地区，为便于收集管理，可设立中间储存转运站。运输方式分公路、铁路、水运或航空运输等多种，可根据当地条件进行选择。对于非有害性工业固体废物，可用各种容器盛装，用货车或铁路货车运输；对于有害废物，最好是采用专用的公路槽车或铁路槽车运输。

3. 工业固体废物的处理和利用

（1）工业固体废物的预处理　机械工业固体废物多种多样，其形状、大小、结构及性质各异。为了进行处理、利用或处置，常需对工业固体废物进行预处理。预处理的方法很多，例如，处理或处置前的浓缩及脱水、处置前的压实、综合利用前的破碎及分选等。适当的预加工处理还有利于工业固体废物的收集和运输，所以预处理是重要的且具有普遍意义的处理工序。

1）压实。压实是利用压力来提高工业固体废物堆密度的一种预处理方法。通过压实处理可大大减少包装容器的数量，提高搬运效率，减小进行无害化处理及最终处置的废物体积。

压实器一般都由一个供料单元和一个压实单元组成。供料单元负责接受工业固体废物原料并将其转入压实单元；压实单元有一个压头，在液压传动下通过高压将废物压实。常用的压实器有水平式压实器、三向垂直式压实器、回转式压实器、袋式压实器等。三向垂直式压实器适于压实松散金属废物和松散垃圾。为了获得较高的压缩比，要根据废物的性质、压实器的性能以及后续处理要求选择适宜的压实器。

不过压实仅适用于那些压缩性大而复原性小的废料，如金属加工业排出的各种松散废料。金属类废料的压缩流程如图7-4所示。

图7-4　金属类废料的压缩过程

通过这一流程，使不同形状的金属切屑、尾料等废料，形成体积小、密度大并有适当尺寸的坯块，可再进行回炉熔炼。

2）破碎。破碎处理是利用外力缩小固体废物颗粒尺寸的一种方法。破碎程度一般用物料破碎前后颗粒的最小尺寸之比（即破碎比）来表示。破碎常作为分选、焚烧、利用和填埋处置的前处理而被广泛采用。通过破碎处理，可使工业固体废物颗粒尺寸均匀，使堆密度和比表面积增加，进而提高焚烧效率，便于分选回收有用金属及提高填埋处置的密度。用于工业固体废物的破碎机一般兼有冲击、剪切、挤压和摩擦等两种或两种以上的作用。金属类废物具有脆性，宜采用剪断破碎和冲击破碎；塑料、橡胶类物质在低温下变脆，可采用低温破碎。

3）分选。为了回收利用工业固体废物中的有用成分，或将有害成分分离出去，在对工业固体废物进行处理、利用和处置之前常需进行分选处理。分选处理中工业固体废物可以按物质种类的不同分类，也可以按粒度不同分类。分选效果的好坏可根据回收率来确定。回收率一般用单位时间内分选机排料口排出的某一组分的量与进入分选机的此组分的量之比来表示。一般是利用物料的某些特性，如磁性、漂浮性、粒径大小等来进行分选。根据这些特性形成了多种多样的分选方法，例如筛分、重选、磁选、浮选等。

4）浓缩与脱水。工业废水处理过程会产生大量污泥。原污泥的含水率很高，一般为96%～99.8%，体积很大，对输送、处理及进一步利用都不方便，因此必须对其进行脱水处理。污泥中的水主要以间隙水、毛细水、吸附水和颗粒内部水四种状态存在，可根据后续处理工艺要求采用不同的脱水方法，如浓缩法、机械脱水法、加热脱水法等。

（2）工业固体废物的无害化处理　对有害的工业固体废物必须进行无害化处理，使其转化为适于运输、储存和处置的形式，不致危害环境和人类健康。无害化处理的方法有化学处理、焚烧和固化等。

1）化学处理。化学处理是通过化学反应破坏固体废物的有害成分，使之无害化的一种处理方法。化学处理方法包括氧化、还原、中和、化学沉淀等。化学处理方法通常只适用于处理有单一成分或几种化学特性类似成分的废物。对于混合废物则可能达不到预期的目的。

① 氧化与还原。利用有害物质在化学反应过程中能被氧化或还原的性质，可通过氧化还原方法将它转变成无害或少害的新物质，从而达到处理的目的。氧化反应适于处理主要成分容易氧化的有害废物。一些普通的氧化剂，如氯、过氧化物、臭氧和高锰酸钾等都可以用于有害物质处理。例如，含砷废物经过高锰酸钾和硫酸铜处理后可明显改善水泥固化体的浸出性能。还原反应适于处理含有容易还原成分的有害废物。常用的还原剂有煤炭、某些有机物及无机物等。

② 中和与化学沉淀。中和是最普通的化学处理方法，主要用来处理具有腐蚀性的酸性或碱性废物。中和药剂的选择及中和反应设备的设计与废水处理大体相同。化学沉淀是指通过化学反应或调节 pH 值使有害成分转变为难溶的物质沉淀下来。例如，废酸中的溶解铜可通过调节 pH 值有效地沉淀下来；利用硫化物可去除重金属；利用石灰或氯化钙可去除氟化物。

2）焚烧。焚烧是通过高温对可燃性固体废物进行破坏的一种无害化方法，也是有机物的深度氧化过程。通过焚烧，可使废物的质量和体积减小 80% 以上，使有毒有害的成分无害化，还可回收部分热能用于供热或发电。

3）固化。固化也称为化学稳定化，是指通过物理—化学方法将有害废物固定或包容在惰性固化基材中的无害化处理过程。固化处理的机制十分复杂，有的是通过控制温度、压力或调节 pH 值使污染物化学转变或引入到某种稳定的品性中去；有的是通过物理过程把污染成分直接掺入到惰性基材中去；有的兼有上述两种过程。固化是从放射性废物处理发展起来的一项无害化或少害化处理方法。除了可固化放射性废物外，还可固化多种无机有毒有害废物，如电镀污泥、汞渣、铬渣等。理想的固化产物应具有良好的抗渗透性、良好的机械特性以及抗浸出性。这样的固化产物可直接进行安全土地填埋处置，也可做建筑的基础材料或道路的路基材料。根据固化基材及固化过程，固化方法可分为水泥固化、石灰固化、热塑性材料固化、有机聚合物固化、自胶结固化和玻璃固化、陶瓷固化、合成岩固化等。

（3）工业固体废物的利用　工业固体废物具有二重性，弃之为害，用则为宝。尤其是对那些具有较高资源价值的废物，更应尽量加以综合利用。综合利用是指通过回收、复用、循环、交换以及其他方式对工业固体废物加以利用。它是防治工业性污染、保护资源、谋求社会经济持续稳定发展的有力手段。工业固体废物综合利用的途径很多，主要有生产建筑材料、提取有用金属、制备化工产品、用作工业原料、生产农用肥料和回收能源等。

特定固体废弃物是指一些数量巨大、有一定回收价值且必须用专门化的方式加以处理的固体废弃物。通常指废旧金属、塑料、橡胶及其制品等。从资源化角度进行处理，首先要使它们物尽其用，最大程度地延长其使用周期，有的虽不能直接延长使用周期，但可通过处理间接地延长使用周期。

废旧金属是机电产品在生产、使用过程中产生的废物。如来自切削过程的切屑、金属粉末、边角余料、残次品以及铸件浇冒口、报废工具和机床（或零部件）、各种锈蚀损坏的钢铁结构物品等。处理方法通常是先进行分拣，对某些尚有使用价值的部分进行修复或改制后重新使用，再把有色金属和黑色金属分开后，回炉熔炼。

在重金属电镀污泥被塑料固化的工艺流程中，废旧塑料处理方法与一般资源化处理方法类似，而电镀污泥的处理关键是将含水率 95% 以上的电镀污泥干燥和球磨。污泥干燥方法是先将电镀厂回收的电镀污泥经自然干化厂、干燥机烘干即可球磨。污泥粉末与塑料粉末以一定比例混合配料，最后可以压制成形或注射成形为一定形态的产品。

（4）工业固体废物的处置　工业固体废物的处置，是为了使工业固体废物最大程度地与生物圈隔离而采取的措施，是控制工业固体废物污染的最后步骤，起着十分关键的作用。常用的处置方法有海洋处置和陆地处置两大类。海洋处置包括海洋倾倒和海上焚烧。陆地处置分为土地耕作、工程库或储存池储存、土地填埋和深井灌注等。

对于放射性固体废物，一般应根据其放射性、半衰期、物理及化学性质选择相应的处置方法。常用的处置方法有海洋处置，深地层处置、工程库储存和浅地埋葬处置等。

7.3.4　工业噪声的防治（Prevention and Control of Industrial Noise）

1. 噪声及其危害

在机械工业，噪声是一种十分严重的环境污染问题。长期在噪声超标的环境中工作，会使人耳聋、消化不良、食欲不振、血压增高，影响语言交谈、思考和睡眠，降低工作效率，影响安全生产，因此必须加强噪声的防治。

2. 噪声防止技术

为了采取必要而充分的噪声防止对策，并有效地加以实施，必须根据正确的噪声防止计划进行，其顺序如下：

1）确认发生噪声污染的地点，作出该地区的听觉试验、测定噪声级以及频谱分析等噪声实态调查。

2）探查噪声发生源，并调查和确认是哪台机器的哪个部位。

3）决定降噪目标（与现状相比降低几分贝为好）。

4）研究降低噪声的方法，实施最有效的措施。

传播噪声的三要素是：声源、传播途径和接受者。噪声的防治也应从这三方面入手。

3. 对声源采取的措施

噪声控制最积极、最有效的方法自然是从声源上进行控制，即提供低噪声的设备、装置和产品。从声源上控制噪声通常有两种途径：一是采用彻底改进工艺的办法，将产生高噪声的工艺改为低噪声的工艺，如用气焊、电焊替代高噪声的铆接，用液压替代冲压等；另一种方法是在保证机器设备各项技术性能基本不变的情况下，采用低噪声部件替代高噪声部件，使整机噪声大幅度降低，实现设备的低噪声化。

常见的噪声声源有以下三个类型，可对它们采取相应措施，按各自的发生机理除去根源或加以降低。

（1）对一次固体噪声的措施　由于强制力在机械和装置内部周期地反复使用，就成为激振源产生波动传播开去，在多数情况下机械的一部分以固有频率共振发出很大的噪声，这叫一次固体噪声。应采取以下措施：①找出产生激振力的根源；②研究降低激振力的方法；③进行绝缘，使波动不能在相减表面传播；④改变噪声发射面的固有频率；⑤使噪声发射面减振；⑥盖上隔离振动的覆盖物。

（2）对二次固体噪声的措施　机械内部发生的噪声声波使壁面发生振动，发射出透射音，这叫做二次固体噪声。需采取以下措施：①除去在机械内部产生空气压力变动的根源；②加强壁面隔音和内部吸音；③壁面加上隔音绝缘层（盖上吸声物或隔音材料）；④设置隔音盖。

（3）对空气声的措施　没有固体振动的噪声叫空气声。应采取以下措施：①降低压力和流速等；②装置消声器或吸声道等；③缩小开口部，降低发射功率，或利用指向性改变方向。

4. 噪声传播途径的处理

噪声传播途径的处理应根据具体情况，采取不同措施。通常有以下几种方法：

（1）吸声处理　吸声处理也称吸声降噪处理，是指在噪声控制工程中，利用吸声材料或吸声结构对噪声比较强的房间进行内部处理，以达到降低噪声的目的。但这种降噪效果有限，其降噪量通常不超过10dB。

（2）隔声处理　隔声处理是用隔声材料或隔声结构将声源与接受者相互隔绝起来，降低声能的传播，使噪声源引起的吵闹环境限制在局部范围内，或在吵闹的环境中隔离出一个安静的场所。这是一种比较有效的噪声防治技术措施。例如，把噪声较大的机器放在隔声罩内，在噪声车间内设立隔声间、隔声屏、隔声门、隔声窗等。

（3）隔振　隔振即在机器设备基础上安装隔振器或隔振材料，使机器设备与基础之间的刚性连接变成弹性连接，可明显起到降低噪声的作用。

（4）阻尼　阻尼是指在板件上喷涂或粘贴一层高内阻的弹性材料，或者把板料设计成夹层结构。当板件振动时，由于阻尼作用，使部分振动能量转变为热能，从而降低其噪声和振动。

（5）消声器　消声器是降低气流噪声的装置。一般接在噪声设备的气流管道中或进排气口上。

5. 噪声个人的防护措施

当在声源上和传播途径上难以达到标准要求时，或在某些难以进行控制、但对接受者来说必须加以保护的场合，往往采取个人防护措施。其中最常用的方法是佩带护耳器、耳塞、耳罩、头盔等。一副好的护耳器应满足下列要求：具有较高隔声值（又称声衰减量），佩带舒适、方便，对皮肤无刺激作用，经济耐用。

综上所述，机械工业环境污染量大、面广、种类繁多、性质复杂、对人危害大。具体表现在工业废水对水环境的污染，工业废气对大气环境的污染，工业固体废物对环境的污染及噪声的污染四个方面。事实证明，采取“先污染，再治理”或是“只治理，不预防”的方针都是有害的，会使污染的危害加重和扩大，还会使污染的治理更加困难。因此防治工业性环境污染的有效途径是“防”和“治”结合起来，以“防”为主，采取综合性的防治措施。每一个人都应意识到问题的严重性，尽可能将污染消灭在工业生产过程中。大力推广无废少废生产技术，大力提高资源、能源的利用率，大力开展废物的综合利用，使工业发展与防治污染、环境保护互相促进。

思考与练习题（Question and Excercise）

7-1　城市固体废物主要有哪些？有何危害性？

7-2　什么样的声音称为噪声？应如何控制和防止噪声对人体的危害？

7-3　制造业中主要有哪些环境污染问题？应如何防治？

7-4　水污染防治方法和大气污染防治方法主要有哪些？

7-5　固体废物污染防治与综合利用有什么关系？

7-6　试述文明生产与环境保护的关系。

7-7　怎样理解产品的环境标志？你见过何种产品的环境标志？

附图　C6132 车床传动系统

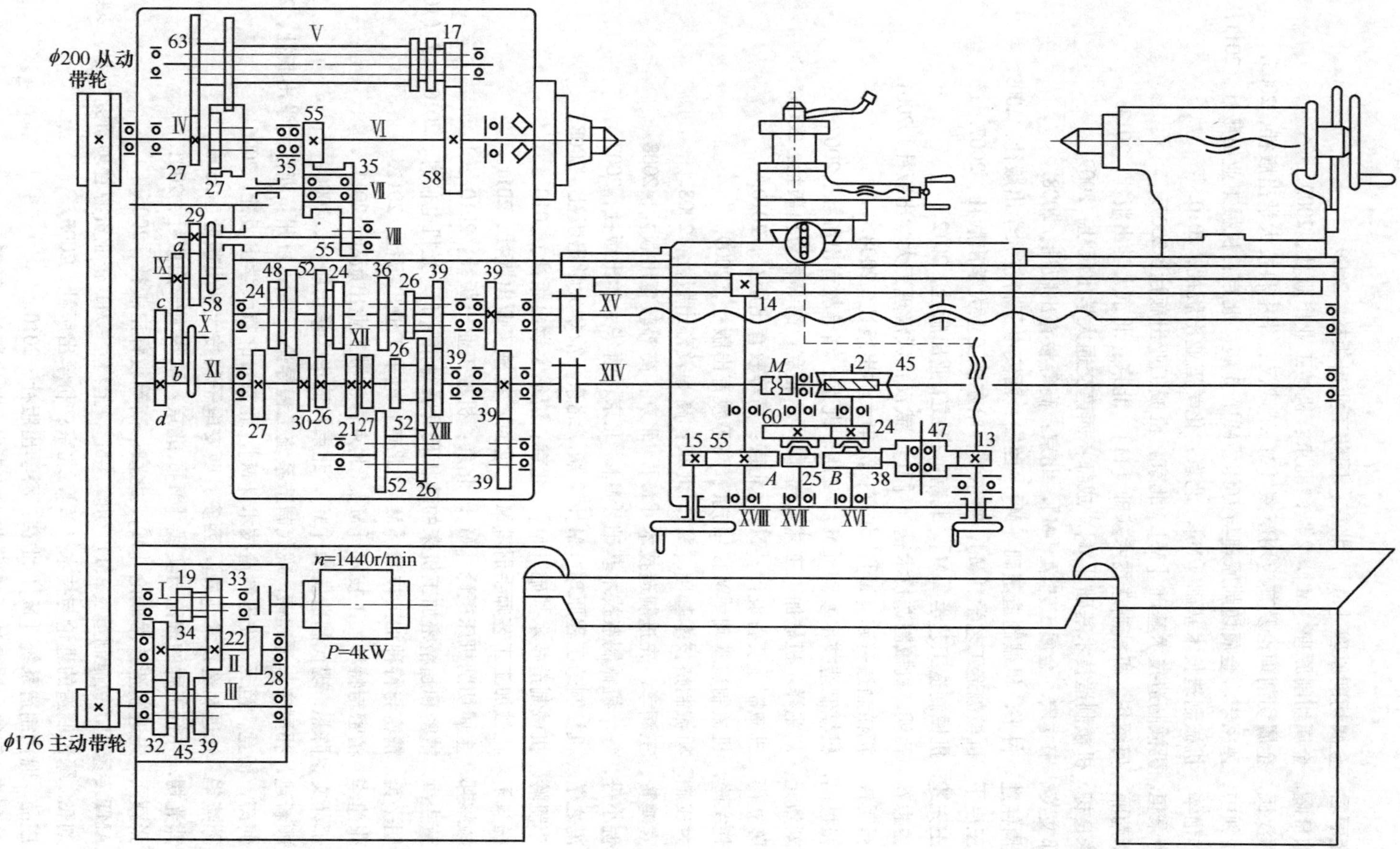

参考文献（References）

[1] 庞丽君. 金属切削原理［M］. 北京：国防工业出版社，2009.
[2] 陈日曜. 金属切削原理［M］. 2 版. 北京：机械工业出版社，2009.
[3] 师汉民. 金属切削理论及其应用新探［M］. 武汉：华中科技大学出版社，2005.
[4] 陆剑中，孙家宁. 金属切削原理与刀具［M］. 5 版. 北京：机械工业出版社，2011.
[5] 林艳华. 机械制造技术基础［M］. 北京：化学工业出版社，2010.
[6] 卢秉恒. 机械制造技术基础［M］. 北京：机械工业出版社，2007.
[7] 李菊丽，何绍华. 机械制造技术基础［M］. 北京：北京大学出版社，2013.
[8] 张良栋. 机械制造技术基础［M］. 成都：西南交通大学出版社，2009.
[9] 邓文英，宋立宏. 金属工艺学［M］. 北京：高等教育出版社，2008.
[10] 周桂莲，付平. 机械制造基础［M］. 西安：西安电子科技大学出版社，2009.
[11] 王启平. 机械制造工艺学［M］. 哈尔滨：哈尔滨工业大学出版社，2007.
[12] 王先逵. 机械制造工艺学［M］. 北京：机械工业出版社，2012.
[13] 曾志新，吕明. 机械制造技术基础［M］. 武汉：武汉理工大学出版社，2001.
[14] 崔明铎. 机械制造基础［M］. 北京：清华大学出版社，2008.
[15] 张世昌. 机械制造技术基础［M］. 2 版. 北京：高等教育出版社，2007.
[16] 刘烈元，刘兆祥. 机械加工工艺基础［M］. 北京：高等教育出版社，2006.
[17] 陈立德. 机械制造装备设计［M］. 北京：高等教育出版社，2010.
[18] 任家隆. 机械制造基础［M］. 北京：高等教育出版社，2009.
[19] 尹成湖. 机械制造技术基础［M］. 北京：高等教育出版社，2008.
[20] 宾鸿赞，王润孝. 先进制造技术［M］. 北京：高等教育出版社，2008.
[21] 倪小丹，等. 机械制造技术基础［M］. 北京：清华大学出版社，2007.
[22] 冯之敬. 机械制造工程原理［M］. 2 版. 北京：清华大学出版社，2008.
[23] 李凯岭. 机械制造技术基础［M］. 北京：清华大学出版社，2010.
[24] 杨叔子. 机械加工工艺师手册［M］. 北京：机械工业出版社，2011.
[25] 顾维邦. 金属切削机床概论［M］. 北京：机械工业出版社，2010.
[26] 董吉洪. 精密和超精密加工机床的现状及发展对策［J］. 光机电信息，2010，27（10）：1-9.
[27] 明平美. 精密与特种加工技术［M］. 北京：电子工业出版社，2011.
[28] 张建华. 精密与特种加工技术［M］. 北京：机械工业出版社，2011.
[29] 郁鼎文，陈恳. 现代制造技术［M］. 北京：清华大学出版社，2006.
[30] 顾新建，祁国宁，谭建荣. 现代制造系统工程导论［M］. 杭州：浙江大学出版社，2007.
[31] 何涛，杨竞，范云. 先进制造技术［M］. 北京：北京大学出版社，2006.
[32] 孙燕华. 先进制造技术［M］. 西安：西安电子科技大学出版社，2006.
[33] 熊光楞. 并行工程的理论与实践［M］. 北京：清华大学出版社，2001.
[34] 张颖熙. 先进制造技术概论［M］. 北京：高等教育出版社，2005.
[35] AMT 专家组. 敏捷制造（AM）初阶［M］. 上海：AMT-企业资源管理研究中心，2003.
[36] 刘飞. 绿色制造的理论与技术［M］. 北京：科学出版社，2005.
[37] 庄品. 现代制造系统［M］. 北京：科学出版社，2010.
[38] 曾芬芳. 智能制造概论［M］. 北京：清华大学出版社，2001.